纤维增强复合材料(FRP)加固混凝土结构
——设计、施工与应用

[美]吴怀中　　[美]克里斯托弗·D.埃蒙　著

韦建刚　吴庆雄　张　伟　译

人民交通出版社股份有限公司

北京

Strengthening of Concrete Structures Using Fiber Reinforced Polymers(FRP):Design,Construction and Practical Applications. Hwai-Chung Wu,Christopher D. Eamon. ISBN:9780081006368

注　意

从业者和研究人员必须始终依靠自身经验和知识来评估和使用本书中提到的所有信息、方法、化合物或本书中描述的实验。在使用这些信息或方法时,他们应注意自身和他人的安全,包括注意他们负有专业责任的当事人的安全。在法律允许的最大范围内,爱思唯尔、译文的原文作者、原文编辑及原文内容提供者均不对因产品责任、疏忽或其他人身或财产伤害及/或损失承担责任,亦不对由于使用或操作文中提到的方法、产品、说明或思想而导致的人身或财产伤害及/或损失承担责任。

图书在版编目(CIP)数据

纤维增强复合材料(FRP)加固混凝土结构：设计、施工与应用／(美)吴怀中,(美)克里斯托弗·D. 埃蒙著;韦建刚,吴庆雄,张伟译. — 北京：人民交通出版社股份有限公司, 2021.10

ISBN 978-7-114-17146-8

Ⅰ.①纤… Ⅱ.①吴… ②克… ③韦… ④吴… ⑤张… Ⅲ.①纤维增强复合材料—混凝土结构 Ⅳ.①TU37

中国版本图书馆 CIP 数据核字(2021)第 045948 号

著作权合同登记号:图字 01—2021—5090

书　　　名：	纤维增强复合材料(FRP)加固混凝土结构——设计、施工与应用
著　作　者：	[美]吴怀中　[美]克里斯托弗·D. 埃蒙
译　　者：	韦建刚　吴庆雄　张　伟
责任编辑：	李　瑞
责任校对：	孙国靖　扈　婕
责任印制：	张　凯
出版发行：	人民交通出版社股份有限公司
地　　址：	(100011)北京市朝阳区安定门外外馆斜街 3 号
网　　址：	http://www. ccpcl. com. cn
销售电话：	(010)59757973
总 经 销：	人民交通出版社股份有限公司发行部
经　　销：	各地新华书店
印　　刷：	北京印匠彩色印刷有限公司
开　　本：	787×1092　1/16
印　　张：	14.5
字　　数：	343 千
版　　次：	2021 年 10 月　第 1 版
印　　次：	2021 年 10 月　第 1 次印刷
书　　号：	ISBN 978-7-114-17146-8
定　　价：	99.00 元

(有印刷、装订质量问题的图书由本公司负责调换)

译 者 序

这是一本关于采用纤维增强复合材料(FRP)加固混凝土结构技术的专业著作,着重探讨了包括检测与质量控制两方面的具体设计及施工问题,尤其关注所选各国 FRP 设计标准中提供的不同方案及建议。

2017 年 5 月左右,当时我还在福州大学任职,原著作者 Hwai-Chung Wu(吴怀中)教授作为福州大学的闽江讲座教授,莅校与我们分享了他们团队关于 FRP 加固混凝土结构方面的研究成果,福州大学陈宝春教授当场与吴怀中教授商谈,建议我们组织力量对本书进行翻译出版。在吴怀中教授的支持下,通过人民交通出版社股份有限公司,我们最终获得了原著版权方对本书的翻译授权。在此过程中,我们迅速同步开展了翻译工作。我和福州大学的吴庆雄教授主要负责文字的翻译,福建工程学院的张伟教授主要负责审核校对,历经多次讨论修改,现在终于可以付梓刊印了。需要特别说明的是:书中所有插图、表格、公式等的编排以及与正文的对应关系等与外文原版保持一致;书中所有的条款序号、括号、函数符号、单位等用法,如无明显错误,与外文原版保持一致。

在此我要感谢参与本书翻译工作的每一位工作人员。译者们在工作之余花了很多时间精细推敲、反复斟酌原文和译文,几经修订才使本书得以呈现在读者面前;我还要感谢钟玉才博士、杨艳副研究员对本书初稿的统稿,感谢黄冀卓教授对部分章节的审核和意见建议,感谢陈荣博士生对文中图表的绘制;最后我还要感谢出版社编辑的精心编校,没有大家的努力合作,这本译著不可能如此顺利的与读者见面。

我们衷心地希望本书的引进,能够有助于消除目前多部 FRP 加固指南之间的差异,并为结构工程师、建筑师、专业学者以及有心钻研 FRP 的研究生在学习和应用该材料方面提供参考。

福建工程学院 韦建刚
2021 年 **3** 月于福州

前　　言

　　本书将为如何采用纤维增强复合材料(FRP)加固混凝土结构提供指导。书中简述了 FRP 材料以及复合材料力学的基本概念，着重探讨了包括检测与质控两方面的具体设计及施工问题，尤其关注所选各国 FRP 设计标准中提供的不同方案及建议。相较于介绍理论而言，本书更注重解决从业者所关注的问题，笔者也希望书中内容有助于答疑解惑。

　　粗览近年来大量发表的期刊文献，笔者发现，相当多学者对 FRP 的工程应用颇感兴趣。其中，FRP 布在加固缺陷混凝土结构方面发展最为迅猛，在桥梁当中的加固应用尤甚。这主要是由于：相对于采样混凝土或钢材进行包裹约束这类传统修复技术而言，FRP 布安装更简易，修复更快捷。因此，虽然制作 FRP 材料的初始原料成本较高，但最终修复工程的总造价会更加低廉、更具竞争力。目前，美国、欧洲及其他多个国家和地区已出版多部 FRP 加固设计指南。然而，这些指南相互之间多有出入，且仅适用于当地，对于各类重要的设计、结构以及检测相关的问题并不具备普适性，解释也不够细致全面。因此，本书作为首个集结现有规范的书籍，将对各类规范进行对比、分析，并针对 FRP 的设计、安装、检测、质控和维护等问题提出建议。笔者希望此书能消除目前多部 FRP 加固指南之间的差异，并能够为结构工程师、建筑师、专业学者以及有心钻研 FRP 的在读学生在学习和应用该材料方面提供参考。

　　笔者在此谨向 Sasan Siavashi、Abdel Aziz Makkay 以及 Abdulkareem Kuaryouti 三人表示感谢，感谢三位耗费多时搜集现有多部指南，并整理了海量数据图表。此外，笔者也感谢伍德海德出版社(Woodhead)的 Gwen Jones 女士，她的支持和鼓励最终促成了此书的成功出版。此外，我们还要分别感谢我们各自的妻子，Shiow-Hwa Gau(HCW)以及 Marie Chris Eamon(CDE)，正是她们付出的爱、耐心和理解，让我们得以写成此书。

Hwai-Chung Wu 和 Christopher D. Eamon
美国密歇根州底特律市，韦恩州立大学

目　　录

第1章 引 言

1.1 概 述

公共基础设施的老化有多方面原因。一般来说,桥梁的预期使用年限是 50～100 年,但很多桥梁在远未达到设计寿命时就已出现老化迹象。这是因为冬季的低温、夏季的高温、长年的冻融循环以及频繁使用的除冰盐都会损害桥梁构件(Staton 和 Knauff,2007)。此外,超载、养护不到位以及碰撞也是造成桥梁构件性能退化的重要原因。

美国交通运输部门(DOT)会针对桥梁等设施做定期检查。以美国交通运输部(USDOT)联邦公路管理局(FHWA,全称 USDOT-FHWA)出台的全国桥梁检测标准(NBIS)为依据,各州交通运输部门对桥梁进行检测并出具报告(美国交通运输部联邦公路管理局,2004)。联邦公路管理局 2009 年的数据显示,全美公路系统中有 5% 的桥梁存在结构缺陷,17% 的桥梁出现功能老化,约 35% 的桥梁其上部结构评定等级低于"良好"标准。由此可见,桥梁的服役时间越长,越容易出现问题。举例来说,如果考虑所有的桥梁,则在桥龄 51～75 年的桥梁中,存在结构缺陷和功能老化的比例超过 40%;而对于桥龄超过 75 年的桥梁,该比例则为 54%～65%(FHWA,2010)。

根据结构缺陷特征和严重程度的不同,应当对桥梁采取不同的修复措施。传统加固和修复钢桥的方法包括替换受损构件、修整受侵蚀的桥梁梁端、设置加劲肋以及设置防护涂层(Wipf 等,2003)。对于混凝土桥梁来说,传统的修复措施包括:采用环氧树脂注射法密封微裂缝,采用点状精准修补受损区域,防水处理,采用构件外包增强措施对桥梁进行修复甚至提高其承载力,以及采用阴极保护法防止钢筋腐蚀。然而,传统措施有其自身缺陷。比如,点状修补法虽然能够修复锈蚀引起的混凝土碎裂,但通常无法解决氯盐引起的钢筋腐蚀问题,并且无论采用何种修补材料,修补点四周的锈蚀率仍然高于其他部位(Tabatabai 等,2005)。另外,传统的修补方法往往费用高昂且影响桥梁交通。此时,采用纤维增强复合材料(FRP)逐渐成为一种常用的选择。

FRP 材料已经广泛用于各行业的加固工程。在桥梁的加固应用中,一般是在主梁、墩柱和桥面上外贴或者缠绕复合材料,以此显著提高其抗压、抗剪和抗弯性能(Nanni 等,1992;Karbhari 等,1993;Saadatmanesh 等,1994;Chajes 等,1995;Labossiere 等,1995;Seible 等,1997;Nanni,2000;Mo 等,2004;Nanni,2004;Ludovico 等,2005;Walker 和 Karbhari,2006;Mertz 和 Gillespie,1996;Miller 等,2001;Tavakkolizadeh 和 Saadatmanesh,2003;Rizkalla 等,2008;Elarbi,2011)。

FRP 材料具备强度高、重量轻、抗腐蚀性能良好、施工方便等诸多优点。由于材料轻便,FRP 的运输费用相对低廉,安装过程中无需使用模板,并且较少、甚至不需要脚手架,几乎不会增加结构的恒载。此外,由于 FRP 材料强度较高,一般情况下仅需要采用较薄的布即可对梁、柱构件进行修复,可以最大程度地降低对原始构件截面尺寸的影响。在某些情况下,上述优点能够使加固中的桥梁保持车辆通行或者将交通限制降低到可以接受的范围内。此外,钢筋腐蚀一直以来都是影响混凝土耐久性的主要问题,腐蚀造成的维修费用相当高昂,而 FRP 的抗腐蚀性能则是一个重要的优势。

外贴 FRP 布时,需先在混凝土表面涂聚合树脂,然后将 FRP 布(多为单向纤维)粘贴在聚合树脂上,树脂固化后将布与混凝土黏结在一起。实际施工时,也会采用湿铺法、预固化、嵌入式等技术,需要时也可依次对修补处施以多层布。FRP 加固构件的性能和破坏模式与被修复构件、FRP 材料及其接触界面的性能有关。其中,接触界面(FRP 布与构件之间的接触面,后者通常为混凝土构件)尤为关键,因为只有牢固地黏结才能保证 FRP 与构件之间发挥组合作用。最终的破坏模式往往是 FRP 布从混凝土基底上剥离(Meier,1995;Buyukozturk 和 Hearing,1998)。FRP 性能随时间推移而不断退化的特性会对结构性能产生影响,甚至会改变结构主要失效模式的发生次序(Wu 和 Yan,2013)。由于 FRP 加固结构有可能会因失效模式改变而导致结构发生突然破坏,该问题已成为一个关注的焦点。

1.2 FRP 加固系统

早期,由于对 FRP 的研究有限且材料成本较高,该材料仅应用于航天航空、化工及船舶建造等方面(Emmons,1998)。如今,从地下储罐到船体、再到喷气式战斗机,各行各业都能见到 FRP 的应用。1984 年,Meier 在瑞士首次将条状碳纤维复合材料(CFRP)应用于结构的修复和加固(Barton,1997)。20 世纪 90 年代初,加州交通局(California Department of Transportation,Caltrans)率先在全美使用玻璃钢纤维增强材料(GFRP)以提升桥墩的抗震性能(Sika 公司,2012)。

在结构加固工程中,工程师所采用的 FRP 种类很多,如条状、网状、片状以及绞线状等。其中,条状及绞线状的 FRP 主要用于替代新浇筑混凝土构件中的钢筋。在主梁上包裹 FRP 布可以提升构件的抗弯及抗剪承载力,在柱构件上包裹 FRP 可以提高抗压及抗震性能,在翼缘板上粘贴 FRP 可以提高构件的抗弯承载力,在构件底部的开凿凹槽粘贴 FRP 筋可提高构件强度(Khan,2010)。其中,提高构件抗弯能力最为有效的方法是外贴 FRP。目前,Sika、Fyfe 及 QuakeWrap 等公司均在出售各类 FRP 材料,如以碳纤维、玻璃纤维为主的单双向 FRP 材料,部分双向纤维材料中的碳纤维处在一个方向,而玻璃纤维处在另一个方向。FRP 加固工程中不可缺少的环氧树脂黏合剂,可根据实际应用需求对其进行配比设计,固化后能展现出不同的力学性能。经过配比设计的环氧树脂可用于黏结 FRP 加强层与混凝土基底,也可用于不同加强层之间的黏结,同时还可起到保护材料的作用,将加强层与外界隔离。表 1-1 及表 1-2 列出了 Sika、Fyfe 两家公司出售的典型单向和双向 FRP 加固系统的物理特性和力学性能。

Sika 及 Fyfe 公司生产的单向 FRP 材料的物理及力学性能　　表 1-1

固化后的层压板力学性能中各产品均含"试验 / 设计"两列值（117C 仅含设计值）。

	单位	Sika 单向(0°)			Fyfe 单向(0°)			
		Sikawrap Hex 103C	Sikawrap Hex 117C	Sikawrap Hex 230C	Tyfo SCH-41	Tyfo SCH-41-0.5X	Tyfo SCH-41-2X	Tyfo SCH-41-1X
纤维性能								
抗拉强度	psi	550000	55000	500000	550000	550000	550000	675000
	MPa	3793	3793	3450	3790	3790	3790	4650
拉伸模量	psi	33000000	34000000	33400000	33400000	33400000	33400000	42000000
	GPa	228000	234000	230000	230000	230000	230000	289000
伸长率	%	1.50	1.50	1.50	1.70	1.70	1.70	1.70
密度	lbs/in³	0.065	0.065	0.065	0.063	0.063	0.063	0.065
	g/cc	1.8	1.8	1.8	1.74	1.74	1.74	1.8
层压板物理特性								
纤维类型		碳	碳	碳	碳	碳	碳	碳
颜色		黑	黑	黑	黑	黑	黑	黑
重量	OZ/Y²	18	9	6.7	19	9.5	40	24
	g/m²	618	309	230	644	322	1424	814
单层厚度	in	0.04	0.02	0.015	0.04	0.024	0.08	0.04
	mm	1.016	0.51	0.381	1.0	0.6	2.0	1.0
固化后的层压板力学性能（试验/设计）								
抗拉强度	psi	123000 / 104000	105000	129800 / 104000	143000 / 121000	137000 / 116000	143000 / 121000	200000 / 170000
	MPa	849 / 717	724	894 / 715	986 / 834	944.6 / 799.8	986 / 834	1380 / 1170
拉伸模量	psi	10239800 / 9446600	8200000	9492300 / 8855000	13900000 / 11900000	14500000 / 123000000	13900000 / 119000000	15500000 / 13100000
	MPa	70552 / 65087	56500	64402 / 61012	95800 / 82000	99900 / 84800	95800 / 82000	106800 / 90300
伸长率	%	1.12 / 0.98	1.0	1.33 / 1.09	1.00 / 0.85	0.95 / 0.80	1.00 / 0.85	1.30 / 1.10
抗拉强度	lbs	4928 / 4160	2100	1947 / 1560	5720 / 4840	3288 / 2784	1144050.9 / 9680	8000 / 6800
（每英寸宽）	kN	21.9 / 18.5	9.3	8.7 / 6.9	25.4 / 21.5	14.6 / 12.4	35.6 / 43.1	35.6 / 30.2

Sika 公司生产的双向层压板性能　　　　　　表 1-2

Sika 双向(0°/90°)			
		Sikawrap Hex 113C	Sikawrap Hex 115C
纤维性能			
抗拉强度	psi	500000	550000
	MPa	3450	3793
拉伸模量	psi	33400000	33000000
	GPa	230000	234500
伸长率	%	1.50	4.00
密度	lbs/in³	0.065	0.065
	g/cc	1.8	1.8
层压板物理特性			
纤维类型		碳	碳
颜色		黑	黑
重量	OZ/Y²	5.7	18.7
	g/m²	196	638
单层厚度	in	0.01	0.04
	mm	0.25	1.00
固化层压板力学性能(Sikadur Hex 300 epoxy)			
		设计　　　　　　　试验	设计
抗拉强度	psi	66000　　　　　　83980	70870
	MPa	456　　　　　　　579	489
拉伸模量	psi	6000000　　　　7017555	6149730
	MPa	41400　　　　　48351	42468
伸长率	%	1.20　　　　　　1.14	0.98
抗拉强度(每英寸宽)	lbs	660　　　　　　3359	2835
	kN	2.90　　　　　14.9	12.6

1.3　复合材料接触面剥离

　　外贴 FRP 加固结构需要关注的首要问题是分层,也称剥离。虽然由气候导致的黏结破坏机理尚未完全明晰,但剥离后果及相关破坏现象已被学界熟知。接触面的黏结质量对构件性能的影响很大,决定了材料的组合效果。加固构件最终破坏也往往是 FRP 布从混凝土基底上剥离导致的(Meier,1995 ; Buyukozturk & Hearing,1998)。

1.4 FRP 设计标准与指南

近 20 多年来,很多文献资料都介绍了 FRP 的加固方法,为加固设计和计算提供了参考。在美国,最重要的指导文件是 ACI 440.2R——《混凝土结构外贴 FRP 系统加固设计及施工指南》(2008)。

美国国家公路合作研究计划(NCHRP)已经发布的报告中有很多是关于 FRP 加固的设计/施工指南,包括:

· NCHRP 第 678 号报告:《增强混凝土梁抗剪性能的 FRP 加固设计》(Belarbi 等,2011)。

· NCHRP 第 655 号报告:《外贴 FRP 修复加固混凝土桥梁构件的设计推荐指南》(Zureick 等,2010)。

· NCHRP 第 564 号报告:《在役桥面板的现场检测》(Telang 等,2006),包括 FRP 加固桥面的在役检测手册。

· NCHRP 第 514 号报告:《利用 FRP 复合材料修复与改造混凝土结构》(Mirmiran 等,2004)。该报告提供了推荐性施工规范及 FRP 加固的控制流程,包括材料准备、应用、质检/质控计划,以及培训、资质认证、检查、维护等建议。

美国及其他国家发布的设计标准与指南还包括:

· AASHTO(2013):《粘贴 FRP 修补加固混凝土桥梁构件的设计指导性规范》。

· AC125(2012):《外贴 FRP 加固混凝土及有筋/无筋砌体验收标准》。AC125 是美国国际法规委员会评估服务机构(ICC Evaluation Service)分别基于 2012 年、2009 年以及 2006 年的国际建筑规范(IBC)和 1997 年的统一建筑规范(UBC)发布的 FRP 评估报告最低标准。

· ACI 440.3R(2004):《用于加固混凝土结构的 FRP 复合材料测试方法指南》。

· ACI 400R(2007):《混凝土结构中的 FRP 加固报告》。

· ACI SP-215(2003):《FRP 加固的实际应用:案例分析》。

· ISIS(2008):《钢筋混凝土结构的 FRP 修复,设计手册 第四册》。该手册由加拿大创新结构智能传感卓越中心网络发布。

· CEB-FEB(2001):第 14 期会刊《外贴 FRP 的钢筋混凝土结构加固》,包含 FRP 的设计导则。该导则中的设计模式与欧洲混凝土规范(CEB-FIP Model Code)及欧洲规范 2(Eurocode 2)相符。

· CNR-DT 200(2004):《外贴 FRP 加固的设计与施工指南》。

· 日本土木工程学会(1997):《采用连续纤维加固混凝土结构的设计与施工建议》。

· 日本混凝土协会(1997):《碳纤维水泥砂浆修复最新进展报告:设计、施工及测试指南》。

· TCS(2000) 英国第 55 号技术报告:《采用纤维复合材料加固混凝土结构的设计指南》。

1.5 FRP 加固设计

在土木工程建设中,FRP 常用于加固桥梁中的钢筋混凝土构件。经过加固后,钢筋混凝土构件包含混凝土、钢材及相当于增补钢筋作用的 FRP 三种材料。由于这三种材料的力学性能及其离散性不同,在使用 FRP 加固时需要考虑上述三种材料之间的相互作用。其中,材料力学性能的离散性是以现代概率理论为基础的荷载和抗力系数设计(LRFD)指南中需要处理的一个关键问题。考虑到材料力学性能的离散性,可以在构件整体承载力(R_n)设计公式中对这三种材料(混凝土、钢材、FRP)分别引入折减系数,也可以采用整个构件的折减系数,还可以将前面两种方法一起使用(Sika,2012)。例如,在计算构件承载力时,ACI 440.2R-08 建议使用 ACI-318(钢)里的钢筋混凝土抗力系数 ϕ,同时通过引入 FRP 的折减系数 ψ 来考虑材料性能的离散性。

1.5.1 抗弯加固

目前,很多学者已经对外贴 FRP 结构的力学性能及各种可能的破坏机制开展了试验研究(Seible 等,1997;Mo 等,2004;Nanni,2004;Ludovico 等,2005;Walker 和 Karbhari,2006;等)。对于外贴 FRP 受弯梁,通常有以下几种破坏模式:

(1)在 FRP 板出现断裂或钢筋屈服前,受压区混凝土压碎(脆性破坏)。

(2)混凝土压碎或 FRP 板断裂之前,受拉钢筋屈服(延性破坏)。

(3)截面受压钢筋屈服(相对而言属于延性破坏)。

(4)当混凝土的压应变小于极限应变且钢筋未屈服时,FRP 板出现断裂(最脆性的破坏)。

(5)FRP 板黏结区域的黏结破坏(分层)(多为延性破坏)。

(6)靠近 FRP 板端部区域的混凝土基底剥离或剪切/受拉破坏(脆性破坏)。

Thomsen(2004)将上述六种破坏模式分为两类:第一类为组合作用下的破坏,如由混凝土压碎、FRP 断裂或抗剪件不足而引起的破坏;第二类为组合失效引起的破坏,如由 FRP 板脱黏、支座处 FRP 端部剥离导致的破坏。为避免 FRP 与混凝土接触面出现脱黏破坏,现有指南通常减小界面的容许应变。例如,ACI 440.2R(2008)中通过引入黏结折减系数 k_m,将 FRP 加固构件中的允许强度控制在极限破坏以内,要求 k_m 不超过 0.9。即便如此,一旦 FRP 材料或其黏结强度出现退化,断裂和脱黏仍有可能发生。即使黏结力够强,也可能会出现以下四种破坏模式:钢筋屈服后混凝土压碎、钢筋屈服前混凝土压碎、FRP 断裂后钢筋屈服以及 FRP 与混凝土表面剥离。其中两个与混凝土受压破坏相关,另外两个与 FRP 板失效相关(Choi 等,2008)。

举例来说,ACI 导则和其他规范均指出,加固后截面的名义抗弯承载力 M_n 可依据式(1-1)计算。式中,第一项是受拉钢筋产生的抗弯承载力,第二项是 FRP 板产生的抗弯承载力。设计弯矩承载力 ϕM_n 可由名义抗弯承载力乘以适当的抗力折减系数 ϕ 获得。

$$M_n = A_s f_s \left(d - \frac{\beta_1 c}{2} \right) + \psi A_f f_{fe} \left(h - \frac{\beta_1 c}{2} \right) \tag{1-1}$$

式中,系数 ψ 为 FRP 板承载力折减系数;A_s 与 A_f 分别为受拉钢筋截面积与受拉 FRP 的截面积;f_s 与 f_{fe} 分别为钢筋和 FRP 的截面应力;$(d - \beta_1 c/2)$ 与 $(h - \beta_1 c/2)$ 分别为钢筋与 FRP 到混凝土受压区的距离,此处假定外贴 FRP 黏结在高度为 h 的主梁受拉侧。

最近的研究(Elarbi 和 Wu,2012)发现,由式(1-1)得出的计算结果比实际试验结果低

20%~60%。不过,由于无法准确考虑 FRP 材料及黏结强度随服役时间的退化,人们更关注加固后构件的承载力可能被高估的问题。目前需要更合理的强度折减系数来评估 FRP 材料因长期暴露于服役环境中而产生的性能退化问题,以及局部区域性能参数的变化。为了更好地制定设计标准和施工指南,宾夕法尼亚州交通运输局(PennDOT)专门对部分桥梁构件在有、无外贴 FRP 的情况下进行无损检测。获得的检测数据和有限元分析结果被应用到 PennDOT 设计标准和施工指南草案中,同时也为宾夕法尼亚州近 1000 座混凝土 T 形梁桥的设计及施工提供了参考(Davalos 等,2012)。

1.5.2　抗剪加固

FRP 提供的抗剪强度受梁或柱的几何形状、外包技术以及混凝土表面质量等多因素的影响。根据 FRP 在构件表面外贴面数不同,可将加固方案分为 3 种(4 面、3 面或者 2 面),其中,4 面缠绕方案的效果最佳,2 面外贴法的加固效果最差。但有时对于桥梁构件来说,4 面缠绕方案难以实现,比如与桥面板连接在一起的 T 形梁就无法完成 4 面外贴。此时,可以采用 3 面外贴法(U 形外贴)或 2 面外贴法来提升构件的抗剪强度(ACI,2007)。

研究表明,将 FRP 布外贴于混凝土梁、柱构件上可显著提高构件的抗剪承载力(Chajes 等,1995;Labossiere 等,1995;Seible 等,1997;Mo 等,2004)。根据 ACI 计算方法,FRP 加固后的混凝土构件名义抗剪承载力 V_n 为钢筋抗剪承载力 V_s、混凝土抗剪承载力 V_c 及 FRP 抗剪承载力 V_f 之和,见式(1-2)。抗剪承载力设计值由 V_n 乘以适当的抗剪系数 ϕ 获得。

$$V_n = V_c + V_s + \psi V_f \tag{1-2}$$

FRP 布的抗剪贡献与纤维分布方向以及假定的剪切裂缝分布情况有关。其抗剪承载力可以通过裂缝的拉应力计算得到,与箍筋计算模式类似。由 ACI 440(2007)可知,FRP 的抗剪承载力如式(1-3):

$$V_f = \frac{A_f f_{fe} (\sin\alpha + \cos\alpha) d_f}{s_f} \tag{1-3}$$

式中,A_f 为 FRP 布的横截面积;f_{fe} 为 FRP 的拉应力;d_f 为梁的有效高度;α 为 FRP 的方向角;s_f 为相邻 FRP 条之间的距离。

若要避免分层破坏,可采用机械锚固。不过,需要控制 FRP 的有效应变(如 ACI 440 提出将有效应变控制在 0.004 以内),同时还需控制总抗剪承载力。例如,在 ACI-318(2011)中,增加 FRP 后的抗剪承载力限制条件与箍筋单独抗剪情况相同,即:$V_s + V_f \leqslant 8\sqrt{f_c'} b_w d$。

1.6　数　值　模　拟

目前,已有许多学者针对 FRP 加固的混凝土构件进行了数值模拟(Ouyang 和 Wan,2006; Ibrahim 和 Mahmood,2009;Obaidat 等,2010;等)。例如,Pesic 和 Pilakoutas(2003)采用有限元分析法解决了混凝土包覆材料的分层问题以及外贴抗弯 FRP 混凝土梁的端部破坏问题; Elarbi(2011)改进了模型,并据此预测了用 CFRP 布加固底面的混凝土梁变形及破坏情况。与规范中的简化方法相比,部分计算模型的精度较高,对 FRP 加固构件的性能预测更具参考价值。例如,Elarbi(2011)使用 ABAQUS 软件建立的精细模型,可采用不同的单元对混凝土和 FRP 材料分别进行模拟,并能考虑材料的非线性时效退化影响。该模型准确预测了两类可能出现的破坏模式:FRP 断裂和 FRP 剥离。通过试验对两组梁构件进行了测试,其中一组梁的 FRP 材料及黏结状况均良好,另一组梁所黏结的 FRP 出现了性能退化。研究发现,前一组主要的破坏模式为 FRP 断裂,其首先出现跨中受拉侧混凝土开裂,然后裂缝逐渐扩展至截面 1/3 高度处,最后出现 FRP 断裂;第二组的主要破坏模式是分层,其分层现象首先出现在跨中部位,然后逐渐向梁端扩散。上述两种预测的破坏模式与试验观察到的破坏过程完全吻合。

1.7 外贴 FRP 系统施工

虽然 FRP 加固施工简便,但只要施工质量稍有偏差,加固效果和黏结质量就会受到影响,甚至会导致混凝土和 FRP 界面提前出现分层和剥离。若在 FRP 包裹之前未对混凝土表面进行适当处理,FRP 可能无法牢固地粘贴。一般情况下,采用高压水枪或喷砂方式(TRCF,1998)将混凝土表面的所有污染物(包括表面有机生长物、老旧沥青残屑、表面覆层、油污或尘土等)清除干净。此外,向干燥的混凝土开孔处灌入环氧树脂,可使其在混凝土基底形成牢固的机械锚固黏结。可通过一个简单的试验检测加固构件表面是否存在预期开孔,即向混凝土基底洒水并检查水珠情况,若存在开孔,则该处的水会马上被吸收。

生产 FRP 的厂家强调,合理施工非常重要。部分厂商会为产品承包商提供全面培训,还有一些厂商要求承建商必须通过资质认证才可承接 FRP 施工。NCHRP514(2004)建议,交通运输部门应对特定的 FRP 材料供应商进行资格预审,在预审前须先对产品的数据进行记录检测,并对 FRP 施工人员实践培训项目进行复查。此外,NCHRP514(2004)还提出,产品承包商也须对材料和产品生产流程进行质量把控,并提交质控/质保计划以待审批。质控/质保计划须具体包括:人员安全、FRP 构件施工前跟踪及审查、施工前混凝土表面准备情况检查、工作流程检查(以确保流程符合规范)、FRP 样品评估和完工审查。合理的施工计划还包括遵循合理的规范,规范内容应涉及:安全施工流程、设备及材料准备和采购、材料表面处理、纤维预切割、合理控制纤维与树脂的比率、环氧树脂混合及 FRP 布浸渍、FRP 布在结构构件上的使用及保护层的具体使用(Mirmiran 等,2004)。本章仅概述性地介绍了相关内容,本书后续部分将针对以上内容进行详细论述。

第2章 纤维增强复合材料

纤维增强复合材料(FRP)已经广泛应用于各行业的加固工程。在桥梁中,FRP目前普遍用于主梁、桥墩和桥面板的加固及保护。与此同时,很多与FRP加固设计和施工相关的指南也随之出现。不过,桥梁的服役环境和承受的荷载比较复杂,给FRP加固构件的耐久性评估带来了一定的困难(Wu等,2006a;Hollaway和Head,2001;Helbling等,2006)。

2.1 FRP的构成

2.1.1 纤维

FRP由两种主要成分构成:其一为强度材料,主要是纤维;其二是聚合物基体材料,用于黏结和保护纤维。基体材料能够帮助传递纤维中的荷载,并维持内嵌纤维方向稳定不变(Ansley等,2009)。复合材料作为一种多相材料,普遍具有各向异性,在三个正交方向上呈现出不同的力学性能。由于制作工艺不同,FRP的性能也略有差异(Elabri,2011)。纤维一般有3种:玻璃纤维、芳纶纤维和碳纤维。近来,玄武岩纤维也开始商业化。玄武岩纤维产自火山中的玄武岩,拥有良好的耐热性和耐化学腐蚀性。虽然目前该纤维的应用还处于起步阶段,但由于其成本低廉,有替代碳纤维的巨大潜力。此外,各类纤维都有不同的等级和性能。通常,碳纤维的弹性模量最高,玻璃纤维最低。测试发现,所有纤维都表现出线弹性。

表2-1是Mallick(2007)给出的目前各种商用纤维典型的力学和物理性能。值得注意的是,芳纶纤维和碳纤维的热膨胀系数小于零,表明这两类纤维受热后会出现收缩情况。

通用加固纤维材料性质　　　　　　　　　　　　　　　　　　　　表2-1

纤维类型	纤维等级	密度 (lbs/ft³)	拉伸模量 (ksi)	抗拉强度 (ksi)	极限应变 (%)	热膨胀系数 (×10⁻⁶/°F)	泊松比
玄武岩		168	13050	435	3.2	8.0	
玻璃	E级	159	10050	500	4.80	8.99	0.20
	S级	155	12600	625	5.00	5.22	0.22
芳纶	Kevlar 49	91	19000	525	2.80	−3.60	0.35
	Technora	88	10100	435	4.60	−10.79	0.35
碳	T-300	110	33500	530	1.40	−1.08	0.20
	P-100	134	10000	350	0.32	−2.61	0.20
	AS-4	112	36000	590	1.65	−1.08	0.20
	IM-7	111	43500	770	1.81	−1.35	0.20

自 1939 年美国 Owens Corning 公司生产出玻璃纤维后,该材料开始商业化。玻璃纤维增强材料(GFRP)刚度低,拉伸性强,强度和重量都较为适中。由于其低廉的价格和较为合理的性能,玻璃纤维目前应用最为广泛。玻璃纤维目前分为 3 个等级:E 级玻璃、S 级玻璃以及 AR 级玻璃(即耐碱玻璃)。当承受的荷载超过其极限强度的 20% 时,GFRP 有可能发生徐变和断裂。但若被动受载,如包裹在缺陷构件上用以提高构件的承载能力,则 GFRP 基本不会发生徐变和断裂。碳纤维的应用始于 1959 年。碳纤维在湿热环境和疲劳荷载的作用下,均表现出良好的耐久和工作性能。芳纶纤维也大致出现于 20 世纪 50 年代末,首次使用的商品名为 Nomex,由 DuPont 公司制造。芳纶纤维主要应用于航空航天和军事领域,如制造具有弹道防护等级的防弹衣,或作为石棉的替代品。与碳纤维不同的是,芳纶纤维对高温和湿度比较敏感。

理论上,在假定纤维晶体结构处于最优排布的情况下,碳纤维能够承受 15000ksi(1ksi ≈ 6.895MPa)的抗拉强度和 145000ksi 的弹性模量。不过,碳纤维的纤维晶体经常因发生高分子链折叠而表现为结晶态,此时无法达到抗拉强度和弹性模量的理想值。尽管如此,碳纤维复合材料仍是实际应用中最理想的高强轻质、高耐疲劳材料。因此,片状或条状碳纤维 FRP(CFRP)可被用于加固混凝土结构,如梁、柱、板、桩和面板等(Elarbi,2011;Sika 公司,2012)。

2.1.2 基体材料

在复合材料中,最普遍使用的基体是热固性高分子聚合物,如聚酯纤维、乙烯基酯、环氧树脂。这些基体均为热固性高分子,常与高性能加固纤维配合使用,具有易加工和耐化学腐蚀的优点。相比之下,环氧树脂比聚酯纤维和乙烯基酯的成本更高,但力学性能更优、更耐久。包括环氧树脂在内的热固性高分子材料,都需要通过化学反应进行固化,且固化过程不可逆。表 2-2 给出了两种广泛用于 FRP 复合材料中的环氧树脂力学性能。

常用的 FRP 环氧树脂力学性能   表 2-2

环氧树脂类型	Sikadur 300(psi)	Tyfo S 环氧树脂(psi)
抗拉强度	8000	10500
拉伸模量	250000	461000
伸长率	3%	5%
抗弯强度	11500	17900
弯曲模量	500000	452000

2.1.3 界面

基体材料最重要的功能之一就是传递应力,纤维和基体材料的界面黏结对复合材料十分重要。若因环境和力学荷载的影响导致基体老化,则基体和纤维之间的界面也会受到影响。研究发现,在热水中,基体树脂材料吸水、纤维/基体界面溶解将导致 GFRP 材料的性能退化(Hamada 等,1996;Nguyen 等,1998),最终引起纤维与基体剥离。

2.2　复合材料的界面黏结与剥离

对于复合材料来说,层板之间、混凝土和加固 FRP 板之间的黏合质量非常关键,界面间的黏合需要精确到分子水平层面,即 $0.1\sim0.5\text{nm}$ 之间。

所谓"黏结"指的是界面上的分子间力,涉及表面能和表面张力。液体黏结剂与固体接触后,能够覆盖、渗透到固体表面的不规则处,与分子间力相互作用。在此之后,黏结剂固化,形成"连接"。黏合得当的前提条件是黏合剂与基底紧密接触,无黏结不牢的情况且不存在表面污染。因此,黏结过程中应首先以液状黏合剂"湿润"固体表面,在表面涂覆成均匀薄膜状,使其不聚集成滴。一般情况下,黏结剂的表面张力都会低于其所黏结的固体表面能,此处的"固体"指的是 FRP 布表面以及混凝土相应待处理构件的表面。由于环氧树脂黏合剂与复合材料中的基体成分类似,因此二者的表面张力和表面能近似。这两种材料都含极性分子基团,能够相互吸引,且化学性质兼容。此时,只要准备得当,黏结之前去除表面残留的污染物,便能进行良好黏合(Sika 公司,2012)。界面的黏结质量可能会影响 FRP 加固结构的破坏模式。若使复合材料性能得到充分发挥,则界面黏结质量必须很好,因此界面十分关键。而最终破坏往往也是由 FRP 布从混凝土基底剥离造成的(Meier,1995;Buyukozturk 和 Hearing,1998;Mikami 等,2015)。随着服役时间的推移,FRP 成分的老化会影响复合材料的各种性能,甚至会改变主要失效模式的先后发生顺序,这些失效模式包括基体失效、纤维失效、界面失效(Wu 和 Yan,2013)。这是个很重要的问题,因为 FRP 黏结结构可能会由于主要破坏模式发生改变而出现突然的脆性破坏。

界面剥离是由沿界面方向的残余剪切应力产生的界面裂纹不断扩展而造成的(Taljsten,1996;Leung 和 Tung,2006)。在 FRP 黏结的混凝土构件平面上,剥离可能会出现在 FRP 布的端部,或者起始于应力集中位置。不过,在剥离刚发生时,构件还能够维持稳定,甚至承载力还能进一步增大。(Niu 和 Wu,1990;Chen 等,2007)。

一般可通过建立剪切-滑移关系来模拟剥离情况。大多数界面关系模型都是基于下述两个相似假设:①当界面应力达到规定的界面应力值 τ_s 时,界面出现剥离;②在剥离区域,残余剪切应力 τ 因界面滑动 s 而出现了线性退化,如 Leung 和 Tung(2006)所给出的公式,即 $\tau = \tau_0 - ks$,其中 τ_0 和 k 为接触面材料参数,分别为初始残余剪切应力和剥离后的应力退化率。在该公式的基础上,沿 FRP 剥离部分的拉伸应力 σ_P 分布可由式(2-1)计算获得:

$$\frac{\mathrm{d}^2\sigma_P}{\mathrm{d}x^2} + \alpha^2\sigma_P = 0 \tag{2-1}$$

而在尚未出现剥离的弹性区,可由式(2-2)获得 σ_P 的值:

$$\frac{\mathrm{d}^2\sigma_P}{\mathrm{d}x^2} - \beta^2\sigma_P = 0 \tag{2-2}$$

式中,α 和 β 分别为描述结构形态和材料性能的参数。

在适当的边界条件下,上述公式能够得出沿 FRP 布方向的拉伸应力和接触面剪切应力。

该分析方法能够精细模拟剥离过程,与试验结果较为吻合,但该分析结果仅适用于简单剥离情况。

另一种应用较为广泛的模拟剥离方法是有限元分析,使用合适的界面单元,则能够得到较好的模拟结果(Wu 等,2004;Mu 等,2006;Elarbi 和 Wu,2012)。该方法能够模拟更加复杂的加载情况和几何布局,但无法细致描述剥离过程。因此,若要合理描述剥离情况,需要同时使用上述两种分析方法。

此外,黏结质量随时间变化的问题也很关键,由此衍生出了一些评估技术。例如,Harichandran 和 Hong(2005)采用电化学阻抗光谱传感技术检测混凝土梁上 CFRP 的剥离情况。Wu 和 Sarnemuende(2002)提出一种新型主动调节方法——非线性主动波调制光谱(NAWMS),以此来检测 FRP 布与混凝土基底之间的黏结薄弱处。该检测需要将声波探针穿过构件系统,对系统施加调制波。Wu 和 Sarnemuende 以 3in(1in = 2.54cm)厚的混凝土板制作出若干外贴 FRP 的样品,并在界面处人为制造了一些瑕疵区域($1in^2$)。发送波的人员在瑕疵的一边,接收波的人员在瑕疵的另一边,将一对传感器分置于样品两端,以便对样品进行彻底扫描。分析调频结果发现,调频变化与瑕疵出现的部位相符。

2.3　FRP 材料的耐久性

在日常服役期,外贴 FRP 的桥梁不仅要承受较大的交通荷载,还会受到温度和湿度剧烈变化的影响。霜冻和冻融环境会使构件材料加速老化,诸如基体材料断裂、纤维-基体剥离、构件脆性增加等,甚至使破坏机理发生较大的改变(Lord 和 Dutta,1988;Dutta 和 Hui,1996;Dutta,1998;Karbhari 和 Pope,1994;Karbhari 等,2000)。Chu 等(2004)采用气象测试数据来预测拉挤 E 级玻璃/乙烯基酯复合材料的长期性能,预测结果与试验结果相吻合。Karbhari(2002)和 Karbhari 等(2002)采取半经验方法来预测冻融循环条件下,单向碳纤维/乙烯酯复合材料的长期模量和强度。上述研究表明,典型分析方法预测得到的强度值相对保守,且冻融循环对模量并未产生明显影响。分析结果还表明,浸于蒸馏水和盐水中的 E 级玻璃纤维/乙烯酯复合材料样品在经受 −17.8 ~ 4.4℃之间的冻融循环时,其抗弯强度、储能模量以及损耗系数的变化都不甚明显。此外,Wu 等(2006a)总结了相应的试验结果:①置于水中的样品,在经受250 次冻融循环后,再次处于冻融循环的条件下且承受其 25% 的极限应变时,样品的模量会出现小幅下降;②处在干燥空气中的样品,在经历预应变和冻融循环后,未观察到老化情况;③若维持在 −17.8℃冻结状态,则随着时间的推移,样品的抗弯强度和储能模量会出现小幅上升。

随着时间的推移,FRP 成分的老化会影响材料的多项性能,而且可能会改变各主要破坏模式发生的先后次序。这种情况可能导致结构出现突然失效,因此必须加以重视。然而在多数情况下,FRP-混凝土的黏结层才是最为关键的部分,因为混凝土需要通过黏结层将应力传递给 FRP。当然,若将 FRP 用于约束结构构件,如用于包裹柱子,则不属于此类情况。不过,现场试验表明,FRP 复合材料和混凝土的黏结层也并不总能确保有效,黏结层会随时间推移而逐渐老化,直至最终失效。黏结质量也受多个因素影响,如混凝土情况、混凝土基底的黏结表面处理情况、黏结材料的质量、黏结的情况以及环氧基质和树脂的耐久性等。此外,许多其他参数都会影响黏结强度,如紫外线辐射、化学作用、温度、湿度、应力水平等(Karbhari,1997;Mikami 等,2015)。由于目前用于桥梁加固的 FRP 仅服役了较短的时间,尚无法获得关于环境影响和相应退化率的长期数据。

　　当前,大多数关于 FRP 耐久性的资料都是由实验室模拟的恶劣环境所得到的(Dutta 和 Hui,1996;Toutanji 和 Balaguru,1999;Karbhari 等,2003)。有研究发现(Karbhari,2004),将 FRP 暴露于低温热循环中,比始终将 FRP 置于冻结温度以下所造成的老化影响更严重,这种现象部分可归结于界面层的老化。低温下,样品中出现的细小裂缝会在受热时吸收更多的水分,则树脂出现塑化和水解的情况也加重。裂缝处吸收的水分冻结后体积增大,导致界面出现剥离现象,微小裂缝横向扩大(Rivera 和 Karbhari,2002)。很多研究发现,样品暴露在类似冻融循环的环境中,会使基体材料断裂、纤维-基体剥离以及材料脆性增加,进而造成严重的老化现象,最终导致构件的破坏机理发生很大改变(Dutta,1989,1992;Lord 和 Dutta,1988;Haramis,2003;Karbhari 等,1994,2000,2002)。不过,采用玻璃纤维或碳纤维包裹的柱构件,仅冻融循环作用对其抗压强度的影响似乎较小。研究也发现,在加速腐蚀试验中,使用材料对柱子进行包裹和缠绕会显著降低钢筋的腐蚀程度(Harichandran 和 Baiyasi,2000)。

　　Wu 等(2006,2006a)通过试验研究了低温热循环、循环频率、持续荷载以及水中含盐量等多个因素对 FRP 的共同影响。研究结果表明,在所有情况下,持续荷载会明显加速材料的老化;水中含盐量对构件的影响程度取决于循环频率;高湿环境在各种情况下都会对构件产生不利影响。此外,将 FRP 材料置于高温条件下,当样品承受持续荷载时,其吸水量会增加(Gibson,1994;Kulkarni 和 Gibson,2003)。Elarbi 和 Wu(2012)研究发现,高温和高湿度条件对 FRP 材料的强度、刚度以及 FRP 与混凝土之间的黏结程度都会造成严重的不利影响。虽然目前还无法获取到自然气候对黏结老化影响的数据,但已有试验报告指出,在加速试验条件下,FRP 与混凝土的黏结强度在高温中会出现大幅下降(超过 80%),主要是 FRP 材料老化所致(Bank 等,1998;Katz 等,1999;Galati 等,2006)。

　　在基础设施建设领域,至今尚无 FRP 材料的标准耐久性测试流程。不过,Wu 等(2006a,2006b)已经发展出了一种能够模拟自然气候对 FRP 材料影响的加速试验测试流程。该流程对 ASTM C666(2008)中"混凝土标准冻融耐久性测试"作了一定修改,能够同时考虑整个测试中的温度、媒介(如所处环境)以及持续荷载对构件的影响。测试结果表明,在 FRP 材料中,最易受到环境影响的破坏模式与聚合物基体材料有关(Wu 等,2006b)。此外,若将外贴 FRP 的混凝土样品置于潮湿环境中,在承受不高于极限荷载 25% 的持续荷载作用并经历 250 次冻融循环后,样品的抗弯强度会明显下降(Wu 等,2006b)。

　　在上述类似试验条件下,老化率可以通过强度或刚度与时间的关系图来估算。不过,若要缩减试验时间,可采用加速测试方法,使用其中一个或若干个加速机制提高老化率。加速条件下的老化率等于实际条件下的老化率乘以加速系数,其中,加速系数为加速环境(即实验室环境)下老化率与实际使用环境老化率之比,不同环境下的加速系数可由 ASTM E632(1996)确定。已知加速系数的合理值后,可通过成本相对低廉的短期试验条件或有限元分析来精确模拟实际情况中构件的耐久性(Yan,2005)。不过,目前仍未确定适用于具体气候区的外贴 FRP 混凝土构件加速系数。

　　Elarbi(2011)曾在一定的条件下针对一系列 CFRP 加固的混凝土梁进行了老化影响模拟,

这些条件包括将试样置于自然环境以及各种加速的湿热环境中。研究发现：在室内自然条件下，基于 ACI 的破坏荷载预测值低于实测值，数值模拟结果与试验结果吻合较好；而在加速湿热环境条件下的试件，其黏结强度会产生退化并最终导致剥离，虽然该失效模式在 ACI 440 中尚未考虑，但可以由数值模拟结果预测。

第3章　复合材料力学

3.1　简　　介

　　纤维增强复合材料(FRP)，又称先进的纤维复合材料，早已在航空航天领域中成功应用。近年来，复合材料应用于土木工程的发展态势也日渐迅猛，最早的应用出现于20世纪60年代末的南非，采用粘钢法对办公楼的混凝土梁进行加固。之后，出现了大量采用板材黏结加固的应用项目。其所用加固板有两种，其一是钢板，其二是近20年出现的各种FRP材料。与钢板相比，FRP材料更具优势：首先，其抗腐蚀能力强，能够延长结构的使用寿命、降低维护频率；其次，FRP层压板的长度相当可观，可依据具体情况裁成合适的尺寸；再者，FRP轻便易施工的特点能够节省劳动成本，一个工人就能徒手操作，而操作一块承载力与其相当的钢材则需要起重机的配合。

　　FRP加固材料能够延缓若干破坏模式。当要对梁、板进行抗弯加固时，可以将FRP板粘贴于混凝土的受拉面；而当进行抗剪和抗扭加固时，则可将FRP材料粘贴于梁的侧面。对柱构件进行加固时，则可以将FRP环形缠绕于柱身，以增加对核心混凝土的约束。该工艺可以通过湿铺法或预制筒形保护套进行施工。

　　安装FRP可以采用预固化层压板或现场固化层压板(手工制作成型)两种方式。后一种方法需先在混凝土表面铺一层底漆以填平表面的微孔洞，待底漆固化后用腻子将底漆表面上不均匀的部位抹平，并填补孔洞；然后，用滚筒将混合后的树脂均匀地在表面上涂一薄层；再用气泡滚筒按压切割好的纤维板(预浸渍或呈干燥状)，使其牢固附着在混凝土上，以除尽纤维与树脂之间的空气，并确保FRP纤维板的一面完全浸入树脂当中。值得注意的是，在逐层粘贴FRP时，纤维方向要对齐，否则会削弱FRP的强度。而预固化的FRP系统形状各异，其由供应商制作加工，再运送到施工现场。一般都是通过黏合剂将预固化的布或板材与混凝土黏结起来，或将其灌注在混凝土基底的槽孔中。供应商对黏合剂必须有明确的规定。

3.2　层　压　板

　　层压板属于薄片状结构，是非常重要的复合材料。层压板通常由单向层板(或称单一层板、单层板)按照指定排布方向和规定厚度堆叠而成，以此获得所需的刚度和强度。层压板的典型应用领域包括飞机机翼、尾翼、轮船侧板、甲板，水箱侧板、底部等，甚至当圆柱形构件的径厚比足够大(如径厚比>50)时，如纤维缠绕式油罐，也可以被看做是层压板。层压板一般在4层到40层之间，若层压板是由碳纤维、玻璃纤维和环氧树脂构成的，则每层厚度约为0.125mm。层压板的铺法(纤维方向的排布)一般有十字交叉、呈某角度交叉或准各向同性等多种。制作层压板时,必须确定沿厚度方向的堆叠方向和次序,这对层压板的抗弯性能影响很大。层压板的叠放次序有惯用表示法。例如,按十字交叉法自上而下铺就的层压板单层纤维方向顺序为 0°,90°,0°,记作(0/90°)s,后缀"s"指单层板的叠放次序沿板厚方向的中线呈对称分布。(0/45/90°)s 和(45/90/0°)s 的层压板铺法相同,但叠放次序不同。

3.2.1 单向板

根据纤维和基体材料的力学性能,沿纤维方向的复合材料实际抗拉强度和拉伸模量可根据式(3-1)与式(3-2)计算得出(Jones,1999):

$$\sigma_{\text{com}} = \sigma_f v_f + \sigma_m v_m \tag{3-1}$$

$$E_{\text{com}} = E_f v_f + E_m v_m \tag{3-2}$$

沿纤维垂直方向,其抗拉强度和拉伸模量如式(3-3)和式(3-4):

$$\sigma_{\text{com}} = \sigma_m \tag{3-3}$$

$$E_{\text{com}} = \frac{1}{\dfrac{v_f}{E_f} + \dfrac{v_m}{E_m}} \tag{3-4}$$

式中,σ_{com} 为固化层压板复合材料的抗拉强度;σ_f 为干燥纤维的抗拉强度;σ_m 为基体材料的抗拉强度;v_f 为纤维体积比;v_m 为基体材料体积比;E_f 为纤维拉伸模量;E_m 为基体材料拉伸模量;E_{com} 为 FRP 材料拉伸模量。

$$v_f = w_f \frac{\rho_c}{\rho_f} \tag{3-5}$$

$$v_m = w_m \frac{\rho_c}{\rho_m} \tag{3-6}$$

式中,w_f 为纤维重量或质量比;w_m 为基质材料重量或质量比;ρ_c、ρ_f 和 ρ_m 分别为复合材料、纤维和基体的质量密度。

$$w_f = \frac{W_f}{W_c} \tag{3-7}$$

$$w_m = \frac{W_m}{W_c} \tag{3-8}$$

式中,W_f、W_m 和 W_c 分别为纤维、基体和复合材料的重量或质量。

复合材料(纤维 + 基体)的密度可由式(3-9) ~ 式(3-11)获得:

$$\rho_c = v_f \rho_f + v_m \rho_m = \frac{1}{\dfrac{w_f}{\rho_f} + \dfrac{w_m}{\rho_m}} \tag{3-9}$$

$$v_f + v_m = 1 \tag{3-10}$$

$$w_f + w_m = 1 \tag{3-11}$$

3.2.2　经典层板理论

层压板复合材料与各向同性材料相比有两点不同：首先，层压板是堆叠而成的层状材料；此外，层压板中每片板不具备各向同性，但具有方向性，在纤维方向上有较高的强度和刚度，且允许各层之间情况不同。对于更为复杂的情况，复合板可由上、下层压板及中间的一层轻质材料组成。

要估测层压板的性质，则需要沿层板纤维方向呈 θ 角进行加载以建立其应力-应变关系（Jones，1999；Matthews 和 Rawlings，1994）。承受与纤维方向呈 θ 角荷载的单层板模量 E_x 可由式（3-12）计算：

$$\frac{1}{E_x} = \frac{1}{E_1}\cos^4\theta + \left(\frac{1}{G_{12}} - \frac{2v_{12}}{E_1}\right)\sin^2\theta\cos^2\theta + \frac{1}{E_2}\sin^4\theta \tag{3-12}$$

式中，E_1 与 E_2 分别为与纤维方向平行［式（3-2）］和垂直［式（3-4）］的层板模量；v_{12} 为单层板的主泊松比（一般取 0.3）；G_{12} 为单层板的面内剪切模量。

如果说各向同性材料需要两个弹性常数来确定其弹性应力-应变关系，那么各向异性的单层板料（属于正交各向异性，即存在三个相互垂直的对称面）则需要 4 个弹性常数才能够预测其面内性质（Jones，1999）。

层压板中的单层板纤维方向与某一荷载方向有关，一般取最大荷载方向，因为当纤维方向与最大荷载方向一致时承载力最大，则该方向被定义为 0 度方向。在设计中，一般选用平衡对称的层压板。平衡层压板指的是 $+\theta$ 角度与 $-\theta$ 角度的层数相同；对称层压板指的是层板几何形状对称，且性能沿层板厚度中线呈对称分布。因此，堆叠次序为 0/90/+45/−45/−45/+45/90/0 的层压板［记作（0/90/±45）］既平衡也对称。平衡对称的层压板所受内力简单；与之相反，既不平衡也不对称的层压板在承受单一轴向荷载时，通常受剪、受弯且受扭（Ogin，2000）。

在大多数层压板中，板的厚度与结构的尺寸相比可以忽略不计。通常情况下，我们假设沿层板厚度方向的应变在该方向（z）上呈线性分布。由于各层材料性质不同，与厚度方向上的应变相比，应力变化要复杂得多。通常，逐层间的应力变化不连续，这意味着单层板的刚度不适用于整个层压板。层压板的应力-应变关系可根据层板理论预测得出。对于面内和面外荷载，该理论都能够通过合理的方法对各层板的贡献进行累加。研究发现，对于由连续单向预浸板制成的各类层压复合板，所测得的弹性性能与层板理论预测所得结果吻合较好。不过，除了一些简单层压板外，理论预测层压板极限强度的准确性较差，相关研究仍在进行中。由于复合材料在设计中的容许变形通常都低于结构首先出现破坏时的变形（即设计应变为 0.3%~0.4%），因此无法准确预估层压板的极限强度是否对结构设计有影响。

"经典层板理论"是均质板弯曲理论的拓展，除弯矩外还允许承受面内拉力，同时在分析中还考虑了各层板的不同刚度。在多数情况下，若要确定层板某点的拉力和弯矩，则需要求解力平衡和位移协调方程组。许多经典的教材都探讨过该问题（Timoshenko 和 Woinowsky-Krieger，1959），本章不再讨论。

假设板上 x,y 处的拉力为 N，弯矩为 M，则：

$$N = \begin{Bmatrix} N_x \\ N_y \\ N_{xy} \end{Bmatrix} \tag{3-13}$$

$$M = \begin{Bmatrix} M_x \\ M_y \\ M_{xy} \end{Bmatrix} \tag{3-14}$$

应力可沿板厚方向进行积分，由其平均值可算得面内荷载 N，通过线性分布的应力可得到平衡力偶 M。图 3-1 为板端作用力和弯矩示意图。利用各板绕纤维方向的弹性刚度，可得到与板中面应变 ε^0 和曲率 k 相关的荷载表达形式，其刚度方程如式（3-15）：

$$\begin{bmatrix} N \\ M \end{bmatrix} = \begin{bmatrix} A & B \\ B & D \end{bmatrix} \begin{bmatrix} \varepsilon^0 \\ k \end{bmatrix} \tag{3-15}$$

式中，A 为面内刚度子矩阵；D 为弯曲刚度子矩阵；B 为弯曲和薄膜效应产生的耦合部分。

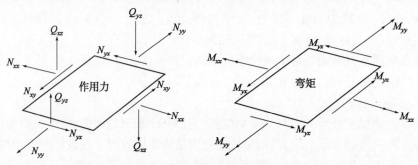

图 3-1　板中平面的作用力与弯矩

3.3　纤维织布

纤维织布可替代单向纤维板，纺织纤维加固复合材料已经在工程领域应用多年，如扫雷艇船体所用的玻璃纤维织布。在降低造价和提升材料加工性能方面，纤维织布复合材料的潜力很大，而且拥有更好的力学性能。在复合材料发展程度较高的地区，如欧共体（所用复合材料占全球30%）、美国（占30%）和日本（占10%）等，20 世纪 90 年代以来对纤维布加固材料的重视程度越来越高；同时，中国、俄罗斯、韩国、印度、以色列以及澳大利亚也紧随其后（Ogin，2000）；到了 20 世纪末，关注纤维织布加固的复合材料学术会议日益增多。

在目前已有的纤维织布增强材料（包括梭织、编织、针织和缝制等纺织技术）中，梭织纤维布的使用最为广泛。根据不同的使用目的，可以将多种纤维布纺织技术结合起来，如将编织和针织技术相结合能够生产出 I 形结构（Nakai 等，1997）。

在结构应用中，通常需要考虑纤维布的刚度、强度和抗损害/抗裂能力等性能。图 3-2 为纤维布纺织技术发展情况示意图（Ramakrishna，1997）。

与单向纤维板带相比，纤维织布与混凝土的黏合力更好，因为树脂会穿过纤维布的编制层，产生额外的固定效果。值得注意的是，由两根相邻经、纬纤维构成的纤维布网孔尺寸不仅决定了织布结构的强度和刚度，还能为混凝土提供锚固点。

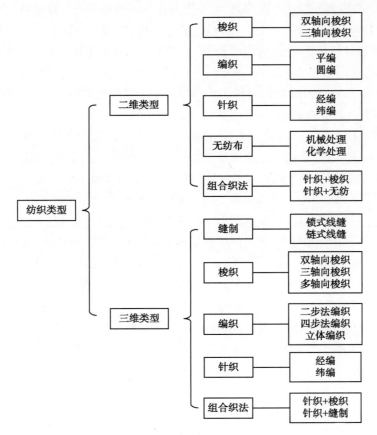

图 3-2　发展中的复合材料纤维布纺织技术

（来源：Ramakrishna，S. 等．*Composites Science and Technology*．,1997,57,1-22.）

3.3.1　力学性能

纤维的编织方法灵活多样，选择也较为宽泛，因此，梭织、针织和编织的纤维布材料都适用于加固工程。梭织或编织精心选择的纤维材料和纤维布局，则能够控制这些纤维织布的荷载-变形性能。

若将连续碳纤维加工成一维或二维的纤维布，则纤维布的断裂应变与碳纤维相近（一般为 $1\% \sim 1.5\%$）。Cox 等（1992，1994）对三维梭织碳纤维/环氧树脂复合材料进行了研究，该材料由两组呈 $0/90°$ 排列的标称直纤维束（填充物或填料）和体积率相对较低的互锁纤维束（经线编织）组成，在厚度方向上能够起到连续加固作用，其极限应变在 $2.5\% \sim 4\%$。这种复合材料延性的显著增加与单根纤维断裂有关。所有填充物在未达到荷载峰值前就已经破坏失效，而人们认为这些荷载能够通过波形纤维束所构成的锁定机制进行传递（Cox 等，1996）。因此，与二维纤维加固复合材料相比，三维梭织纤维断裂应变的大幅提高可以明显增强复合材料的延性。此外，填充物在单根纤维断裂后会对其产生拉结作用，因此三维梭织复合材料在承载力超过峰值点后的力学性能也会有所提高（Cox 等，1994）。

梭织和编织是纺织工业中主要的纤维纺织工艺，其制造技术也已经相当成熟（Ko，1989）。

但对复杂纤维结构进行分析还存在困难,这主要是由结构布局的复杂性所致。

Harris 等(1998)和 Somboonsong 等(1998)通过分析,建立了各制造参数的应力-应变关系函数(参数包括芯材和套管模量,纤维体积率,卷曲尺寸和编织角度等),并由此开发出一套编织结构的设计流程。

Wu 等(1992,1993,1995)此前对梭织结构尤其是平纹梭织布建立了力学模型。该纤维布经线和纬线排列形成简单的十字交叉图案。

Yang 和 Chou(1987)展示了在碳纤维增强环氧树脂层压板中不同纤维结构对模量 E_x 和 E_y 的影响(图 3-3)。这些层板的纤维体积率相同,均为 60%。正交复合层板的模量 E_x 和 E_y 约为 75GPa。在八股缎纹和平纹的双轴向梭织布中,模量分别降至约 58GPa 和 50GPa,下降的主要原因是交错梭织造成的纤维布卷曲。由于平纹纤维布中每单位长度出现的卷曲更多,因此其对应模量更小。三轴向纤维布由两两 60°角交错的三组纱线组成,其性能类似(0 ± 60)s 的斜交层压板。三轴向纤维布在面内荷载下呈准各向同性,在层板平面上任意方向的杨氏模量相同。三轴向纤维布的 E_x 和 E_y 值更小(约 42GPa),但其平面内剪切模量高于双轴纤维(图表中未显示)。此外,图中还给出了多轴向经编纤维布(或多层多向经编纤维布)的性能预期变化范围,(其中至少模量 E_x)处于三轴向纤维与正交层板之间且高于正交层板,实际情况取决于其具体的几何尺寸。该纤维的经线、纬线和纬斜线(通常是 ±45°斜)通过钩针径向编织而成,最终形成三维编织复合材料,编织角度为 15°~35°。该类纤维结构 E_x 模量很高(纤维主导),E_y 模量低(基体材料主导),即体现出显著的各向异性弹性性能。

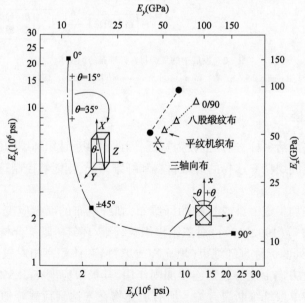

图 3-3　加固结构中 E_x、E_y 模量的预测情况

注:±θ 斜交层板($\theta = 0$ 至 ±45°、−90°),正交层板(0/90),八股缎纹布和平纹梭织布,三轴向梭织纤维布,编织($\theta = 35°-15°$)和多轴经编(● - - - - ●),材料纤维体积率均为 60%

[来源:转载自 Yang,J.-M. & Chou,T.-W.,1987,略作改动,纺织结构复合材料性能图. Matthews,F.L.、Buskell,N.C.R.、Hodgkinson,J.M.、Morton,J. (Eds.),复合材料第六次国际会议及复合材料第二次欧洲会议,Elsevier,伦敦,5579-5588.]

3.4 耐久性及破坏模式

预测暴露环境下 FRP 层压板的长期强度,要比预测模量困难得多(Gibson,1994;Wu 和 Yan,2011)。FRP 层压板的设计须综合考虑一些不同的破坏准则,以下将就此展开讨论。

就材料而言,FRP 通常由两种不同材料组成,即纤维和基体。纤维、基体及其连接界面的性质决定了复合材料的性能和破坏模式。随着时间推移,任何成分出现退化都会对复合材料的性能造成不同程度的影响,甚至改变破坏模式的出现顺序,因为复合材料在使用过程中,许多破坏模式会同时发生。破坏模式可分为以基体破坏为主、以纤维破坏为主、以界面破坏为主等。FRP 的长期性能并不是简单地随着时间推移而发生退化,主要破坏模式的改变有可能导致材料发生突然破坏。

在基础设施的应用中,刚度是 FRP 加固设计的主要内容。环境诱发因素对基体树脂的刚度和强度影响很大,而纤维性能一般不受干扰。此外,层压板中最易受环境影响的破坏模式也多与基体材料有关。层压板是由不同纤维方向的单层板堆叠而成的,但沿纵向分布的单层板对刚度的影响最大。纵向板在拉力作用下的刚度由纤维决定,若纤维体积率在合理范围内,那么环境导致的基体老化对拉伸刚度的影响较小;然而在纵向受压作用时,纵向板的微屈曲破坏则主要由基体刚度决定,因此受环境影响也最大。

3.4.1 破坏模式和强度预测

FRP 层压板的极限强度取决于破坏过程中主导的破坏模式,可能出现的破坏模式包括层板之间和层压板与混凝土基底之间的分层脱离、单层板断裂和单层板屈曲。由于各组分的老化率不同,其重要性顺序可能会随着时间推移而发生变化。FRP 经常会出现某种程度的分层、纤维断裂和基体开裂等损伤问题,但这些问题只有逐渐发展到影响复合材料的整体性能时才会造成严重后果。需要关注的主要破坏模式有三种:首层失效、界面剪切破坏和局部屈曲。

3.4.1.1 首层失效

首层失效指的是初始破坏从层压板中任何一层开始,而后导致整个层压板破坏的情况。采用首层失效的荷载仅是出于保守考虑,因为基体材料开裂的破坏并不会马上导致层压板的破坏。研究人员早已发现,在承受多轴应力的情况下,材料的破坏荷载与仅承受单轴应力时完全不同。复合材料层压板有一些常见的破坏准则,如 Tsai-Hill 准则、Hoffman 准则以及 Tsai-Wu 准则(Jones,1999),这些互为补充的准则在制定过程中都考虑了应力的相互作用。其中,Tsai-Hill 准则已被证实可广泛适用于多种情况(Tsai,1988),该准则如式(3-16):

$$I_{\mathrm{fpf}} = \left(\frac{\sigma_1}{S_{\mathrm{L}}^2}\right)^2 - \frac{\sigma_1\sigma_2}{S_{\mathrm{L}}^2} + \left(\frac{\sigma_2}{S_{\mathrm{T}}^2}\right)^2 + \left(\frac{\tau_{12}}{S_{\mathrm{LT}}^2}\right)^2 \geqslant 1 \tag{3-16}$$

式中,I_{fpf} 为首层失效指数;"1"指沿纤维长度的纵向;"2"表示垂直于纤维长度的横向。该方程中的强度值取决于 σ_1 和 σ_2 的方向。例如,如果 σ_1 在拉伸状态下,则取 S_{L}^+,如果 σ_2 在压缩状态下,则取 S_{T}^-。下标"L"表示纵向,"T"表示横向,上标" + "表示拉伸," – "表示压缩。

S_{LT} 为面内剪切强度。

3.4.1.2　剪切破坏

分层有两种可能的情况,其一是层压板之间的分层,其二是层压板和构件基底之间的分层。因此,须仔细检查黏结界面的剪切应力,以防止导致分层的剪切破坏产生。

利用 Brewer 和 Lagace(1988)提出的二次分层破坏准则,可对面外应力所致的分层进行预测。其破坏相关关系如式(3-17)(Senne 等,2000):

$$\left(\frac{\tau_{xz}}{S_{xz}}\right)^2 + \left(\frac{\sigma_z}{S_z^+}\right)^2 \geqslant 1 \tag{3-17}$$

式中,τ_{xz} 和 σ_z 为平面外的层间应力;S_{xz} 为层间剪切强度;S_z^+ 为层间抗拉强度。

通常情况下,式(3-17)中第二项的值可以忽略不计。于是,剪切分层准则可简化如式(3-18):

$$I_{sf} = \left(\frac{\tau_{xz}}{S_{xz}}\right)^2 \text{ 或 } \left(\frac{\tau_{yz}}{S_{yz}}\right)^2 \tag{3-18}$$

式中,I_{sf} 为剪切破坏指数;S_{yz} 和 S_{xz} 分别为层间剪切强度。

3.4.1.3　局部屈曲

层压板局部屈曲的表现特征为:在承受面内压力时,横向挠度过大。屈曲是一种临界强度极限状态,必须在设计中避免。层压板厚度和其他尺寸参数相比,通常要小得多,因此层压板是薄壁结构,局部屈曲只有在层压板承受较大压应力时才需考虑。

在实际应用中,基于有限元分析软件 ABAQUS 的 BUCKLE 模块可方便地进行层压板屈曲分析。其每一步求解,都需要施加一定的荷载。而所施加的荷载量级并不重要,因为这种特征值屈曲求解是一个线性摄动过程:在未施加任何荷载的初始步,计算刚度矩阵和应力矩阵,然后通过 BUCKLE 模块计算出特征值。屈曲荷载就等于特征值乘以所施加的荷载再加上任一"初始状态"下的荷载值。与此同时,还可以得到与特征值相关的特征向量。

3.5　有限元分析(FEA)

多年前就已经有人试图采用数学方法求解连续介质力学问题,然而,无数前车之鉴表明,微分控制方程的精确解析解几乎不存在,即使有,也大多不具备普适性。

在某些简单情况下,可以获得解析解,但当涉及复杂的材料特性和边界条件时,通常采用数值方法近似求解。在数值方法中,一般通过估算结构上有限个点来获取未知量的近似值。在实体结构中,仅选择一定数量离散点的方法称为"离散化"。一种将连续结构或实体离散化的方法是将其分解为一个由较小结构或实体组成的等效系统,后通过组装这些小结构或实体以期获得原始结构或实体的解。在组装过程中,假定这些较小单元之间通过独立的点相互连接,这些独立的点称为节点。

有限元方法最初是作为矩阵位移法的延伸,并应用于桁架和框架等直接通过节点连接的结构中,此时仅考虑节点位移的匹配问题,未考虑内部单元的连续性问题。后来,有限元方法进一步拓展到了结构力学之外的领域,如热流动、流体流动、渗水分析等。

有限元方法基于两个基本原理,分别是:最小势能原理,即要求结构满足连续条件和运动边界条件,但不需要满足应力平衡和静力边界条件(位移或刚度模型);和最小余能原理,即要求应力场满足平衡条件,但并不要求位移协调(应力或柔度模型)。

有限元分析通常有两种建模方法:二维(2D)建模和三维(3D)建模。二维建模操作简单,且能在正常速度的计算机上运行,但它的分析结果略差。而三维建模虽然可以获得更为精确的结果,但其在高速计算机上才能有效运行。上述两种建模方法,都可以进行线性及非线性分析。线性分析比较简单,通常无需考虑塑性变形,而非线性分析一般需要考虑塑性变形。

FEA 使用一套复杂的点系统,即节点,由节点栅格构成一个网格系统。网格通过编程使其包含材料和结构特性,而这些特性决定了结构在荷载作用下的反应。根据某一特定区域可以预知的应力水平,可以沿材料全身配置一定密度的节点。通常,高应力区截面应加密设置节点。在设置节点时,应关注的区域包括:材料在之前试验中出现的断裂区、圆角和拐角处、细部构造复杂区以及高应力区。网格就像一个蜘蛛网,每一个节点可以通过网格单元延伸到相邻节点,这个由向量组成的网将材料属性传递给对象,创建了许多单元。

3.5.1 有限元模拟

目前所有的有限元软件在功能上都类似,本章提到的 ABAQUS 软件只是用以说明设计实例。ABAQUS/CAE 具备完全的 ABAQUS 运行环境,提供了一个简洁统一的操作界面,可实现建模、任务提交和运行监控功能,并能对 ABAQUS/Standard 和 ABAQUS/Explicit 模拟分析结果进行评估。ABAQUS/CAE 分为多个模块,每个模块处理建模过程中的一个步骤,如定义几何尺寸、定义材料特性和生成网格。ABAQUS/CAE 可以通过所建模型形成输入文件,然后用户将该输入文件提交给 ABAQUS/Standard 或 ABAQUS/Explicit 分析器,分析器可对模型开展分析,并向 ABAQUS/CAE 传递相关信息,以便用户能对任务过程进行监控,最后生成一个输出数据库。分析模型至少包括以下信息:

- 离散化的几何尺寸;
- 单元截面特性;
- 材料数据;
- 荷载和边界条件;
- 分析类型;
- 输出请求。

例如,采用数值模拟分析受拉侧采用 FRP 加固的矩形混凝土梁的抗弯性能和破坏情况,利用二维 ABAQUS/CAE 扩展有限元程序,采用二维平面进行建模,可分为两部分。

第一部分为矩形混凝土梁模型,包含所有几何形状和特性,选择各向同性的弹性材料,材料性能选"Maxps Damage",混凝土材料特性见表 3-1。

混凝土材料特性

表 3-1

杨氏模量	4.23×10^6 psi	泊松比	0.18
抗压强度	5502psi	密度	0.0867lb/in^3

第二部分为 FRP 加固板。两部分模型通过"Tie"界面单元进行连接,并假定其为面面接触。将混凝土梁定为主面,FRP 为从面(图 3-4)。

图3-4 混凝土梁和FRP加固板之间的接触面

对其施加静力集中荷载,边界条件类型选择"displacement/rotation"。一边支座为固定铰支座,另一边为滑动支座(图3-5)。

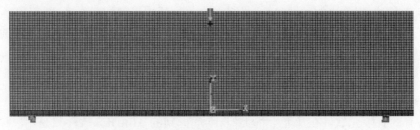

图3-5 FRP加固梁模型的荷载和边界条件

3.5.2 FRP加固混凝土梁的数值模拟

ABAQUS/CAE中需输入两类材料特性,第一类为混凝土的材料特性,第二类为FRP的力学特性,其由制造商提供。对两部分二维模型通过尺寸进行网格划分,其节点数共为451个。

随着荷载增加,混凝土梁的受拉侧中部首先出现开裂,后逐渐向上蔓延至梁高的1/3左右(图3-6),随后FRP断裂(图3-7)。因此,最终破坏模式为FRP断裂。预估的破坏荷载为3761.2lbs,最大破坏荷载下对应的跨中挠度为0.00226in。图3-8为最大荷载下的跨中挠度。

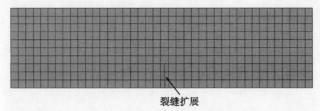

裂缝扩展

图3-6 加固混凝土梁模型的裂缝扩展

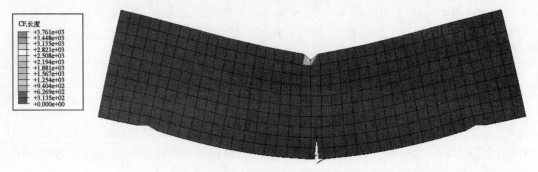

图3-7 加固混凝土梁的FRP断裂

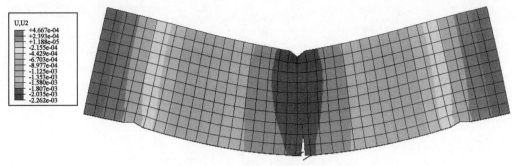

图 3-8　加固混凝土梁的最大变形

当 FRP 加固混凝土梁在自然条件下或加速试验中老化时,通常发现的主要破坏模式是 FRP 与混凝土之间的分层,已有学者成功模拟出该破坏模式(Elarbi,2011)。混凝土开裂后,从裂缝底部开始出现分层,然后逐渐往梁的两端扩展(图 3-9)。FRP 分层的模拟结果与试验结果非常吻合。

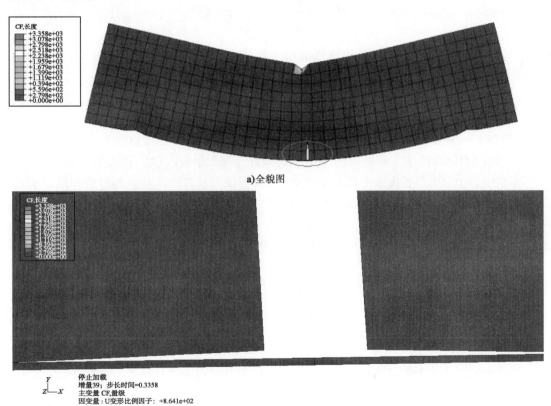

a)全貌图

b)局部放大图

图 3-9　加固混凝土梁的 FRP 分层

第4章 设 计 规 定

4.1 简 介

本章将介绍国际上与外贴 FRP 加固钢筋混凝土桥梁构件相关的、具有代表性的 6 个设计指南,这些指南来自北美、欧洲和日本,具体如下:

(1)ACI 440.2R-08——《用于加固混凝土结构的外贴 FRP 系统设计与施工指南》(ACI 440.2R,2008)。

(2)ISIS——《设计手册 4:钢筋混凝土结构的 FRP 修复》(ISIS 设计手册 4,第 2 版,2008)。

(3)AASHTO——《用于加固和修复混凝土桥梁构件的 FRP 系统设计规范》(AASHTO FRP 指南,2012)。

(4)《日本土木工程协会(JSCE)关于使用连续纤维板提升混凝土结构性能的建议》(日本土木工程协会建议,2001)。

(5)TR55——《纤维复合材料加固混凝土结构设计指导》(TR55,2000)。

(6)CNR-DT 200/2004——《外贴 FRP 系统设计与施工指南》(CNR-DT 200,2004)。

本章内容主要围绕各指南中有关 FRP 抗弯、抗剪加固及其约束效应的分析和设计流程。4.2 节涉及 FRP 抗弯加固,考虑了混凝土强度、FRP 强度、已有钢筋的配筋率等参数的影响。4.3 节涉及 FRP 抗剪加固,考虑了连续和间隔 U 形包裹、全包裹以及双侧包覆等加固方式。4.4 节涉及 FRP 约束效应,讨论了圆形和方形桥墩的约束情况。

4.2 钢筋/预应力混凝土(RC/PC)桥梁构件的 FRP 抗弯加固

4.2.1 简介

本节主要以 ACI 440.2R-08 指南的内容为依据对其他指南进行评价和比较,因为该指南中关于 FRP 抗弯加固的内容最为完整。本节讨论的具体内容包括:

- 加固限制条件;
- 环境折减系数;
- FRP 极限应变;
- 强度折减系数;
- 可使用性和正常使用荷载极限;
- 徐变断裂和疲劳极限;

- FRP 端部剥离和锚固长度；
- 抗弯设计方法和假设；
- 名义弯矩分析和设计流程。

使用 FRP 加固系统能够显著提升混凝土构件的抗弯强度。据已有文件记载,经 FRP 加固后的混凝土构件,其抗弯强度提升幅度为 10%~160%（Meier 和 Kaiser,1991；Ritchie 等,1991；Sharif 等,1994）。不过,考虑到规范中明确规定的加固和延性限制,强度提高 40% 是比较合理的。

4.2.2　加固限制条件

AASHTO、ACI 和 ISIS 都对拟加固构件设置了加固限制条件。限制条件能确保构件一旦因施工误差、极端环境引起的损伤、故意破坏或火灾等导致加固效果下降时,仍具备足够的承载能力以承担一定的恒载和活载（ACI 440.2R,2008）。其他指南则强调需对现有结构进行全面检查,并复查相关计划和技术参数、竣工平面图以及各类结构维修/保养文件。与 AASHTO、ACI、ISIS 不同之处在于,其他指南会让负责机构根据具体情况自行决定结构的加固方案。下面将介绍 AASHTO、ACI 和 ISIS 中设定的加固限制条件。

4.2.2.1　AASHTO

AASHTO 的规定仅适用于抗压强度 f_c' 不超过 8ksi 的混凝土构件,以及折减抗力满足式(4-1)要求的桥梁构件（AASHTO LRFD 桥梁规范,第 5 版）：

$$R_r \geqslant \eta_i \big[(DC + DW) + (LL + IM) \big] \tag{4-1}$$

式中,R_r 为折减抗力；DC 为构件和附属物产生的荷载效应；DW 为表面磨损和使用造成的荷载效应；LL 为活载效应；IM 为允许的动态荷载效应；η_i 为荷载修正系数,其值可按式(4-2)计算：

$$\eta_i = \eta_D \eta_R \eta_I \geqslant 0.95 \tag{4-2}$$

式中,η_D 为延性系数：

$\eta_D \geqslant 1.05$：非延性构件和连接；

$\eta_D = 1.00$：符合 AASHTO LRFD 规范的传统设计和细部构造；

$\eta_D \geqslant 0.95$：具备额外的提高延性措施的构件及连接；

对于其他极限状态,$\eta_D = 1.00$。

η_R 为冗余系数：

$\eta_R \geqslant 1.05$：非冗余构件；

$\eta_R = 1.00$：常规冗余构件；

$\eta_R \geqslant 0.95$：高冗余构件；

对于其他极限状态,$\eta_R = 1.00$。

η_I 为桥梁分类系数：

$\eta_I \geqslant 1.05$：重要桥梁；

$\eta_I = 1.00$：典型桥梁；

$\eta_1 \geqslant 0.95$；相对不太重要的桥梁；

对于其他极限状态，$\eta_1 = 1.00$。

须注意的是，虽然荷载效应是按照弹性分析确定，但连接和构件的抗力大多是基于非弹性性能确定的（如极限强度）。许多规范都允许这种不一致性的存在，因为这有助于简化结构分析和设计流程。

4.2.2.2　ACI 440.2R-08

与 AASHTO 相似，ACI 也对结构加固设定了限制标准，要求满足两个条件：第一个条件见式（4-3）[即 ACI 公式（9.1）]，要求确保结构在出现加固能力损失时还能够承担一个最小的指定荷载。式（4-3）表明，已有结构的设计承载力必须至少大于或等于新服役恒载的10%，且能够承受至少75%的新服役活载。

$$(\phi R_n)_{\text{existing}} \geqslant (1.1 S_{\text{DL}} + 0.75 S_{\text{LL}})_{\text{new}} \qquad (4\text{-}3\text{-ACI 公式 } 9.1)$$

$$(\phi R_n)_{\text{existing}} \geqslant (1.1 S_{\text{DL}} + 1.00 S_{\text{LL}})_{\text{new}} \qquad (4\text{-}4)$$

加固结构构件也须符合式（4-5）[即 ACI 公式（9.2）]的要求，以确保构件在火灾的持续作用下仍能承担荷载。$R_{n\theta}$ 是高温下的名义承载力，该值可由 ACI 216R（ACI 216R-1989）指南或试验确定。所考虑的火灾场景须符合 ASTM E119 的要求。不考虑 FRP 材料贡献，通过计算 $R_{n\theta}$ 值来确定结构的防火等级。图 4-1 为不同恒载水平下 $R_{n\theta}$ 与期望的服役活载之间的最小需求关系。

$$(R_{n\theta})_{\text{existing}} \geqslant S_{\text{DL}} + S_{\text{LL}} \qquad (4\text{-}5\text{-ACT 公式 } 9.2)$$

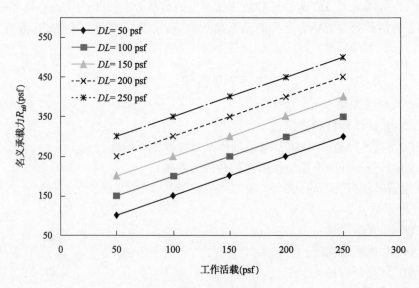

图 4-1　高温下 ACI 加固限制条件

4.2.2.3　ISIS

ISIS 设计手册4（加拿大）建议：能够承担全部恒载和至少50%活载的既有结构才可进行

加固(ISIS 虽然提出了该建议,但并未给出明确的表达式)。ISIS 的加固限制条件可按照 ACI 类似表达形式,用式(4-6)来描述。

$$(\phi R_{\mathrm{n}})_{\mathrm{existing}} \geqslant (1.0 S_{\mathrm{DL}} + 0.5 S_{\mathrm{LL}})_{\mathrm{new}} \tag{4-6}$$

上述 ISIS 加固限制条件是专门针对 S6-06 加拿大桥梁规范(CSA-S6-06,2006)提出的。活载系数 0.5 为最低要求,但 ISIS 指出该系数有可能增大。

4.2.2.4 其他指南/规范

英国混凝土协会标准 TR55 未对加固结构的限制条件提出量化的表达式。不过它指出,是否对构件进行加固应当有严谨的评估流程,不受结构类型影响,且需基于严格的标准和可靠的工程评价。TR55 借用了 TR54《混凝土结构老化诊断》(2000)以及英国结构工程师学会的《既有结构评估》(1996)以辅助评估结构状态。

意大利的 CNR 提出了保证加固构件耐久性的若干因素,但日本土木工程协会并未提供加固限制的具体量化公式或条件。

4.2.2.5 总结

为具体说明上述加固限制条件之间的差异,现举一个例子说明。假设新服役恒载(S_{DL})为 50psf,新服役活载(S_{LL})为 140psf,在此情况下,ACI 规定原构件应能承受的最小荷载需达到 160psf;若考虑火灾情况,则该值为 190psf。与之相比,ISIS 规定的最小承载力为 120psf。

图 4-2 对比了 ACI、AASHTO 和 ISIS 3 个指南中的加固限制条件。需要注意的是,ACI 提供了两种荷载情况,其一为持续活载作用(对大多数桥梁来说并不常见),另一种为典型的短暂活载作用。从图中可以看出,AASHTO 和 ACI 具有类似的加固限制条件,但 ISIS 明显不如前两者保守。ACI 提出的耐火极限条件与 AASHTO 现有的加固限制条件相似。因此,似乎并不需要具体的耐火极限条件,建议直接采用 AASHTO 相关规定。

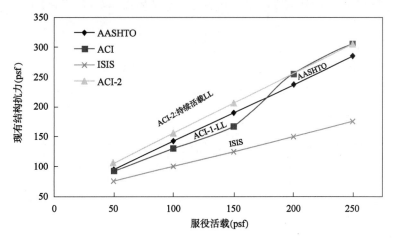

图 4-2 不同指南中 FRP 的加固限制条件(恒载固定为 50psf 不变)

综上所述,AASHTO 和 ACI 具有类似的加固限制条件,而 ISIS 的限制条件门槛较低。若其余规范不对加固条件进行限制,则随着活载/恒载比值的增大,差异性将会愈发明显。

4.2.3 环境折减系数

为了考虑在暴露环境中的老化问题,在 FRP 材料性能中引入了环境折减系数。该系数与暴露程度、FRP 材料及应用场所有关。

4.2.3.1 ACI

ACI 指出,表 4-1(即 ACI 表 9.1)中所给数值较为保守,其是基于各种纤维类型的相对耐久性得出的。

环 境 折 减 系 数   表 4-1

暴露条件	纤维类型	环境折减系数 C_E
内部暴露	碳	0.95
	玻璃	0.75
	芳纶	0.85
外部暴露 (桥梁、码头以及开放式停车场)	碳	0.85
	玻璃	0.65
	芳纶	0.75
侵蚀环境 (化学处理厂和污水处理厂)	碳	0.85
	玻璃	0.50
	芳纶	0.70

4.2.3.2 CNR

CNR 规范(意大利)建议的环境折减系数 η_a 值与上述 ACI 标准所给出的值相同。环境折减系数 η_a 用于确定 FRP 设计应变的最大值 ε_{fd},其定义如式(4-7):

$$\varepsilon_{fd} = \min\left\{\eta_a \frac{\varepsilon_{fk}}{\gamma_f}, \varepsilon_{fdd}\right\} \tag{4-7}$$

式中,ε_{fdd} 为 FRP 剥离前的最大应变;γ_f 为 FRP 断裂时的分项系数。

一般情况下,ε_{fdd} 是最小控制值,因此环境系数通常不会对设计起控制作用。η_a 值见表 4-2(即 CNR 表 3.4)。

环境折算系数 η_a 表 4-2

暴露条件	纤维/树脂类型	η_a
内部	玻璃/环氧树脂	0.75
	芳纶/环氧树脂	0.85
	碳/环氧树脂	0.95
外部	玻璃/环氧树脂	0.65
	芳纶/环氧树脂	0.75
	碳/环氧树脂	0.85

暴露条件	纤维/树脂类型	η_a
	玻璃/环氧树脂	0.50
侵蚀环境	芳纶/环氧树脂	0.70
	碳/环氧树脂	0.85

4.2.3.3 ISIS

ISIS 没有明确规定环境折减系数,而是采用"材料抗力系数",且考虑环境折减系数与其他分项系数。ISIS 根据不同规定提出了两套系数,一套用于桥梁结构,一套用于建筑结构。在 ISIS 规范中,更倾向于使用加拿大桥梁规范 S6-06(CSA-S6-06,2006)所提供的建议。见表 4-3(即 ISIS 表 4-3.4),ISIS 采用的系数考虑了材料类型、制造工艺及其他耐久性和环境相关因素。其中,拉挤成形的碳纤维增强复合材料(CFRP)(人工湿铺法)有特定的折减系数,其值为 0.56,与 AASHTO 的折减系数 0.85 相比,ISIS 的值显然保守得多。

材料抗力系数 表 4-3

材料(施工过程)	桥 梁	建 筑
拉挤成形芳纶 FRP(NSMR)	$\phi_{FRP} = 0.60$	—
拉挤成形芳纶 FRP(外贴板)	$\phi_{FRP} = 0.50$	$\phi_{FRP} = 0.75$
片状芳纶 FRP(人工湿铺)	$\phi_{FRP} = 0.38$	$\phi_{FRP} = 0.75$
拉挤成形碳 FRP	$\phi_{FRP} = 0.75$	$\phi_{FRP} = 0.75$
片状碳 FRP(人工湿铺)	$\phi_{FRP} = 0.56$	$\phi_{FRP} = 0.75$
拉挤成形玻璃 FRP	$\phi_{FRP} = 0.65$	$\phi_{FRP} = 0.75$
片状玻璃 FRP(人工湿铺)	$\phi_{FRP} = 0.49$	$\phi_{FRP} = 0.75$
混凝土	$\phi_C = 0.75$	$\phi_C = 0.60$
钢(被动加固)	$\phi_S = 0.95$	$\phi_S = 0.85$
钢(预应力筋)	$\phi_P = 0.95$	$\phi_P = 0.90$

4.2.3.4 TR55

TR55 未给出明确的环境系数,但其会根据材料类型和制造工艺采用附加安全系数,具体将在本章强度折减系数一节进行讨论。

4.2.3.5 JSCE

JSCE 推荐采用合适的折减系数以考虑环境影响,并参考了《混凝土结构设计与施工标准规范》(1996)、《混凝土结构耐久性设计建议规范》(1995,仅限于新建工程)以及《混凝土结构维修指南》(1995)等若干日本标准。在编写本书时,上述指南还没有英文版本。

4.3.3.6 AASHTO

AASHTO CFRP 标准(AASHTO FRP 指南,2012)中未专门考虑环境折减系数。但对于嵌入混凝土当中的 GFRP,若混凝土暴露在泥土和空气中,AASHTO LRFD 的《GFRP 加固钢筋混凝土桥面及交通护栏桥梁规范》(2009)提供了 GFRP 的环境折减系数建议值(表 4-4)。

AASHTO 中关于 GFRP 的环境折减系数		表 4-4

暴 露 条 件	环境折减系数 C_E
未暴露于泥土和空气中的混凝土	0.80
暴露于泥土和空气中的混凝土	0.70

4.2.3.7 总结

总体来看,ACI 标准所提供的环境系数最为全面,见表 4-1(即 ACI 表 9.1)。CNR 提出的系数与 ACI 完全相同,但 CNR 的系数很少在设计中考虑,因为它们(ε_{fd})的应用条件通常不是设计的控制条件。图 4-3 给出了 ACI、CNR 和 AASHTO(GFRP)标准中环境折减系数的对比结果。

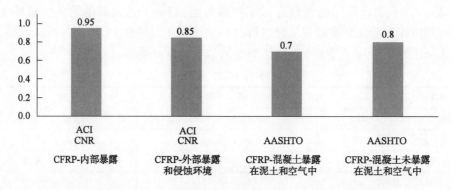

图 4-3　环境折减系数对比

4.2.4　FRP 应变限值

4.2.4.1　ACI

ACI 在加固区域设定了 FRP 应变的限制条件,以防剥离破裂出现。式(4-8)和式(4-9)[即 ACI 公式(10.2)]将 FRP 应变限制在 90% ε_{fu} 范围内,甚至更小。这两个公式是在 Teng 等(2001,2004)的研究成果以及抗弯测试样品剥离处所测的 FRP 应变值基础上,经过一定修正后得出的。

$$\varepsilon_{fd} = 0.083 \sqrt{\frac{f'_c}{nE_f t_f}} \leqslant 0.9\varepsilon_{fu} \quad (单位:in-lb) \qquad (4\text{-}8\text{-ACI 公式 }10.2)$$

$$\varepsilon_{fd} = 0.41 \sqrt{\frac{f'_c}{nE_f t_f}} \leqslant 0.9\varepsilon_{fu} \quad (国际单位制) \qquad (4\text{-}9\text{-ACI 公式 }10.2)$$

ACI 规范指出,将抗弯试验样品横向夹紧,能够提升材料的黏结性能,与式(4-8)或式(4-9)[ACI 公式(10.2)]预测的结果接近。据观察,按规定沿抗弯 FRP 的长度方向进行横向夹紧的 FRP U 形包裹,能够使得 FRP 破坏前的剥离应变达到 30%(CECS-146,2003)。

现举例对式(4-8)或式(4-9)进行解释:假设采用三层 BASF MBRACE CF13 碳纤维复合材料对强度为 4000psi 的混凝土梁进行加固,每层碳纤维复合板厚度为 0.0065in;并假设 CFRP

拉伸特性为：极限抗拉强度 $f_{fu}^* = 550\text{ksi}$，受拉模量 $E_f = 33000\text{ksi}$，极限断裂应变 $\varepsilon_{fu}^* = 1.67\%$，名义厚度 $t_f = 00065\text{in}/$片。于是，根据式(4-8)或式(4-9)[ACI 公式(10.2)]则可得出 FRP 的控制应变 ε_{fd} 为 0.0065in/in，是 FRP 极限应变 $\varepsilon_{fu} = 0.0142\text{in}/\text{in}$(0.0167 乘环境系数0.85)的 46%。

4.2.4.2　ISIS

ISIS 认为剥离和锚固破坏属于过早的受拉破坏，需要通过具体评估测试来减小 ε_{FRP} 的值。不过，ISIS 与建筑规范 S806-02(CAN/CSA S806-02,2002)都规定 ε_{FRP} 的最大值不得超过 0.006。

4.2.4.3　AASHTO

AASHTO 规定，FRP 钢筋在极限状态下的应变应不小于 FRP 在钢筋拉伸屈服点应变的 2.5倍[式(4-10)]，该限制条件使得受拉钢筋在外贴 FRP 开始剥离之前屈服，从而使其可以发展延性挠曲破坏。

$$\frac{\varepsilon_{frp}^u}{\varepsilon_{frp}^y} \geqslant 2.5 \tag{4-10}$$

在 FRP 钢筋与混凝土接触面上，当容许应变为 0.005 时，FRP 的最大应变可由式(4-11)求得：

$$\varepsilon = 0.005 - \varepsilon_{bo} \tag{4-11}$$

式中，ε_{bo} 为恒载在混凝土下表面产生的初始拉伸应变(FRP 施加之前的拉伸应变)。

4.2.4.4　TR55

对于应变限值，TR55 引用了 Neubauer 和 Rostasy(1997)的研究成果，他们建议应变限值取为 $0.5\varepsilon_y$ 或极限平面应变的 1/2，而经材料测试可知，应变限值为 0.75%。TR55 同时也提及，其他研究推荐的应变极限值较低，一般正弯矩 0.6%，负弯矩为 0.4%。不过英国一项试验表明，较高的应变限值更为合理。因此 TR55 建议，当对 FRP 施加均匀分布荷载时，为避免分层破坏，FRP 中的应变应小于0.8%。若同时还存在较高的剪力和弯矩，应变应小于0.6%(如集中荷载作用，且作用点位于靠近支座的负弯矩区)。

4.2.4.5　CNR

CNR 中 FRP 的最大拉伸应变 ε_{fd} 计算如式(4-12)：

$$\varepsilon_{fd} = \min\left\{\eta_a \frac{\varepsilon_{fk}}{\gamma_f}, \varepsilon_{fdd}\right\} \tag{4-12}$$

式中，ε_{fk} 为加固系统的标准值；η_a 为环境系数；γ_f 为 FRP 断裂的分项系数；ε_{fdd} 为中部剥离时的最大应变。上述定义在 CNR 规范中有详细解释。

4.2.4.6　JSCE

JSCE 中未提供 FRP 最大应变限值，而是引用了 Wu 和 Niu(2000)的研究工作作为确定连续纤维板剥离的准则。JSCE 指出，该研究还在进行当中，尚无明确研究结果。JSCE 利用式(4-35)[JSCE 公式(6.4.1)]将 FRP 的应力极限 σ_f 描述为与接触面断裂能 G_f 有关的函数，其中断裂能 G_f 由 FRP 板对混凝土的黏结强度试验确定。具体参见本章 4.2.7.6 中的式(4-35)。

4.2.4.7 总结

总的来说，三个标准指南都提出了 FRP 的固定应变限值。AASHTO 提出，在混凝土与 FRP 的接触面上，极限值为 0.005；ISIS 提出的值为 0.006（适用于桥梁）；TR55 提出，均匀分布荷载时的应变限值为 0.008，而同时存在较高剪力和弯曲共同作用时的应变限值为 0.006。图 4-4 评估了抗压强度 f'_c 和 FRP 层数对各标准指南应变限值的影响，其中 f'_c 的值为 3~8ksi，而 FRP 层板的面积为定值 0.3315in² （三层 BASF MBrace CF130 板）。在图 4-5 中，FRP 的层数为 1~5 层不等（面积为 0.11~0.55in²），而 f'_c 为固定值 5500psi。图 4-4 和图 4-5 给出了这些变化对各标准指南的影响。由图可知，对于具有固定 FRP 应变限值的标准指南，其应变限值不受 f'_c 和 FRP 层数或面积的影响，而只有在 ACI 和 CNR 规范中，应变限值随着 f'_c 的增加而上升，且随 FRP 用量的增加而下降。依据 ACI 规定，在 $f'_c = 8\text{ksi}$ 时最大应变允许超过 0.009。不过，在 ACI 中，该应变值还需要考虑环境折减和强度折减等因素的综合作用。此外还可看出，ACI 和 CNR 的应变限值随着 f'_c 的增加呈近似线性上升趋势，而随着 FRP 面积的增加呈非线性下降。

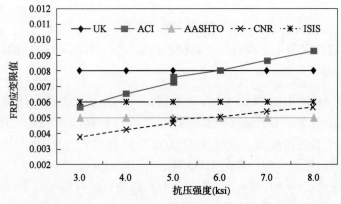

图 4-4　混凝土抗压强度 f'_c 对 FRP 应变限值的影响（FRP 层数 =3，FRP 面积 =0.33in²）

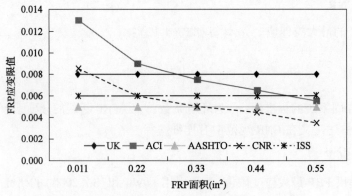

图 4-5　FRP 加固总量对 FRP 应变限值的影响（$f'_c = 5.5\text{ksi}$）

图4-4和图4-5还表明,AASHTO所采用的方法相对保守,同样保守的还有ISIS,二者给出的结果相近。不过,上述两个标准都是针对桥梁的,而其余标准则具有通用性。根据ACI规定,当FRP层数在1~2层时,应变限值相对较高,达到了0.013。随着FRP面积增加,大多数标准规定的应变限值收敛在0.004~0.006,只有TR55达到了0.008。一般而言,在FRP用量较少或f'_c较高的情况下,ACI规定的应变限值相对较高。

4.2.5　强度折减系数

4.2.5.1　ACI

ACI 318-05规范提供了对强度折减系数ϕ进行估算的方法,以提高结构延性性能。ACI 318-05指出,强度折减系数ϕ适用于屈服应力高达60ksi的钢材等级,且该系数具有普适性,能适用于混凝土、钢和FRP等材料。当结构处于极限状态(即受压混凝土应变为0.003时),钢筋应变$\varepsilon_t \geqslant 0.005$时,强度折减系数取最大值0.9,此时属于延性受拉控制破坏模式。钢筋应变$\varepsilon_t \leqslant \varepsilon_{sy}$时,强度折减系数取最小值0.65,此时为受压控制破坏(属于非延性行为)。在两个极值内,ϕ呈线性变化,见式(4-13)[即ACI公式(10.5)]。强度折减系数ϕ可适用于所有受弯构件,它是一个全局系数。

$$\phi = \begin{cases} 0.90 & \varepsilon_t \geqslant 0.005 \\ 0.65 + \dfrac{0.25(\varepsilon_t - \varepsilon_{sy})}{0.005 - \varepsilon_{sy}} & \varepsilon_{sy} < \varepsilon_t < 0.005 \\ 0.65 & \varepsilon_t \leqslant \varepsilon_{sy} \end{cases} \quad (4\text{-}13\text{-ACI公式}10.5)$$

如上所示,ϕ值取决于钢筋应变水平。此外,ACI还提出了一个专门描述FRP弯矩贡献的折减系数ψ_f,值为0.85。因此,FRP弯矩贡献的组合折减系数为$\phi \times \psi_f$,其中ψ_f用于考虑FRP抗弯强度退化的不确定性。不确定性是由用于加固构件的FRP材料性质差异以及潜在的破坏模式差异造成的。要确定折减系数,需对力学性能变异性、预测结果和实际试验结果进行对比,以及根据现场使用情况进行统计分析。由FRP相关折减系数确定的可靠指标(β)一般大于3.5。然而,当钢筋比例相对较低而FRP较多时,该指标也可能落在3.0~3.5(Nowak和Szerszen,2003;Szerszen和Nowak,2003)。这种情况在设计中一般很少遇到,因为其不满足ACI中9.2节(即加固限制)规定的强度增长限制。

Okeil等(2007)研究提出了一种采用外贴CFRP对钢筋混凝土桥梁主梁进行抗弯加固的抗力模型,可计算出CFRP加固处横截面的可靠指标。与钢筋混凝土截面的可靠指标相比,经CFRP加固后的可靠指标值更大,这是因为CFRP极限强度的变异系数较低(低于钢筋和混凝土的强度变异系数)。不过,虽然外贴CFRP能够提高构件的可靠指标,但考虑到CFRP材料的脆性特征,还是建议将FRP加固混凝土构件的抗弯承载力乘以折减系数0.85。

4.2.5.2　ISIS

如前所述,ISIS将各类系数合并为一项"材料抗力系数",从而将抗力不确定性和环境折减系数均考虑在内。ISIS提供两套系数,一套用于桥梁结构,一套用于建筑结构。系数还根据

FRP 的施工方案进行了分类,具体见表 4-3(即 ISIS 表 3.4)。该表列出了混凝土、钢材和几种 FRP 施工方案的材料抗力系数,不同材料的系数 ϕ 不同。

在 ISIS 中,湿铺碳板的材料抗力系数较低,桥梁结构为 0.56,建筑结构为 0.75。因为该系数是 ACI 中三个等效系数 C_E、ψ 和 Φ 的乘积。此外,ISIS 还参考了 S6-06 桥梁规范(条款 16.5.3 和 8.4.6)(CSA-S6-06,2006)。

表 4-5 对 ACI 和 ISIS 中手工湿铺的 CFRP 系数进行比较,后者给出的值更低。

ISIS 和 ACI 折减系数比较 表 4-5

类　　型	ACI	ISIS
外部暴露环境,C_E	0.85	
附加折减系数,ψ	0.85	0.56
Φ	0.90	
等效系数	0.65	0.56

4.2.5.3　AASHTO

AASHTO 对外贴 FRP 采用固定的强度折减系数 ϕ_{frp},其值为 0.85。需注意的是,AASHTO 规定 FRP 的应变限值为 0.005,这限制了外贴 FRP 在具有延性破坏特征的抗弯构件中的使用。相比之下,对于内嵌 GFRP 筋加固的桥梁,AASHTO 对折减系数 ϕ 的计算见下式(图 4-6):

$$\phi = \begin{cases} 0.55 & \rho_f \leqslant \rho_{fb} \\ 0.3 + 0.25\dfrac{\rho_f}{\rho_{fb}} & \rho_{fb} < \rho_f < 1.4\rho_{fb} \\ 0.65 & \rho_{fb} \geqslant 1.4\rho_{fb} \end{cases} \tag{4-14}$$

$$\rho_{fb} = 0.85\beta_1 \frac{f'_c}{f_{fd}} \frac{E_f \varepsilon_{cu}}{E_f \varepsilon_{cu} + f_{fd}} \tag{4-15}$$

式中,$\rho_f = A_f/bd$,为 GFRP 配筋率;β_1 为系数,当混凝土强度不超过 4ksi 时取 0.85,当混凝土强度超过 4ksi 时,每超过 1ksi,β_1 减少 0.05,但不小于 0.65;f'_c 为规定的混凝土抗压强度,ksi;f_{fd} 为考虑了工作环境折减系数的 GFRP 抗拉设计强度,ksi;E_f 为 GFRP 弹性模量,ksi;ε_{cu} 为混凝土极限应变;ρ_{fb} 为应变平衡条件下的 GFRP 配筋率。

若混凝土强度高于规定值,构件可能会因为 GFRP 断裂而失效。为了找到两个 ϕ 值(0.55 和 0.65)之间的过渡变化情况,定义了两种临界状态:一种为混凝土压碎控制状态,此时 $\rho_f \geqslant 1.4\rho_{fb}$;另一种为 GFRP 断裂控制状态,此时 $\rho_f \leqslant \rho_{fb}$(图 4-6)。

4.2.5.4　TR55

在 TR55 中,材料特性特征值除以适当的分项系数(γ_{mf},γ_{mm},γ_{mE})才能得到合适的设计值。γ_{mf} 取决于所用材料类型,γ_{mm} 与加固系统和应用方法有关,而 γ_{mE} 则用于描述材料刚度随时间的退化情况。三个系数(γ_{mf},γ_{mm},γ_{mE})的乘积决定了最终的安全系数,即:

$$f_{mfd} = \frac{f_{fk}}{\gamma_{mf}\gamma_{mm}\gamma_{mE}} \tag{4-16-TR55 公式 5.2}$$

式中，γ_{mf}、γ_{mm} 和 γ_{mE} 值分别由表 4-6 ~ 表 4-8（即 TR55 表 5.2 ~ 表 5.4）确定。

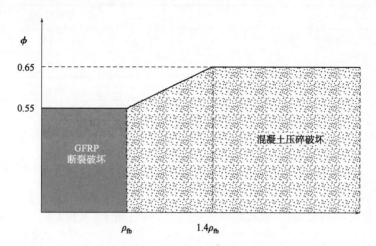

图 4-6　GFRP 强度折减系数（来源于 AASHTO GFRP 手册）

强度极限状态下的材料分项系数（TR55 表 5.2）　　　　表 4-6

材　料	分项系数 γ_{mf}
碳 FRP	1.4
芳纶 FRP	1.5
玻璃 FRP	3.5

加工成形复合材料分项系数建议值（TR55 表 5.3）　　　　表 4-7

系统类型（或生产方法、应用方法）	附加分项系数 γ_{mm}
板状	
拉挤型	1.1
预浸渍	1.1
预制成型	1.2
片状或带状	
机控操作	1.1
真空灌注	1.2
湿铺	1.4
预制（工厂生产）壳体	
绕丝	1.1
树脂传递模塑	1.2
手工涂敷	1.4
人工喷涂	2.2

极限状态下弹性模量的分项系数(TR55 表 5.4)	表 4-8

材　　料	分项系数 γ_{mE}
碳 FRP	1.1
芳纶 FRP	1.1
玻璃 FRP	1.8

γ_{mf} 和 γ_{mm} 的乘积可记为 γ_{mF},显然分项系数 γ_{mF} 是 FRP 材料类型(γ_{mf})和施工工艺(γ_{mm})的函数[见式(4-17)]。

$$\gamma_{mF} = \gamma_{mf}\gamma_{mm} \qquad \text{(4-17-TR55 公式 5.3)}$$

该指南举例说明了式(4-17)[即 TR55 公式(5.3)]如何对应表 4-6~表 4-8 进行取值。例如,对于一片碳纤维拉挤型板材,直接对板进行强度测试,则 $\gamma_{mF} = 1.4 \times 1.1 = 1.54$;对于芳纶单层板,在现场对样品进行强度测试,则 $\gamma_{mF} = 1.5 \times 1.4 = 2.1$;对于手工操作的玻璃纤维预制壳板,则 $\gamma_{mF} = 3.5 \times 1.4 = 4.9$。

为便于将 TR55 中的分项系数与其他规范中的强度折减系数进行比较,现将 TR55 中分项系数的倒数($1/x$)视作等效折减系数。图 4-7 给出了与表 4-6 中 γ_{mf} 值相对应的等效折减系数。图 4-8 给出了与表 4-7 中 3 种指定施工工艺的 γ_{mm} 相对应的等效折减系数。图 4-9 给出了与计算值 γ_{mF} 对应的等效折减系数。

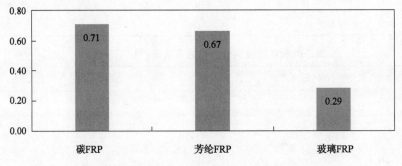

图 4-7　极限状态下与分项系数 γ_{mf} 对应的等效折减系数

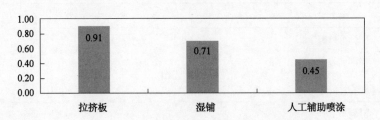

图 4-8　与施工工艺分项系数 γ_{mm} 对应的等效折减系数

4.2.5.5　CNR

CNR 提出的分项系数 γ_{Rd} 取决于抗力模型,该模型可以是受弯、受剪或套箍约束类型的模型。表 4-9(即 CNR 表 3-3)给出了极限状态下各抗力模型的分项系数。

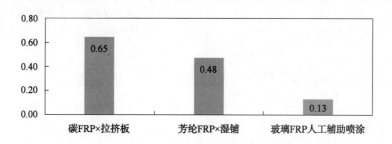

图4-9 与材料和施工工艺综合分项系数 γ_{mF} 对应的等效折减系数

CNR 中的分项系数 γ_{Rd}　　　　　　　　　表 4-9

阻 力 模 型	γ_{Rd}
弯曲/弯曲与轴向荷载组合	1.0
剪切/扭曲	1.2
套箍约束	1.1

而其他分项系数(包括材料和产品分项系数 γ_m)的数值取决于破坏模式(如 FRP 断裂或 FRP 剥离)。γ_m 的值还与应用类型(A 型或 B 型)有关,A 型适用于认证加固系统,B 型适用于非认证加固系统。加固系统的认证必须符合 CNR 中第 2.5 节规定的验收标准(CNR-DT 200,2004)。γ_m 的值见表 4-10。

CNR 中关于材料与产品的分项系数 γ_m　　　　　　　表 4-10

失 效 模 式	分 项 系 数	A 型 应 用	B 型 应 用
FRP 断裂	γ_f	1.10	1.25
FRP 剥离	$\gamma_{f,d}$	1.20	1.50

在 FRP 湿铺系统中,CNR 考虑两个系数,分别为 α_{fE} 和 α_{ff}:α_{fE} 为刚度折减系数;α_{ff} 为 FRP 拉伸强度折减系数,其值不超过 0.90。在设计应用中,CNR 分别将钢材、混凝土和 FRP 的分项系数定为 1.15、1.60 和 1.20。各分项系数的倒数可分别看作为 3 种材料的等效折减系数:钢材等效折减系数为 0.87,混凝土等效折减系数为 0.63,FRP 等效折减系数为 0.83。

4.2.5.6 总结

大多数规范给出的 FRP 强度折减系数的值都接近 0.85,部分规范根据所用材料与施工工艺的不同分别给出各自的折减系数,如 ISIS(加拿大)规范以及 TR55(英国)规范。依据 ISIS 和 TR55 计算所得的强度折减系数要比 ASSHTO(0.85)和 ACI 保守。TR55 和 CNR 的多因素相乘法会导致强度大幅折减。ACI 的抗力系数则与破坏模式和延性有关。根据实际情况,ACI 规定的强度折减系数比 AASHTO 的固定值 0.85 要低,不过 AASHTO 对 FRP 的最大设计应变限制更严。表 4-11 总结了各规范的 FRP 强度折减系数,表 4-12 总结了混凝土、钢筋和 CFRP 的常用折减系数,表中的空白行表示规范在该处不适用。

表 4-11

有/无环境因素时的强度折减系数

规　范	应　用	考虑环境因素在内的折减系数	未考虑包括环境因素在内的折减系数
ACI	内部暴露 C_E 和 ψ	0.81	0.85
	外部暴露 C_E, ψ 和 ϕ	0.72	
ISIS	CFRP 单层板湿铺	0.56	
	CFRP 板湿铺	0.75	
AASHTO	FRP 折减系数为定值		0.85
TR55	CFRP 湿铺板(等效)		0.65
	CFRP 湿铺拉挤板(等效)		0.83
CNR	FRP 折减系数为定值		0.83

表 4-12

混凝土、钢材和 CFRP 的折减系数

	ACI	AASHTO	ISIS	UK	CNR
钢	$0.9 \geqslant \phi \geqslant 0.65$	$1.0 \geqslant \phi \geqslant 0.65$	0.90(非预应力)	0.87	0.87
			0.95(预应力)		
混凝土			0.75	0.67	0.80
CFRP	0.85	0.85	0.56(单层板-手糊)	0.65	0.83
			0.75(拉挤)		

4.2.6　正常使用极限状态

4.2.6.1　ACI

ACI 限制了非预应力混凝土构件在使用荷载下钢筋和混凝土的应力,尤其是当构件承受循环荷载时的应力,以避免发生非弹性变形。钢筋和混凝土的正常使用极限状态见式(4-18)和式(4-19)。

$$f_{s,s} \leq 0.80 f_y \qquad \text{(4-18-ACI 公式 10.6)}$$

$$f_{c,s} \leq 0.45 f'_c \qquad \text{(4-19-ACI 公式 10.7)}$$

在正常使用荷载下,钢材的应力可通过式(4-20)[即 ACI 公式(10.14)]计算获得,FRP 加固系统的应力可以由式(4-21)[即 ACI 公式(10.15)]计算获得。将计算所得值代入式(4-18)和式(4-19)[即 ACI 公式(10.6)和式(10.7)]中进行比较,以验证是否满足正常使用极限状态。

$$f_{s,s} = \frac{\left[M_s + \varepsilon_{bi} A_f E_f \left(d_f - \dfrac{k_d}{3} \right) \right] (d - k_d) E_s}{A_s E_s \left(d - \dfrac{k_d}{3} \right) (d - k_d) + A_f E_f \left(d_f - \dfrac{k_d}{3} \right) (d_f - k_d)} \qquad \text{(4-20-ACI 公式 10.14)}$$

$$f_{f,s} = f_{s,s} \left(\frac{E_f}{E_S} \right) \frac{(d_f - k_d)}{(d - k_d)} \varepsilon_{bi} E_f \qquad \text{(4-21-ACI 公式 10.15)}$$

ACI 未提供式(4-18)和式(4-19)[即 ACI 公式(10.6)和式(10.7)]的来源。

4.2.6.2 AASHTO

AASHTO 引用《AASHTO LRFD 桥梁设计规范》(2010),明确规定各类极限状态的荷载组合情况。极限状态包括正常使用、强度、极端事件、疲劳等。表 4-13 给出了 AASHTO 建议的正常使用极限状态应力限值。

正常使用极限状态应力限值 表 4-13

材 料	规 范				
	ACI	AASHTO	ISIS	UK	CNR
钢	$0.80f_y$	$0.80f_y$	$0.80f_y$	$0.80f_y$	
混凝土	$0.45f_c'$	$0.36f_c'$		$0.60f_{cu}$	
CFRP	$0.55f_{fu}$	$0.80f_{fu}$		0.65	$0.80f_{fu}$

4.2.6.3 ISIS

ISIS 对承受正常使用荷载的混凝土应力未加限制,但规定钢筋在正常使用荷载下的应力不得超过屈服应力的 80%,与 ACI 要求相似。

4.2.6.4 TR55

TR55 参考了 BS 8110 规范(1985)的第 2 部分和 BS 5400 规范(1990)的第 4 部分,对正常使用荷载下的构件裂缝宽度进行了限制。裂缝宽度计算方法参考了 BS 8110 规范(1985)第 3 节第 2 部分。为避免桥梁过度变形,钢筋和混凝土在正常使用荷载下的应力通常分别不应超过 $0.8f_y$ 和 $0.6f_{cu}$(或最低强度的 0.6 倍)。

4.2.6.5 CNR

CNR 提出,考虑 FRP 系统的正常使用极限状态时,其系统应力应满足以下条件:

$$\sigma_f \leqslant \eta f_{fk} \tag{4-22}$$

式中,f_{fk} 为 FRP 破坏时的强度标准值;η 为系数,用于考虑环境、长期效应、冲击和爆炸荷载以及人为故意破坏等情况的影响。

CNR 还规定,混凝土和钢材在正常使用极限状态下的应力必须符合现行建筑规范(CNR-DT 200,2004)规定的限值。

4.2.6.6 JSCE

JSCE 指出,与未加固构件相比,FRP 加固构件中的裂缝分布相对更为分散,相应的裂缝宽度也更小。由 CFRP 加固构件的拔出试验可以发现,裂缝宽度与 CFRP 板、钢筋的平均应变成正比,而几乎与混凝土保护层厚度、钢筋直径、连续纤维板刚度、混凝土抗压强度等无关。在钢筋屈服前,加固构件上的裂缝宽度约为未加固构件裂缝宽度的 0.3~0.7 倍。

对于承受较大恒载的构件,JSCE 建议采用《混凝土结构设计和施工标准规范(设计)》(1996)中的公式(7.4.1)来计算裂缝宽度。该公式与式(4-23)[即 JSCE 公式(C6.5.1)]相同,但不乘以系数 0.7。

$$w = 0.7k \left[4c + 0.7 (C_s - \phi) \right] \left[\frac{\sigma_{se}}{E_s} \left(或 \frac{\sigma_{pe}}{E_p} \right) + \varepsilon'_{cs} \right] \qquad (4\text{-}23\text{-JSCE 公式 C6.5.1})$$

对于特殊情况,如结构承受较大恒载、FRP 加固前未出现混凝土开裂或结构由活载控制,则可以通过式(4-23)[即 JSCE 公式(C6.5.1)]计算受弯裂缝宽度,该式计算出的裂缝宽度为《混凝土结构设计和施工标准规范(设计)》(1996)中公式(7.4.1)计算结果的 70%。

4.2.6.7 总结

表 4-13 总结了正常使用极限状态下不同规范对应力限值的要求。除了 JSCE 和 CNR 规范以外,其他规范对钢材应力的要求是一样的。AASHTO 和 CNR 允许的 FRP 应力限值最高,而 ACI 则最低。

4.2.7 徐变断裂和疲劳应力限值

4.2.7.1 ACI

ACI 指出,在所有纤维类型中,CFRP 是受徐变破坏影响最小的。据估测,CFRP 在工作大约 500000h 之后(ACI 中认为大约相当于"50 年左右",实际上是 57 年),仍然具有 90% 的初始极限应力(Yamaguchi 等,1997;Malvar,1998)。而对于同样条件下的 GFRP 和 AFRP,其剩余强度比例仅分别为 CFRP 的 30% 和 50%。取安全系数为 0.6(ACI 4402R),则 GFRP、AFRP 和 CFRP 的应变限值分别为对应纤维初始极限应力的 20%、30% 和 55%,见表 4-14。

ACI 中关于 FRP 系统在持续循环荷载作用下的应力限值 表 4-14

纤 维 类 型	应 力 限 值	纤 维 类 型	应 力 限 值
GFRP	$0.20 f_{fu}$	CFRP	$0.55 f_{fu}$
AFRP	$0.30 f_{fu}$		

表 4-14 列出了正常使用极限状态下各纤维的应力限值,由式(4-21)计算得出的纤维应力 $f_{f,s}$ 不应超过表 4-14 中的规定值。

4.2.7.2 ISIS

ISIS 规范给出了防止 FRP 疲劳破坏的措施,其中包括限制钢筋最大应力和最小应力差在 125MPa 以内(CAN/CSA S6-06 桥梁规范,2000)。此外,为防止徐变断裂,ISIS 针对桥梁和建筑,提出了不同的正常使用状态应力限制条款。表 4-15(即 ISIS 表 5.1)分别列出了 AFRP、CFRP 和 GFRP 的不同限制标准。不过,由于 ISIS 规范是专门防止徐变断裂的,而 ACI 考虑了循环荷载作用,因此 ISIS 的限值略高于 ACI 的规定。

ISIS 防止徐变断裂的最大应力水平 表 4-15

材 料	桥梁结构	建筑结构
芳纶 FRP	$0.35 f_{FRPU}$	$0.38 f_{FRPU}$
碳 FRP	$0.65 f_{FRPU}$	$0.60 f_{FRPU}$
玻璃 FRP	$0.25 f_{FRPU}$	$0.25 f_{FRPU}$

4.2.7.3 AASHTO

AASHTO 规定 FRP 的应变限值为 0.005,且在极限承载力下所允许的 FRP 最大应变为钢材屈服时 FRP 应变的 2.5 倍。在 AASHTO LRFD 桥梁设计规范提及的疲劳荷载组合中,混凝土的最大压应变 ε_c、钢筋应变 ε_s 以及 FRP 应变 ε_{frp} 分别为:

$$\varepsilon_c \leq 0.36 \frac{f'_c}{E_c} \tag{4-24}$$

$$\varepsilon_s \leq 0.80 \varepsilon_y \tag{4-25}$$

$$\varepsilon_{frp} \leq \eta \varepsilon_{frp}^u \tag{4-26}$$

式中,ε_{frp}^u 为 FRP 受拉断裂标准值。

上述公式通过对混凝土的最大应变加以限制,以保证混凝土的应力控制在 $0.40f'_c$ 以内。而"限制正常使用荷载下钢筋应变在屈服应变的 80% 以内"这条规定与 ACI 440 建议式(4-18)一致,该条建议是基于 El-Tawil 等(2001)、Shahawy 和 Beitelman(1999,2000)以及 Barnes 和 Mays(2000)的研究成果提出的。研究发现,经 CFRP 加固后的混凝土出现循环疲劳时,其应力状态与静态徐变结果相似;而且对于 CFRP 加固的钢筋混凝土梁,控制钢筋应力在正常使用荷载下不超过 $0.8f_y$ 是恰当的。

此外,为防止徐变断裂,规范中还明确了 FRP 的应变极限。AASHTO 提出,徐变断裂折减系数 η 的值应基于试验数据确定;若无试验数据,则 CFRP、AFRP 和 GFRP 对应的 η 值可分别取 0.8、0.5 和 0.3。不过,正常使用荷载下的 FRP 应变通常很低,因此 FRP 徐变断裂不被人们所关注。值得注意的是,AASHTO、FIB 14(瑞士规范)和 ACI 所取的 η 值都是基于 Yamaguchi 和 Malvar(1998)的研究成果,尽管 ACI 针对 CFRP 的 η 建议值是 0.9 而非 0.8。

根据 AASHTO 所述,材料应变极限值可根据以下公式计算。如果截面开裂弯矩 M_{cr} 小于疲劳荷载组合弯矩,那么受拉区混凝土的作用可以忽略不计,则可以给出开裂处包含 FRP 和钢筋的换算截面。由式(4-27)可求得开裂弯矩。

$$M_{cr} = f_r \frac{I_g}{t} \tag{4-27}$$

式中,

$$f_r = 0.24 \sqrt{f'_c} \tag{4-28}$$

由 FRP 的荷载-应变数据,可得出 E_{frp} 的值。

$$E_{frp} = \frac{f_{frp}}{\varepsilon_{frp}} = \frac{N_b / t_{frp}}{\varepsilon_{frp}} \tag{4-29}$$

混凝土模量比为:

$$n_c = \frac{E_c}{E_{frp}} \tag{4-30}$$

钢材模量比为:

$$n_s = \frac{E_s}{E_{frp}} \tag{4-31}$$

一旦确定换算截面并计算出中性轴位置(z),则疲劳状态下混凝土、钢筋以及 FRP 的应变可以根据式(4-32)~式(4-34)来计算。

$$\varepsilon_c = \frac{M_f z}{I_T E_{frp}} \tag{4-32}$$

$$\varepsilon_s = \frac{M_f(d-z)}{I_T E_{frp}} \qquad (4\text{-}33)$$

$$\varepsilon_{frp} = \frac{M_f(h + t_{frp} - z)}{I_T E_{frp}} \qquad (4\text{-}34)$$

4.2.7.4　CNR

CNR 引入折算系数 η_1 来体现疲劳荷载、循环荷载以及连续（徐变）应力的长期影响。若干 FRP 系统的 η_1 值见表 4-16。

正常使用极限状态下 FRP 系统的长期效应折算系数　　　　表 4-16

荷 载 模 式	纤维/树脂类型	η_1
连续（徐变与松弛）	玻璃/环氧树脂	0.30
	芳纶/环氧树脂	0.50
	碳/环氧树脂	0.80
循环（疲劳）	全部	0.50

4.2.7.5　TR55

TR55 提出，应根据 BS 5400《钢材、混凝土和组合桥梁　第 4 部分》（1990）第 4.7 条的建议进行疲劳检查，且 FRP 的应力应控制在表 4-17（即 TR55 表 6.1）所给值内。

最大应力占设计极限强度的百分比　　　　表 4-17

材　　料	最大应力比值（%）
碳 FRP	80
芳纶 FRP	70
玻璃 FRP	30

TR55 指出，若 FRP 持续承受正常使用荷载，可能会发生应力断裂。该规范建议，FRP 在正常使用荷载下的最大应力比值（占设计极限强度的百分比）不应超过表 4-18（即 TR55 表 6.2）所给值。

各材料在使用荷载下避免出现应力断裂的最大应力比值　　　　表 4-18

材　　料	最大应力比值（%）
碳 FRP	65
芳纶 FRP	40
玻璃 FRP	55

图 4-10 和图 4-11 分别是表 4-17 和表 4-18 的直观比例图。图 4-10 为承受反复活荷载的桥梁避免疲劳破坏的容许最大应力比值（占 FRP 材料极限强度的百分比），图 4-11 为避免应力断裂的最大应力比值。数据表明，在多种纤维中，碳纤维承受疲劳荷载时表现最佳，并能抵抗徐变断裂。芳纶纤维尽管在疲劳荷载时表现良好，但其防止徐变断裂的性能较差。玻璃纤维容易出现疲劳破坏，但在抵抗徐变断裂方面表现适中。

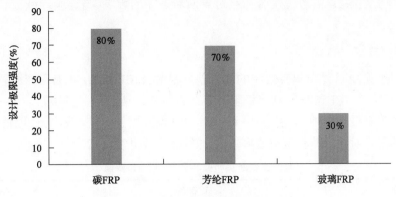

图4-10 TR55 规定防止疲劳破坏的最大应力比值

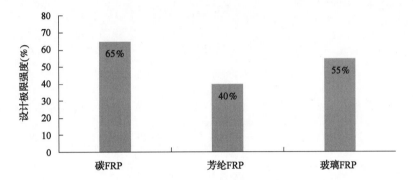

图4-11 TR55 规定使用荷载下避免应力断裂的最大应力比值

4.2.7.6 JSCE

根据 JSCE 规定,计算 FRP 加固构件的抗弯疲劳设计强度,应考虑现有截面的抗弯疲劳特性、连续纤维板的疲劳特性以及连续纤维与混凝土间接触面的剥离疲劳破坏特性。该规范指出,目前还无法对抗弯疲劳进行准确计算,仅有一个规范提及测试连续纤维板抗拉疲劳强度的方法(JSCE-E 546,2000)。

JSCE 设定了疲劳限制,并引入接触面断裂能[见式(4-35),即 JSCE 公式(6.4.1)]来避免剥离破坏。为了考虑连续纤维板和混凝土基底之间接触面的剥离疲劳破坏,JSCE 对式(4-35)作了一定改动[见式(4-36),即 JSCE 公式(C6.4.11)]。此外,还引入了折减系数 μ 来限制拉伸纤维应力 σ_f 的值,需指出的是,引入该系数并不是为了适应疲劳荷载,而是为了对剥离破坏作出限制。

$$\sigma_\mathrm{f} \leqslant \sqrt{\frac{2G_\mathrm{f}E_\mathrm{f}}{n_\mathrm{f}t_\mathrm{f}}} \qquad (4\text{-}35\text{-JSCE 公式 } 6.4.1)$$

式中,n_f 为连续纤维板层数;E_f 为连续纤维板弹性模量,$\mathrm{N/mm^2}$;t_f 为连续纤维板单层厚度,mm;G_f 为连续纤维板和混凝土之间的接触面断裂能,$\mathrm{N/mm}$。

$$\sigma_\mathrm{f} \leqslant \sqrt{\frac{2\mu G_\mathrm{f}E_\mathrm{f}}{n_\mathrm{f}t_\mathrm{f}}} \qquad (4\text{-}36\text{-JSCE 公式 } C6.4.11)$$

式中，μ 为折减系数，需考虑疲劳荷载对界面断裂能的影响，与连续纤维板和混凝土之间的黏结有关，通常取0.7。

4.2.7.7 总结

各规范对于徐变断裂和疲劳效应的规定差异很大，CNR 和 TR55 对徐变断裂和疲劳极限设定了特定限值，而 ACI 和 ISIS 则将极限值表达为与 FRP 强度有关的函数。AASHTO 对徐变断裂和疲劳的规定最为详细，对混凝土、钢材和 FRP 都提供了应变(或应力)限值。表 4-19 给出了各规范的限值对比，钢材、混凝土和 FRP 的折减系数见表4-12。

考虑徐变断裂和循环荷载的 FRP 限值   表 4-19

规　范	公式/描述	限　值
AASHTO	$\varepsilon_c = \dfrac{M_f z}{I_T E_{frp}}$	$\leqslant 0.36\dfrac{f'_c}{E_c}$
	$\varepsilon_s = \dfrac{M_f(d-z)}{I_T E_{frp}}$	$\leqslant 0.8\varepsilon_y$
	$\varepsilon_{frp} = \dfrac{M_f(h+t_{frp}-z)}{I_T E_{frp}}$	$\leqslant \eta\varepsilon_{frp}^u$ （CFRP 的 η 值取 0.80）
TR55	应力与设计极限强度的百分比值	80%
ACI	持续循环应力限值	$0.55 f_{fu}$
ISIS	徐变最大应力水平	$0.65 f_{FRP}^u$
CNR	徐变断裂与疲劳的分项系数	徐变或松弛取 0.8，疲劳取 0.5
JSCE	σ_f	$\sigma_f \leqslant \sqrt{\dfrac{2\mu G_f E_f}{n_f t_f}}$

图 4-12 总结了各规范中为防止碳纤维、芳纶纤维和玻璃纤维出现徐变断裂和疲劳破坏所采用的折减系数值。总体而言，ACI、AASHTO 和 ISIS 所取系数比较接近，而 ACI 和 AASHTO 所取值最为保守。

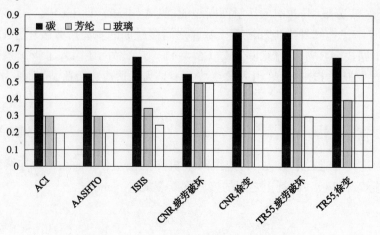

图 4-12　FRP 疲劳破坏/徐变断裂折减系数比较

4.2.8 端部剥离

4.2.8.1 ACI

由于 FRP 加固构件的端部承受较高的应力,因此极易导致钢筋平面上的混凝土保护层开裂,从而发生 FRP 端部剥离破坏。ACI 规范中提及,若要防止该破坏发生,那么当端部极限剪力 V_u 大于混凝土抗剪承载力 V_c 的 2/3 时,应对 FRP 进行锚固处理。

$$V_u > 0.67 V_c \tag{4-37}$$

式中,

$$V_c = 2\lambda \sqrt{f'_c} b_w d \qquad\text{(4-38-ACI 318 公式 11-3)}$$

通常采用面积为 A_f 的 FRP 材料进行横向 U 形包裹实现锚固。

4.2.8.2 AASHTO

对于外贴加固材料,其端部剥离应力满足以下限制条件:

$$f_{peel} \leqslant 0.065 \sqrt{f'_c} \tag{4-39}$$

式中,

$$f_{peel} = \tau_{av} \left[\left(\frac{3E_a}{E_{frp}} \right) \frac{t_{frp}}{t_a} \right]^{\frac{1}{4}} \tag{4-40}$$

其中,

$$E_a = 2G_a(1 + v_a) \tag{4-41}$$

式中,v_a 为黏合剂泊松比,取 0.35。

$$\tau_{av} = \left[V_u + \left(\frac{G_a}{E_{frp} t_{frp} t_a} \right)^{\frac{1}{2}} M_u \right] \frac{t_{frp}(h-y)}{I_T} \tag{4-42}$$

式中,τ_{av} 为黏合剂的极限剪应力标准值,ksi,当无试验数据时,可取 5.0。

当结构承受剪力和弯矩时,外贴 FRP 加固系统的端部可能出现剥离。对此,AASHTO 讨论了 3 种剥离模式。

第一种情况是临界对角开裂剥离,可能会伴随出现混凝土保护层分离以及板端部接触面剥离。若 FRP 端部处于高剪切区域,且钢筋量又不足,则可能发生此类剥离。此时出现的临界对角线剪切裂缝经 FRP 板传播到构件端部。

第二种剥离情况发生在抗剪钢筋数量较多的梁上。与第一种情况中的一条临界对角裂缝不同,该情况下可能会出现多条宽度较小、呈对角方向分布的裂缝。此时,通常出现的剥离破坏模式是混凝土保护层分离。这里出现的混凝土保护层破坏,是由于 FRP 端部附近的裂缝造成的。之后,裂缝沿受拉钢筋的方向扩大。该类破坏模式目前已经通过外贴钢板和 FRP 的加固梁试验获得证实,即 4.2.8.1 节中讨论的破坏模式。

第三种剥离情况是当 FRP 端部附近的接触面切向和法向应力较高,甚至超过了最弱构件(通常是混凝土)的极限强度时会出现,此时板端部开始出现接触面剥离。该剥离情况会从

FRP 端部蔓延到结构构件的中部,逐渐朝 FRP 与混凝土的接触面靠近。值得注意的是,这种破坏模式只有在 FRP 宽度明显小于梁截面宽度时才会发生。不过,AASHTO 中并未对初始剥离和剥离蔓延时的宽度比值给出一个量化的阈值。

尽管目前针对端部剥离破坏的问题已有各类预测模型,包括数值模型、断裂力学模型、数据拟合模型以及材料强度模型等(Yao,2004),但 AASHTO 建议采用一个基于 Roberts(1989)近似分析基础上的简化公式。对于混凝土表面 FRP 系统的剥离强度,目前 AASHTO 尚未明确给出标准测试方法,但推荐使用 ASTM 标准测试方法 D 3167——《黏合剂浮辊剥离抗力标准测试方法》(2010)。ASTM 方法可用于确定相互黏合的刚性表面和柔性表面间黏合剂的剥离抗力。对于发生在混凝土层间的剥离情况,AASHTO 建议将剥离强度限制在 $0.065\sqrt{f'_{c}}$ 以内,如果剥离应力超过 $0.065\sqrt{f'_{c}}$,则必须在 FRP 端部进行机械锚固。

4.2.8.3 TR55

TR55 在参考了此前关于 FRP 剥离破坏的相关研究后,提出了解决该问题的若干方案,包括使用板端锚固设备、使用柔性黏合剂或控制板的尺寸(即宽度/厚度)比。螺栓锚固系统,黏结角部截面以及横穿底板背面黏结带状复合材料都属于预防 FRP 剥离破坏的板端锚固装置。TR55 提出,若满足下述两个原则,一般可避免 FRP 板端部出现剥离破坏:①限制 FRP 和基底之间的纵向剪切应力;②对 FRP 的锚固长度超出理论锚固长度。

对于原则①,TR55 指出:现场试验表明,将极限状态下的纵向剪切应力控制在$0.8\text{N}/\text{mm}^2$以内能够避免出现过早的剥离失效。由于最小锚固长度与最大黏结力有关,TR55 还给出了计算最小锚固长度的方法。纵向剪切应力 τ 可由式(4-43)计算得出:

$$\tau = \frac{V\alpha_{f}\alpha A_{f}(h-x)}{I_{cs}b_{a}} \tag{4-43}$$

黏结作用力 T_{k} 与相应的锚固长度 l_{t} 之间的关系如图 4-13 所示。TR55 还建议,最小锚固长度应达 500mm。在无法提供最大允许锚固长度的情况下,黏结力应小于式(4-44)的值:

$$T_{k} = \left(\frac{T_{k,\max}l_{t}}{l_{t,\max}}\right)\left(\frac{2-l_{t}}{l_{t,\max}}\right) \tag{4-44}$$

此外,TR55 还推荐使用已通过承载力校核的锚固装置。

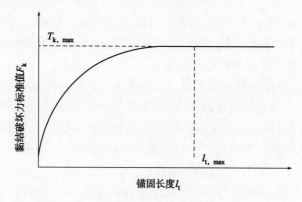

图 4-13　黏结破坏力标准值与锚固长度关系(TR55)

4.2.8.4　JSCE

JSCE 只给出了如式(4-45)所示的剥离应力限制表达式：

$$\sigma_f \leqslant \sqrt{\frac{2G_f E_f}{n_f t_f}} \tag{4-45}$$

JSCE 指出，接触面断裂能系数 G_f 会随着加固系统、纤维板层数和所用锚固系统的变化而改变，并指出 G_f 的值应由试验确定。若无法进行试验，JSCE 建议 G_f 值取 4lb/in，即 0.7N/mm。

4.2.8.5　CNR

CNR 采用式(4-46)控制剥离应力：

$$\tau_{b,e} \leqslant f_{bd} \tag{4-46}$$

根据式(4-46)，为防止剥离破坏，等效剪应力 $\tau_{b,e}$ 应小于设计黏结强度 f_{bd}。若剪切应力更高，则应当使用锚固装置。等效剪应力可由式(4-47)得出：

$$\tau_{b,e} = k_{id} \tau_m \tag{4-47}$$

式中，k_{id} 为靠近锚固端的切向和法向应力系数（$\geqslant 1$），假设为 1.0。

$$\tau_m = \frac{V_{(z=a)} t_f (h - x_e)}{\dfrac{I_c}{n_f}} \tag{4-48}$$

式中，τ_m 为平均剪切应力；$V_{(z=a)}$ 为作用于 FRP 加固端部截面的剪力；t_f 为纤维厚度；n_f 为模量比，即 E_f/E_c；x_e 为最外受压纤维到中性轴的距离；I_c 为换算截面的惯性矩。

$$f_{bd} = k_b \frac{f_{ctk}}{\gamma_b} \tag{4-49}$$

式中，f_{bd} 为设计黏结强度，是混凝土抗拉强度标准值 f_{ctk} 的函数；γ_b 对于罕见荷载组合取 1.0，对于频遇荷载组合取 1.2。

剥离应力可由式(4-50)得出：

$$f_{peel} = \tau_{av} \left[\left(\frac{3E_a}{E_{frp}} \right) \frac{t_{frp}}{t_a} \right]^{\frac{1}{4}} \tag{4-50}$$

式中，

$$\tau_{av} = \left[V_u + \left(\frac{G_a}{E_{frp} t_{frp} t_a} \right)^{\frac{1}{2}} M_u \right] \frac{t_{frp}(h-y)}{I_T} \tag{4-51}$$

目前该规范中并未提及安全系数 γ_b，且未考虑环境因素。为避免过早出现剥离破坏，推荐上限值取 116psi，即 0.8N/mm²。

4.2.8.6　FRP 锚固方法

承受高剥离应力或高剪应力的结构，需采用锚固系统来预防剥离破坏。锚固系统中应允许使用 FRP 加固方案,否则将不符合设计规范的规定。例如,锚固应允许更强的加固措施,或者允许使用各种可能的 FRP 几何尺寸和材料特性。使用锚固系统的一个弊端是成本高且安装复杂。

NCHRP 678(Belarbi 等,2011)提出了几种锚固系统,其中近表面安装系统(NSM)指的是:将 FRP 包材或预成型板的端部弯曲,嵌入开槽的混凝土中,然后用环氧树脂固定。另一种系统则是将纤维束制成长钉状,把 FRP 锚固到混凝土上。在这个过程中,树脂将长钉的一半覆盖后逐渐硬化。之后,将预固化的钉头插入混凝土上的树脂填充孔中。此时,长钉的另一半干燥纤维呈分散状铺设在 FRP 层板表面,并用树脂将这些纤维浸透,然后进行锚固处理。而其他类型的锚固系统则需将钉子或钢棒嵌入混凝土中,以便将钢板固定在待锚固的 FRP 层板上。

ISIS 还介绍了几种常见的锚固系统,包括沿 FRP 板的边缘额外粘接带状 FRP,将 FRP 剪力箍锚固到待处理的 T 形梁板底部,采用板和螺栓对条状 FRP 进行夹紧固定,具体可见后续 4.3.2.3 节。

4.2.8.7 总结

表 4-20 总结了各规范防止剥离破坏的具体要求。

各规范关于防止剥离破坏的具体要求总结

表 4-20

规　范	量化指标	公　式	限　制　条　件
ACI 440.2R	V_u	$A_{f,anchor} = \dfrac{(A_f f_{fu})_{longitudinal}}{(E_f \kappa_\nu \varepsilon_{fu})_{anchor}}$	$V_u \geqslant 0.67 V_C$
AASHTO	f_{peel}	$f_{peel} = \tau_{av} \left[\left(\dfrac{3E_a}{E_{frp}} \right) \dfrac{t_{frp}}{t_a} \right]^{\frac{1}{4}}$	$f_{peel} \leqslant 0.065 \sqrt{f'_c}$
CNR-DT 200	黏结剪切强度	$\tau_{b,e} \leqslant f_{bd}$	$f_{bd} = k_b \dfrac{f_{ctk}}{\gamma_b}$
TR55	剪应力	$V_u \leqslant 116psi(0.8N/mm^2)$	$116psi(0.8N/mm^2)$
JSCE	剪应力	$\Delta\sigma_f = \sqrt{\dfrac{2G_f E_f}{n_f t_f}}$	$\sqrt{\dfrac{2G_f E_f}{n_f t_f}}$

如表 4-20 所示,不同规范采用了不同的方法评估剥离情况。ACI 使用剥离极限来评估 FRP 端部混凝土的抗剪承载力,用 $\sqrt{f'_c}$ 的函数以及截面抗剪承载力和抗剪需求来表示($V_u \geqslant 0.67 V_c$)。AASHTO 和 CNR 中的限制条件相似,分别采用与 f'_c 和 $\sqrt{f'_c}$ 相关的函数来描述。而 JSCE 则以 FRP 的相关变量作为限制条件。

为了比较各规范间的限值要求差异,现以一条高为 30in,宽为 18in 的矩形混凝土梁为例。假定该混凝土梁具备如下信息:加固端部的设计剪力为 100kips,加固端部的设计弯矩为 500kip-in;采用 Mbrace Saturant 和 Mbrace CF130 包材,纤维厚度(单层)为 0.0065in,纤维弹性模量为 33000ksi,黏合剂厚度为 0.0022in,黏合剂弹性模量为 440ksi,黏合剂泊松比为 0.40,$\gamma_b = 1.2$(假定频遇荷载组合,CNR)。可通过 FRP 加固量(图 4-14)和混凝土抗压强度 f'_c(图 4-15)两个指标来评估剥离应力和剥离极限。

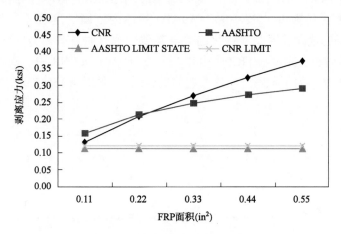

图 4-14　剥离应力与加固面积的关系

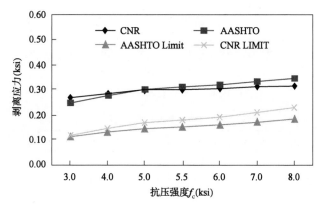

图 4-15　剥离应力与混凝土抗压强度 f'_c 的关系

有两处值得注意的是:(1)对于示例梁来说,剥离应力都会超过剥离极限,需要对端部进行锚固处理;(2)f'_c 增加,剥离应力显著增加;而 FRP 加固量增加,剥离应力仅略微增加。不过,剥离极限与 FRP 加固量无关,仅随着 f'_c 的增加而变化。AASHTO 和 CNR 在剥离应力和剥离极限方面的规定类似,但 AASHTO 中的剥离限制条件比 CNR 相对更为严格一些。

4.2.9　锚固长度

4.2.9.1　AASHTO

在 AASHTO 中,受拉锚固长度 l_d 按式(4-52)计算:

$$l_d \geqslant \frac{T_{frp}}{\tau_{int} b_{frp}} \tag{4-52}$$

式中,T_{frp} 为当 FRP 应变为 0.005 时 FRP 的相应拉力;τ_{int} 为接触面剪切传递强度,取 $0.065\sqrt{f'_c}$。

锚固长度应确保 FRP 在最大弯矩区域能够达到其抗拉强度。

如图 4-16 和图 4-17 所示,随着 FRP 面积的增加,根据 AASHTO 计算出的锚固长度趋于保守;同时,当混凝土抗压强度 f'_c 较小时,AASHTO 规范的锚固长度也是最保守的。可见,据 AASHTO 计算所得的锚固长度及其变化趋势与其他规范有明显的差异。同时可以发现,ISIS 和 TR55 给出的锚固长度完全与 FRP 面积和 f'_c 无关,而 ACI 和 CNR 中的锚固长度计算值与上述两个因素略有关联。为了理解产生这些差异的原因,此处对 AASHTO 锚固长度计算方法进行了回顾。

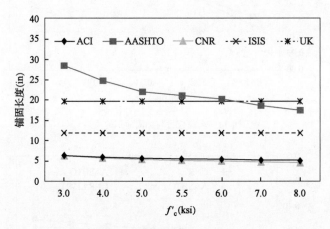

图 4-16　锚固长度与 f'_c 的关系

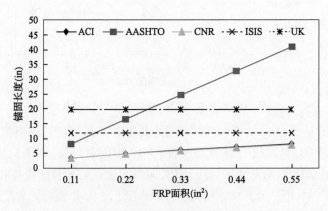

图 4-17　锚固长度与 FRP 面积的关系

AASHTO 给出的接触面剪切传递强度(m_{int})是基于 Naaman 和 Lopez(1999)的研究成果,这两位研究人员将未开裂和预开裂的混凝土梁进行 FRP 外贴处理后,分别置于加速冻融循环中。该试验得出的剪切极限值相当于 Haynes 等对混凝土表面黏结的 FRP 进行短期直接拉伸测试(Haynes,1997;Bizindavyi and Neale,1999)后获得的下限值。

Naaman 和 Lopez(1999)的研究是受密歇根州交通局(MDOT)委托,研究成果详见 RC-1372 报告——《以 CFRP 层板加固修复的钢筋混凝土梁在冻融循环条件下的性能研究》。

在该试验中,依照 ASTM C666,对钢筋混凝土梁进行 300 次冻融循环,研究两套不同黏合系统参数:其一为 Tonen CFRP 单层板系统(MBrace),另一套为 Sika CFRP 系统(Carbodur)。此外,还研究了加固前结构的开裂程度。研究发现,冻融循环会影响 CFRP 加固的钢筋混凝土梁的性能,而接触面剪切传递强度的建议值(τ_{int})为试验结果的下限。

4.2.9.2 ACI

ACI 提出,FRP 的临界长度 l_{df} 与其黏结承载力相关。若要在给定截面上得到有效的 FRP 应力,那么 FRP 的锚固长度必须大于式(4-53)或式(4-54)的计算值:

$$l_{df} = 0.057 \sqrt{\frac{nE_f t_f}{\sqrt{f'_c}}} \quad (\text{单位:in} - \text{lb}) \tag{4-53}$$

$$l_{df} = \sqrt{\frac{nE_f t_f}{\sqrt{f'_c}}} \quad (\text{国际单位制}) \tag{4-54}$$

4.2.9.3 ISIS

ISIS 明确规定了外贴 FRP 的最小锚固长度 l_a。根据 S6-06 桥梁规范,l_a 可由式(4-55)[即 ISIS 公式(5.29)]估算:

$$l_a = 0.5 \sqrt{E_{FRP} t_{FRP}} \geq 11.81 \text{in}(300\text{mm}) \tag{4-55-ISIS 公式5.29}$$

若生产商在安装流程中要求锚固长度大于 l_a,则需要明确给出。在未提供 l_a 的情况下,应采用适当的锚固装置。

4.2.9.4 CNR

最优黏结长度 l_e 可由式(4-56)[即 CNR 公式(4.1)]估算:

$$l_e = \sqrt{\frac{E_f t_f}{2\sqrt{f_{ctm}}}} \tag{4-56-CNR 公式4.1}$$

式中,l_e 单位为 mm。

4.2.9.5 TR55

TR55 规定了最大锚固长度 $l_{t,max}$,当长度超出该值时,黏结破坏抗力将不再增加。最大锚固长度 $l_{t,max}$ 可按式(4-57)[即 TR55 公式(6.19)]计算:

$$l_{t,max} = 0.7 \sqrt{\frac{E_{fd} t_f}{f_{ctm}}} \geq 19.69 \text{in}(500\text{mm}) \tag{4-57-TR55 公式6.19}$$

式中,

$$f_{ctm} = 0.18 \ (f_{cu})^{\frac{2}{3}} \qquad\qquad \text{(4-58-TR55 公式 6.22)}$$

4.2.9.6 总结

一般而言,大部分规范(ISIS 除外)都将锚固长度表达为 FRP 混凝土抗压强度 f'_c 的函数。ISIS 公式的最小锚固长度值为 11.81in,即 300mm,而 TR55 的最小锚固长度值为 19.69in,即 500mm。各规范规定的锚固长度比较如图 4-16 和图 4-17 所示[由于 CNR 没有提供 f_{ctm} 的表达式,则直接根据欧洲规范假定 f_{ctm} 为 $0.3(f'_c)^{\frac{2}{3}}$]。应考虑两种不同的参数影响:第一种(图 4-16)以 f'_c 为变量;第二种(图 4-17)以 FRP 面积为变量,采用 BASF MBrace CF130 CFRP 分别进行 1~5 层的包裹(梁信息和其他相关数据详见前文 4.2.8.7 节)。

由图 4-16 和图 4-17 可知,各规范规定的最小锚固长度差异很大。对 ISIS 和 TR55 来说,一般由其规定的锚固长度下限控制。对于 AASHTO,锚固长度和 FRP 模量无关,而其他规范的锚固长度均为 FRP 模量的函数,此外,AASHTO 表达式对 FRP 面积更敏感。如上文所述,AASHTO 关于锚固长度计算的建议与其他规范差异较大,其结果更为保守。但需要指出的是,AASHTO 的结果是基于为密歇根州交通局(MDOT)在密歇根大学开展的试验,其中考虑了密歇根地区的冻融环境影响。

4.2.10 抗弯设计方法与假定

4.2.10.1 AASHTO

对于外贴 FRP 进行加固的钢筋混凝土结构,AASHTO 的抗弯设计方法采用了以下假定:钢筋、FRP 与混凝土之间完全黏结;忽略混凝土拉应力对抗弯承载力的贡献;FRP 在破坏前的应力-应变曲线为线弹性;钢筋的应力-应变曲线为双线性,在屈服点之前为弹性,屈服后是完全塑性;混凝土最大容许压应变为 0.003;FRP 与混凝土界面的最大容许应变为 0.005。

当混凝土压应变小于 0.003 时,混凝土压应力可用以下抛物线公式[式(4-59)]表示:

$$f_c = \frac{2(0.9f'_c)\left(\dfrac{\varepsilon_c}{\varepsilon_0}\right)}{1 + \left(\dfrac{\varepsilon_c}{\varepsilon_0}\right)^2} \qquad\qquad (4\text{-}59)$$

式中,

$$\varepsilon_0 = 1.71 \frac{f'_c}{E_c} \qquad\qquad (4\text{-}60)$$

其中,ε_0 为混凝土应力-应变曲线中峰值应力所对应的应变。

采用 FRP(FRP 外贴于梁的受拉面)加固的矩形截面钢筋混凝土梁抗弯承载力设计值 M_r 为:

$$M_r = 0.9[A_s f_s (d_s - k_{2c}) + A'_s f'_s (k_{2c} - d'_s)] + \phi_{FRP} T_{FRP} (h - k_{2c}) \qquad (4\text{-}61)$$

其中,ϕ_{FRP} 为抗力系数,取 0.85;

$$T_{FRP} = n b_{FRP} N_b \qquad\qquad (4\text{-}62)$$

其中,n 为 FRP 的板材数量;N_b 为单位宽度 FRP 的抗拉承载力,依照 ASTM D3039,该值对应于发生 0.5% 应变时 FRP 所受的拉力,可假定取 1.07。

4.2.10.2 JSCE

JSCE 在抗弯设计时考虑了碳和芳纶两种纤维,采用 5 个分项安全系数,即材料、荷载、构件、结构以及计算分析,但未给出抗弯承载力的显式设计表达式。由于缺乏一个明确的抗弯承载力计算流程,因此在抗弯承载力分析和比较中暂不考虑 JSCE。

4.2.10.3 CNR

与 JSCE 类似,CNR 也未提供明确的抗弯承载力表达式,但通过应变协调、截面平衡和所需材料强度极限可以确定抗弯失效模式和抗弯承载力。由于 CNR 未明确混凝土应力区,因此,此处采用 FIB 14 流程(2001)进行确定,其中代表受压应力的系数可表示如下:

当 $f'_c < 7.3 \text{ksi}(50\text{MPa})$ 时,$\psi = 0.8$;

当 $f'_c > 7.3 \text{ksi}(50\text{MPa})$ 时,$\psi = 0.8 - (f'_c - 50)/400$。

λ 为代表最外缘受压纤维的系数,$\lambda = 0.40$(由于 CNR 未给出该数值,因此该数值来源于 FIB 14)。

K_b 为几何系数,$K_b \geqslant 1.0$。

最终,FRP 的最大应变可按式(4-7)计算:

$$\varepsilon_{fd} = \min\left\{\eta_a \frac{\varepsilon_{fk}}{\gamma_f}, \varepsilon_{fdd}\right\}$$

为了与其他规定进行对比(如图 4-18 ~ 图 4-35 所示),CNR 抗弯计算中用到了以下假设:钢材屈服强度的分项安全系数 $\gamma_s = 1.15$,即 $f_{yd} = f_y/\gamma_s$;混凝土的抗拉强度平均值 $f_{ctm} = 0.3(\sqrt{f'_c})^{\frac{2}{3}}$(在 CNR 中无明确定义,但借鉴了欧洲规范);混凝土抗压强度 $f_{cd} = 0.85(f'_c/\gamma_c)$,分项系数为 $\gamma_s = f_{ctm} = (\sqrt{f'_c})^{\frac{2}{3}} f_{cd} = (f'_c/\gamma_c)\gamma_c = 1.6$。

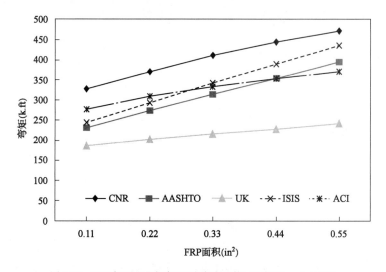

图 4-18　FRP 加固面积与弯矩(未考虑系数)的关系($\rho = 0.0033$)

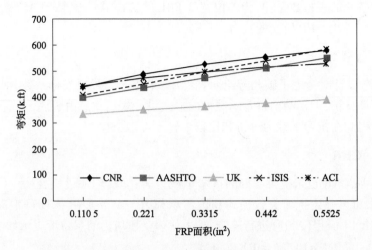

图 4-19　FRP 加固面积与弯矩（未考虑系数）的关系（$\rho = 0.0064$）

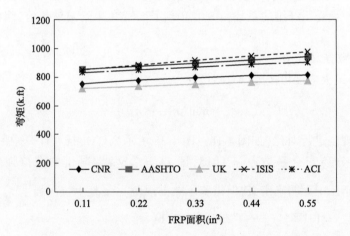

图 4-20　FRP 加固面积与弯矩（未考虑系数）的关系（$\rho = 0.0171$）

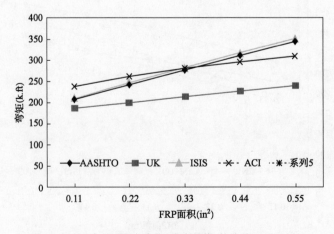

图 4-21　FRP 加固面积与弯矩（考虑系数）的关系（$\rho = 0.0033$）

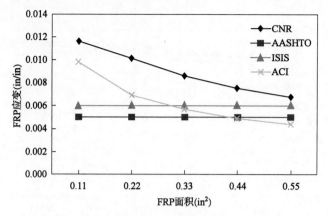

图 4-22　FRP 加固面积与 FRP 应变的关系($\rho = 0.0033$)

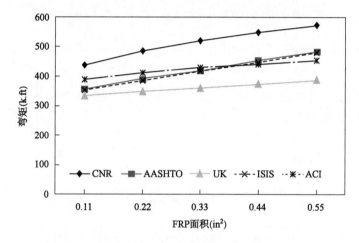

图 4-23　FRP 加固面积与弯矩(考虑系数)的关系($\rho = 0.0064$)

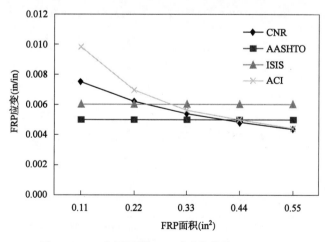

图 4-24　FRP 加固面积与 FRP 应变的关系($\rho = 0.0064$)

(注:随着钢筋配筋率增加和 FRP 应变减小,破坏模式从受压破坏变为受拉破坏。同时,随着 f'_c 的增加,破坏模式从受压破坏变为受拉破坏。)

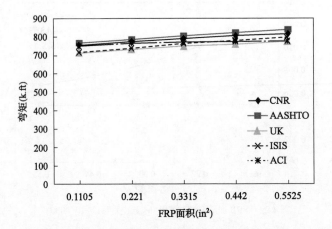

图 4-25 FRP 加固面积与弯矩(考虑系数)的关系($\rho = 0.0171$)

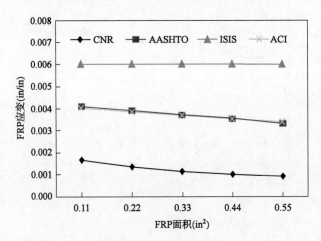

图 4-26 FRP 加固面积与 FRP 应变的关系($\rho = 0.0171$)

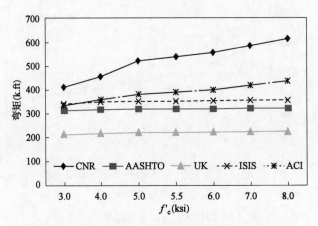

图 4-27 f'_c 与弯矩(未考虑系数)的关系($\rho = 0.0033$)

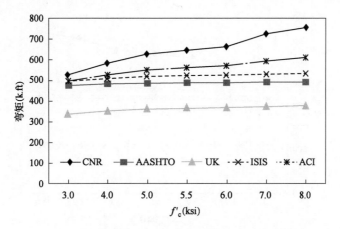

图 4-28　f'_c 与弯矩(未考虑系数)的关系($\rho = 0.0064$)

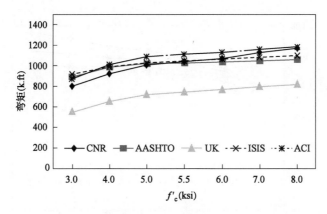

图 4-29　f'_c 与弯矩(未考虑系数)的关系($\rho = 0.0171$)

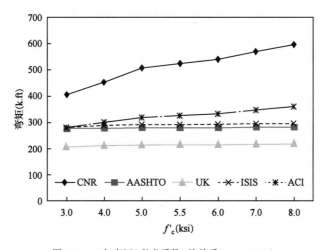

图 4-30　f'_c 与弯矩(考虑系数)的关系($\rho = 0.0033$)

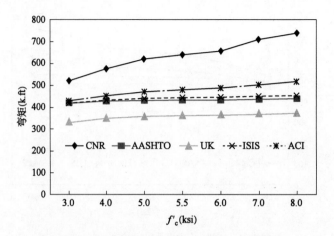

图4-31 f'_c 与弯矩(考虑系数)的关系($\rho = 0.0064$)

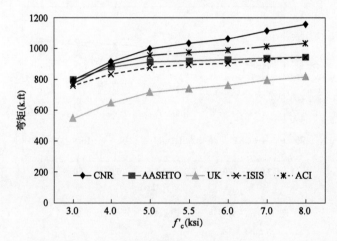

图4-32 f'_c 与弯矩(考虑系数)的关系($\rho = 0.0171$)

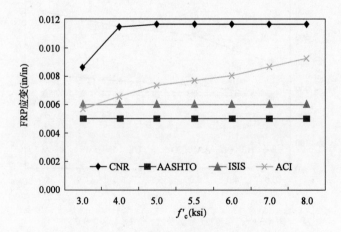

图4-33 f'_c 对 FRP 应变的影响($\rho = 0.0033$)

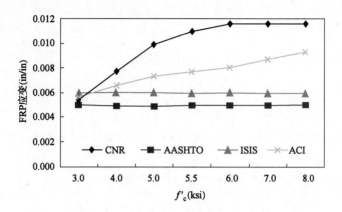

图 4-34　f'_c 对 FRP 应变的影响（$\rho = 0.0064$）

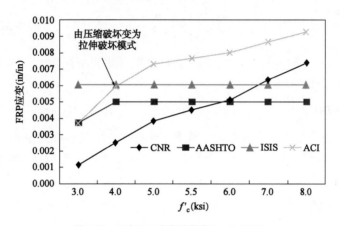

图 4-35　f'_c 对 FRP 应变的影响（$\rho = 0.0171$）

4.2.10.4　ACI

ACI 假定混凝土的最大压应变为 0.003，FRP 的极限应变可用式（4-8）和式（4-9）确定：

$$\varepsilon_{fd} = 0.083 \sqrt{\frac{f'_c}{nE_f t_f}} \leqslant 0.9\varepsilon_{fu} \quad （单位：in - lb）$$

$$\varepsilon_{fd} = 0.41 \sqrt{\frac{f'_c}{nE_f t_f}} \leqslant 0.9\varepsilon_{fu} \quad （国际单位制）$$

可用式（4-63）[即 ACI 公式（10.13）] 计算截面的名义抗弯承载力：

$$M_n = A_s f_s \left[d - \left(\frac{\beta_1 c}{2} \right) \right] + \phi A_f f_{fe} \left[h - \left(\frac{\beta_1 c}{2} \right) \right] \quad （4-63-ACI 公式 10.13）$$

特殊情况下，当 ε_c 小于 0.003 时，β_1 和 α_1 的值可按式（4-64）和式（4-65）计算：

$$\beta_1 = \frac{4\varepsilon'_c - \varepsilon_c}{6\varepsilon' - 2\varepsilon_c} \tag{4-64}$$

$$\alpha_1 = \frac{3\varepsilon_c'\varepsilon_c - \varepsilon_c^2}{3\beta_1\varepsilon_c'^2} \qquad (4\text{-}65)$$

可利用 α_1 和 β_1，通过式(4-66)计算出中性轴位置：

$$c = \frac{A_s f_y + A_f f_{fe}}{\alpha_1 f_c' \beta_1 b} \qquad (4\text{-}66)$$

为了与正常使用要求相协调，可运用式(4-20)和式(4-21)计算钢和 FRP 的工作应力：

$$f_{s,s} = \frac{\left[M_s + \varepsilon_{bi} A_f E_f \left(d_f - \dfrac{k_d}{3}\right)\right](d - k_d) E_s}{A_s E_s \left(d - \dfrac{k_d}{3}\right)(d - k_d) + A_f E_f \left(d_f - \dfrac{k_d}{3}\right)(d_f - k_d)} \qquad (4\text{-}20\text{-ACI 公式 }10.14)$$

$$f_{f,s} = f_{s,s} \left(\frac{E_f}{E_s}\right)\frac{(d_f - k_d)}{(d - k_d)} \varepsilon_{bi} E_f \qquad (4\text{-}21\text{-ACI 公式 }10.15)$$

在抗弯承载力设计值计算过程中，考虑了 FRP 的环境折减系数 C_E（假设在外部暴露条件下，该值取 0.85）和附加折减系数 ψ。

4.2.10.5 ISIS

ISIS 结合若干假定给出了直观的设计流程，利用应变协调和截面平衡可确定中性轴的位置。在 ISIS 中，假设混凝土最大压应变不超过 0.0035，FRP 最大应变（根据《桥梁规范》）为 0.006，所适用的折减系数如本章前文所述。

4.2.10.6 TR55

TR55 计算抗弯承载力所采用的假定与其他规范一样。TR55 在计算抗弯承载力时规定：为防止发生剥离破坏，对于均布荷载，FRP 极限应变取 0.008，而当同时存在较大剪力和弯矩时，FRP 应变极限取 0.006；混凝土极限压应变 ε_{cu} 为 0.0035。

TR55 比较特别之处在于，中性轴是依据原截面平衡确定的，而非 FRP 加固后截面。再将原截面名义抗弯承载力与代表 FRP 贡献的附加抗弯承载力 M_{add} 之和作为加固截面的最终抗弯承载力。

假设对受弯截面（配单筋）进行加固以承受更大的弯矩 M，则加固后截面的名义抗弯承载力可按式(4-67)［即 UK 公式(6.14)］计算：

$$M_r = F_s z + F_f [z + (h - d)] \qquad (4\text{-}67\text{-UK 公式 }6.14)$$

式中，$M_r = M$ 且 $F_s = (f_y/\gamma_{ms}) A_s$。

4.2.10.7 结论

为了对不同规范的结果进行比较，考虑用 MBrace CF130 型 CFRP 加固的矩形钢筋混凝土梁（高为 30in，宽为 18in）。图 4-18～图 4-26 给出了抗弯承载力随着 FRP 面积和初始配筋率变化而呈现出的规律。结果表明，与预期一致，抗弯承载力随着 FPR 面积的增加而增加。但是也观察到 ACI 规范在配筋率为 0.0171 时的一个例外情况（图 4-25），该现象归因于钢筋应变处于受拉破坏和受压破坏的过渡区,从而导致强度折减系数 φ 值降低,并因此使得设计弯矩随着 FRP 面积的增加而减少。此外,有些规范提及在钢筋配筋率增加时会产生受压破坏,而有些规范则未提及。例如,在各种 FRP 加固情况下,AASHTO 和 CNR 在钢筋配筋率为 0.0171时,都认为混凝土会出现受压破坏。需要注意的是,受压破坏是由于混凝土实际抗压强度为 3000psi 的矩形截面梁在计算过程中选择了相对较低的 f'_c 值,这主要是为了比较考虑不同失效模式(即受拉和受压控制失效模式)的各规范计算结果。大多数情况下,当 f'_c 大于 3000psi 时,在 FRP 数量相同的情况下,构件产生受压破坏的可能性会降低。

同时,由于需要保持截面平衡,当 FRP 面积增加时,FRP 应变会减少。然而,当规范规定的 FRP 极限应变出现时(如 ISIS 规定的最大 FRP 应变为 0.006),FRP 断裂有时会成为唯一可能的破坏模式。此外,与其他规范相比,ACI 会在更小的 FRP 面积上会产生更大的应变。这是由于 ACI 给出的两个应变极限表达式中,有一个表达式规定了极限应变与 FRP 面积成反比,见式(4-8)和式(4-9)。

$$\varepsilon_{fd} = 0.083 \sqrt{\frac{f'_c}{nE_f t_f}} \le 0.9\varepsilon_{fu} \quad (单位:in-lb) \qquad (4-8-ACI 公式 10.2)$$

$$\varepsilon_{fd} = 0.41 \sqrt{\frac{f'_c}{nE_f t_f}} \le 0.9\varepsilon_{fu} \quad (国际单位制) \qquad (4-9-ACI 公式 10.2)$$

尽管预测的 FRP 应变会有所不同,但 AASHTO 和 ISIS 这两个桥梁规范在实际不同的案例中通常会得出相似的抗弯承载力值,ACI 的预测结果也与前两者较为一致。ACI 在较小 FRP 面积和较高 f'_c 值时的承载力最高,而 AASHTO 和 ISIS 在较大 FRP 面积上的承载力最高。TR55 对混凝土抗压强度的变化更为敏感,但受 FRP 面积变化的影响较小。几乎在所有情况下,TR55 关于抗弯承载力的预测值都是最保守的。尽管 TR55 具有最大的 FRP 应变极限 0.008,但由于其抗弯承载力计算方法过于保守(未调整中性轴),因此计算得出的承载力最小。绝大多数情况下,破坏模式中包括了 FRP 断裂。

图 4-27~图 4-35 为在给定其他参数情况下,f'_c 的变化和对抗弯承载力的影响规律。为便于比较,各算例均采用宽为 17in 三层叠合的 MBrace CF130 CFRP 加固材料。与预期结果一致,高 FRP 应变会产生高抗弯承载力。同时,相对于其他规范,无论抗弯承载力是否考虑折减系数,ACI 得出的 FRP 应变以及抗弯承载力都相对更高。对于低配筋率($\rho = 0.0033$ 和 $\rho = 0.0064$)的情况,受拉破坏是主控失效模式。而对于高配筋率($\rho = 0.0171$)的情况,当与 FRP 组合后,则可能导致受压破坏(例如对于 AASHTO 和 CNR,在钢筋配筋率为 0.0171 时,由受拉失效转变为受压失效)。

4.3　混凝土(RC/PC)桥梁构件的 FRP 抗剪加固

4.3.1　简介

本节针对6本规范给出的混凝土桥梁构件 FRP 抗剪加固的规定进行概述。因 ACI 440.2R-08 内容最完整,因此本节内容与 ACI 440.2R-08 的架构一致。本节将针对以下内容进行分析和比较:

- 包裹方案;
- 强度折减系数;
- 钢筋和钢筋间距限值;
- FRP 应变限值;
- 抗剪设计方法与假定;
- 抗剪分析过程及结果。

4.3.2 包裹方案

可以通过包裹 FRP 来增强矩形梁抗剪强度,一般有三种 FRP 包裹形式:四面包裹(全包裹或闭口包裹)、三面包裹(U 形包裹)和两面包裹(图 4-36)。每种标准都提到了这三种形式,有些标准提供了建议与评价,概述如下。

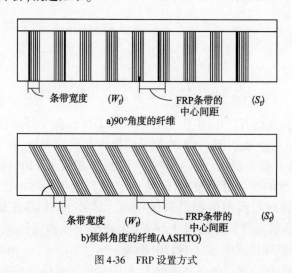

图 4-36　FRP 设置方式

4.3.2.1　ACI

ACI 指出,全包裹结构加固效果最好,其次是三面 U 形包裹,而柱中最常见的是全包裹。在所有包裹结构中,FRP 系统均可以沿着构件的跨度方向连续设置,或粘贴为离散条带形式(图 4-36)。然而,不鼓励使用连续的 FRP 全包裹构件,因为这种包裹方式有可能阻碍残留在构件内部的水分蒸发。

4.3.2.2　AASHTO

和 ACI 类似,AASHTO 同样指出两面包裹加固效率最低,因为在高剪切荷载作用下,两面包裹的 FRP 容易过早发生剥离。同样,U 形包裹也会比全包裹更早发生剥离,但 U 形包裹具有适用性强、易于安装等特点,因而在实际工程中广泛应用。U 形包裹,又称 U 形夹套,其可通过将纤维锚固在受压区以提高 FRP 的效率。恰当的锚固设计可使纤维在剥离前达到抗拉承载力,从而使外夹套达到与完全包裹一样的效果。

4.3.2.3　ISIS

与 ACI 和 AASHTO 一样,ISIS 建议尽可能在梁中使用闭口包裹,因为这种方法最有效

[图4-37a)]。当无法包裹梁的整个周长时,如 T 形梁,建议采用 U 形包裹。对于 AASHTO 中列举的梁(图4-37)或剪力墙,侧边黏结是唯一可能的加固形式。ISIS 指出,对于两面和三面包裹结构来说,黏结很关键,应根据剪力值来进行锚固(见 ISIS 7.4.2 节内容)。图4-38 给出了 ISIS 中所描述的典型锚固方案。

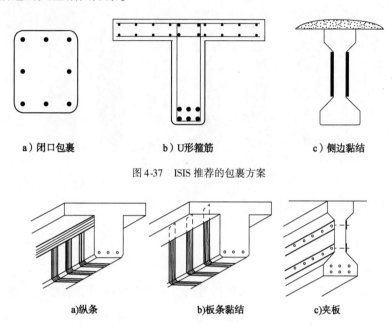

a)闭口包裹　　　　b)U形箍筋　　　　c)侧边黏结

图4-37 ISIS 推荐的包裹方案

a)纵条　　　　b)板条黏结　　　　c)夹板

图4-38 ISIS 典型 FRP 抗剪加固锚固方案

4.3.2.4 CNR

CNR 指出,对于 U 形包裹结构,按构件纵轴方向进行层/片/条形式的锚固,可以避免 FRP 端部分层。在这种情况下,U 形包裹的效果可以认为等同于全包裹结构。

4.3.2.5 TR55

TR55 建议 FRP 的主纤维方向与构件纵轴成 45°或 90°。

4.3.2.6 总结

总之,各本规范建议的包裹方案差别不大,主要有全包裹、三面包裹和两面包裹三种形式,可以是连续的或平行的条带包裹,包裹方向可与构件呈 90°角或呈倾角。4.3.6 节将详细讨论不同规范中的这些包裹方案在抗剪强度方面的差异。

4.3.3 强度折减系数

图4-39 总结了不同规范建议的 FRP 抗剪强度折减系数。ISIS 采用最大的折减值 0.56(最为保守),AASHTO 采用最小的折减值 0.85。但需注意的是,AASHTO 同时规定了其他限制条件,如限制 FRP 配箍的最大间距(取决于总剪力值)。与受弯相似,由于考虑了环境和材料折减系数,ISIS 给出的折减系数最为保守。

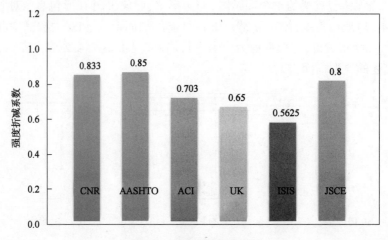

图 4-39　FRP 强度折减系数

4.3.4　加固极限和极限间距

4.3.4.1　ACI

（1）抗剪加固极限

由 FRP 和抗剪钢筋提供的总抗剪极限应受 ACI 318 中仅适用于钢材的准则的限制。该抗剪加固极限值取为混凝土名义抗剪强度（$2\sqrt{f'_c}b_w d$）的 4 倍,见式(4-68)和式(4-69)：

$$V_s + V_f \leqslant 8\sqrt{f'_c}b_w d \quad （单位：in-lb） \qquad (4\text{-}68\text{-ACI 公式 }11.11)$$

$$V_s + V_f \leqslant 0.66\sqrt{f'_c}b_w d \quad （国际单位制） \qquad (4\text{-}69)$$

（2）FRP 条带间距

对于离散条带布置形式的 FRP 外部抗剪加固,ACI 在第 11.1 和第 11.4.2 条款中给出了限制条件。第 11.1 条规定,条带之间的中心间距不能超过 $d/4$ 与条带宽度之和。此外,第 11.4.2 条规定,极限间距应符合 ACI 318 的规定,见式(4-70)和式(4-71)：

$$当 V_s + V_f \leqslant 4\sqrt{f'_c}b_w d 时, S_{max} = \frac{d}{2} \leqslant 24in \qquad (4\text{-}70)$$

$$当 V_s + V_f \leqslant 4\sqrt{f'_c}b_w d 时, S_{max} = \frac{d}{4} \leqslant 12in \qquad (4\text{-}71)$$

4.3.4.2　AASHTO

抗剪加固极限：

AASHTO 规定,使用 FRP 后的截面名义抗剪承载力不能超过式(4-72)［即 AASHTO 公式(5.8.3.3-2)］所给限值：

$$V_n = 0.25f'_c b_v d_v + V_p \qquad (4\text{-}72\text{-AASHTO 公式 }5.8.3.3\text{-}2)$$

式中,

$$V_n = V_c + V_s + V_{frp} \qquad (4\text{-}73)$$

考虑系数的抗剪强度 V_r 为：

$$V_r = \varphi\left(V_c + V_s + V_p\right) + \varphi_{frp}V_{frp} \quad \text{（4-74-AASHTO 公式 4.3.1-1）}$$

式中，V_c 为《AASHTO LRFD 桥梁设计规范》第 5.8.3.3 条中混凝土的名义抗剪承载力：

$$V_c = 0.0316\beta\sqrt{f_c'}b_v d_y \quad \text{（4-75-AASHTO 公式 5.8.3.3-3）}$$

V_s 为《AASHTO LRFD 桥梁设计规范》第 5.8.3.3 条中横向钢筋的名义抗剪承载力：

$$V_s = \frac{A_v f_{yt}\, d_v\left(\cot\theta + \cot\alpha\sin\alpha\right)}{S_v} \quad \text{（4-76-AASHTO 公式 5.8.3.3-4）}$$

式中，

$$d_v = \max\left(d_{v1}, d_{v2}, d_{v3}\right) \tag{4-77}$$

其中，$d_{v1} = d - \dfrac{a}{2}, d_{v2} = 0.9d, d_{v3} = 0.72h_T$。

V_p 为《AASHTO LRFD 桥梁设计规范》第 5.8.3.3 条受剪方向的有效预应力分量；V_{frp} 为根据 AASHTO 第 4.3 条所定的外贴 FRP 系统的名义抗剪承载力，$\varphi = 0.9$，φ_{frp} 为 FRP 抗力系数，取 0.85。

4.3.4.3 总结

表 4-21 总结了不同规范抗剪加固极限的表达式，表 4-22 总结了 FRP 抗剪加固的极限间距。如表 4-21 所示，给定截面的最大组合剪力是一个固定值。因此，抗剪加固的 FRP 数量取决于截面中已存在的抗剪钢筋的数量（以及相关的箍筋抗剪承载力 V_s）。FRP 容许抗剪承载力 V_f 与 V_s 的关系如图 4-40a）~c）所示，图中同时考虑了 V_s/V_c 及 f_c' 两个影响因素。从图中可以看出，FRP 容许抗剪承载力 V_f 随 f_c' 的增加而增强。此外，ACI 限制条件最严格，CNR 允许的 FRP 加固值最大，而 AASHTO 和 ISIS 规定处于两者之间。值得注意的是，当 V_s/V_c 比值为 4.0 时，ACI 不允许进行 FRP 抗剪加固［图 4-40c）］。

允许的最大抗剪承载力 表 4-21

规　范	限　制	公　式
AASHTO	最大总允许剪力	$V_n = 0.25f_c'b_v d_v + V_p$ 其中：$V_n = V_c + V_s + V_f$
CNR	最大总允许剪力	$V_{Rd,max} = 0.3f_{cd}bd$
ACI	钢与 FRP 的最大剪力	$V_s + V_f \leqslant 8\sqrt{f_c'}b_w d$ （单位：in-lb） $V_s + V_f \leqslant 0.66\sqrt{f_c'}b_w d$ （国际单位制）
UK	最大允许剪应力	$0.8\sqrt{f_{cu}}$ 或 675 psi（5N/mm²）
ISIS	最大抗剪承载力（桥梁规范）	$V_c + V_s + V_{FRP} \leqslant 0.25\varphi_c f_c'b_v d_v$

FRP 抗剪加固的最大间距 表 4-22

规　范	公　式
AASHTO	当 $V_u < 0.125f_c'$ 时，$S_{max} = 0.8d_v \leqslant 24\text{in}$， 当 $V_u \geqslant 0.125f_c'$ 时，$S_{max} = 0.4d_v \leqslant 12\text{in}$
CNR	$2\text{in}(50\text{mm}) \leqslant w_f \leqslant 10\text{in}(250\text{mm})$，且 $w_f \leqslant p_f \leqslant \min\{0.5d, 3w_f, w_f + 8\text{in}(200\text{mm})\}$

续上表

规　　范	公　　式
ACI	$S_{\text{FRP}} \leqslant w_{\text{FRP}} + \dfrac{d_{\text{FRP}}}{4}$， 当 $V_{\text{s}} + V_{\text{f}} \leqslant 4\sqrt{f_{\text{c}}'}\,b_{\text{w}}d$ 时，$S_{\max} = \dfrac{d}{2} \leqslant 24\text{in}$； 当 $V_{\text{s}} + V_{\text{f}} > 4\sqrt{f_{\text{c}}'}\,b_{\text{w}}d$ 时，$S_{\max} = \dfrac{d}{4} \leqslant 12\text{in}$
ISIS	桥梁规范 S6-06：$S_{\text{FRP}} \leqslant w_{\text{FRP}} + \dfrac{d_{\text{FRP}}}{4}$， 建筑规范：当 $\dfrac{v_{\text{f}} - v_{\text{p}}}{b_{\text{v}}d_{\text{v}}} < 0.1\varphi_{\text{c}}f_{\text{c}}'$ 时，$s \leqslant 0.75d_{\text{v}} \leqslant 24\text{in}(600\text{mm})$； 当 $\dfrac{v_{\text{f}} - v_{\text{p}}}{b_{\text{v}}d_{\text{v}}} \geqslant 0.1\varphi_{\text{c}}f_{\text{c}}'$ 时，$s \leqslant 0.33d_{\text{v}} \leqslant 12\text{in}(300\text{mm})$

本书第 4.3.6.7 节讨论了在不同梁高条件下，对应于不同规范，FRP 条带宽度对极限间距的影响。其中，考虑的梁高分别为 12in、24in、36in、48in 和 60in。图 4-41 ～ 图 4-45 为基于不同规范下的条带宽度对最大间距的影响规律。除 CNR 和 ISIS 外，各规范基于所施加的剪力值给出了不同的最大间距。对于大多数规范来说，低剪力情况下的极限间距为 10 ～ 20in；而对于高剪力值，极限间距介于 5 ～ 10in。极限间距通常表示为混凝土抗压强度的函数，然而 ISIS S6-06 桥梁规范给出的极限间距只与 FRP 高度 d_{frp} 和 FRP 条带宽度 w_{frp} 有关，与混凝土抗压强度 f_{c}' 无关。

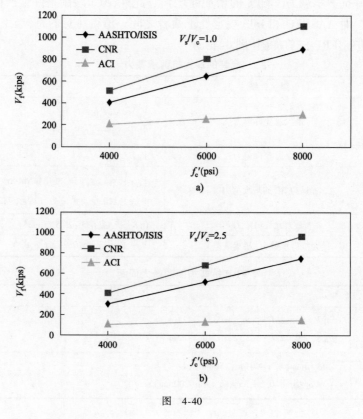

图　4-40

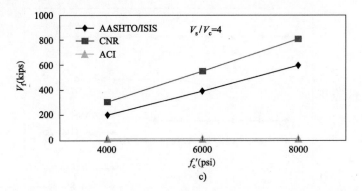

图 4-40　V_f 容许值与 V_s/V_c 的关系

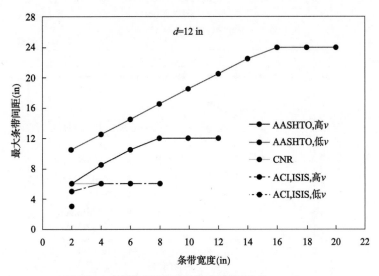

图 4-41　条带宽度对最大条带间距的影响（$d = 12$ in）

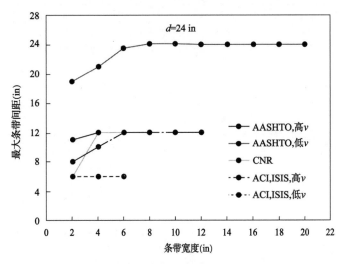

图 4-42　条带宽度对最大条带间距的影响（$d = 24$ in）

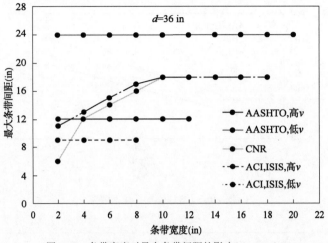

图 4-43　条带宽度对最大条带间距的影响（$d=36\text{in}$）

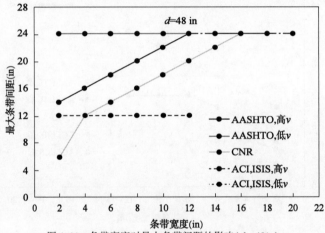

图 4-44　条带宽度对最大条带间距的影响（$d=48\text{in}$）

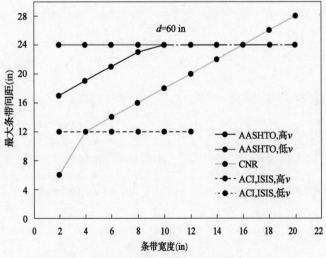

图 4-45　条带宽度对最大条带间距的影响（$d=60\text{in}$）

4.3.5 FRP 应变极限设计值

4.3.5.1 ACI

对于 FRP 全包裹构件,为防止产生宽裂缝进而引发混凝土集料咬合损害,ACI 对 FRP 应变进行了如下的限制[式 (4-78),即 ACI 公式(11.6a)]:

$$\varepsilon_{\text{fe}} = 0.004 \leqslant 0.75\varepsilon_{\text{fu}} \qquad (4\text{-}78\text{-ACI 公式 }11.6\text{a})$$

对于 U 形包裹和双面包裹方案,FRP 分层比集料咬合更早发生。因此,极限应变的确定应以防止分层破坏为控制准则。以下应变限制中包含了适用于受剪的黏结折减系数 κ_{v} [式(4-79),即 ACI 公式 11.6b)]:

$$\varepsilon_{\text{fe}} = \kappa_{\text{v}}\varepsilon_{\text{fu}} \leqslant 0.004 \qquad (4\text{-}79\text{-ACI 公式 }11.6\text{b})$$

式中,

$$\kappa_{\text{v}} = \frac{k_1 k_2 L_{\text{e}}}{468\varepsilon_{\text{fu}}} \leqslant 0.75 \quad (\text{单位}: \text{in-lb}) \qquad (4\text{-}80\text{-ACI 公式 }11.7)$$

$$\kappa_{\text{v}} = \frac{k_1 k_2 L_{\text{e}}}{11900\varepsilon_{\text{fu}}} \leqslant 0.75 \quad (\text{国际单位制})$$

$$L_{\text{e}} = \frac{2500}{(n_{\text{f}} t_{\text{f}} E_{\text{f}})^{0.58}} \quad (\text{单位}: \text{in-lb}) \qquad (4\text{-}81\text{-ACI 公式 }11.8)$$

$$L_{\text{e}} = \frac{23300}{(n_{\text{f}} t_{\text{f}} E_{\text{f}})^{0.58}} \quad (\text{国际单位制})$$

$$k_1 = \left(\frac{f'_{\text{c}}}{4000}\right)^{\frac{2}{3}} \quad (\text{单位}: \text{in-lb}) \qquad (4\text{-}82\text{-ACI 公式 }11.9)$$

$$k_1 = \left(\frac{f'_{\text{c}}}{27}\right)^{\frac{2}{3}} \quad (\text{国际单位制})$$

$$k_2 = \begin{cases} \dfrac{d_{\text{fv}} - L_{\text{e}}}{d_{\text{fv}}} & (\text{U 形包裹}) \\[3mm] \dfrac{d_{\text{fv}} - 2L_{\text{e}}}{d_{\text{fv}}} & (\text{双侧包裹}) \end{cases} \qquad (4\text{-}83\text{-ACI 公式 }11.10)$$

4.3.5.2 AASHTO

AASHTO 规定了 FRP 的有效应变 ε_{fe},表示 FRP 加固构件在发生受剪破坏时所受的平均应变。当 FRP 完全锚固时,如全包裹或 U 形包裹锚固,其预期破坏模式是 FRP 断裂,防止这种破坏的应变极限表示如式(4-84):

$$\varepsilon_{\text{fe}} = R_{\text{f}}\varepsilon_{\text{fu}} \qquad (4\text{-}84)$$

式中,

$$R_{\text{f}} = 0.088 \leqslant 4(\rho_{\text{f}} E_{\text{f}})^{-0.67} \leqslant 1.0 \qquad (4\text{-}85)$$

对于采用侧边黏合或 U 形包裹但采用其他锚固形式的加固方案,则更可能发生非 FRP 断裂破坏。此时,应变极限表示如式(4-86):

$$\varepsilon_{\text{fe}} = R_{\text{f}}\varepsilon_{\text{fu}} \leqslant 0.004 \qquad (4\text{-}86)$$

式中，

$$R_f = 0.06 \leqslant 3 \; (\rho_f E_f)^{-0.67} \leqslant 1.0 \qquad (4\text{-}87)$$

由于折减系数 R_f 是由平截面假定得出的，因此这些规定只适用于剪跨比大于 2.5 的梁。

4.3.5.3 ISIS

ISIS 建议的应变极限来自 S6-06 桥梁规范，应变极限详见式(4-88)~式(4-90)(即 ISIS 公式 7-3)。式(4-88)[ISIS 公式(7-3a)]给出了保证 FRP 承载力的要求，式(4-89)[ISIS 公式(7-3b)]给出了保证集料咬合的要求，式(4-90)[ISIS 公式(7-3c)]给出了 U 形包裹下保证黏结承载力的要求。式(4-90)需要确定黏结折减系数，其计算过程与上述 ACI 中描述的一致。

$$\varepsilon_{FRPe} \leqslant 0.75 \varepsilon_{FRPu} \qquad \text{（FRP 承载力）} \qquad (4\text{-}88\text{-}ISIS \text{ 公式 } 7\text{-}3a)$$

$$\varepsilon_{FRPe} \leqslant 0.004 \qquad \text{（骨料咬合）} \qquad (4\text{-}89\text{-}ISIS \text{ 公式 } 7\text{-}3b)$$

$$\varepsilon_{FRPe} \leqslant k_v \varepsilon_{FRPu} \qquad [\text{黏合承载力（仅 U 形包裹）}] \qquad (4\text{-}90\text{-}ISIS \text{ 公式 } 7\text{-}3c)$$

4.3.5.4 总结

表 4-23 总结了抗剪加固的应变极限要求。在 UK 和 CNR 中，U 形包裹和两侧包裹的应变极限为固定值 0.004；对于全包裹结构，CNR 给出的应变极限为 0.005。

不同规范中的 FRP 最大容许应变 表 4-23

规 范	应 用	公 式
AASHTO	U 形包裹与两面包裹	$\varepsilon_{fe} = R_f \varepsilon_{fu} \leqslant 0.004$ 其中， $R_f = 0.06 \leqslant 3 \; (\rho_f E_f)^{-0.67} \leqslant 1.0$
	全包裹	$\varepsilon_{fe} = R_f \varepsilon_{fu}$ 其中， $R_f = 0.088 \leqslant 4 \; (\rho_f E_f)^{-0.67} \leqslant 1.0$
CNR	全包裹	$\varepsilon_{f,max} = 0.005$
	U 形包裹与两侧包裹	0.004
UK	U 形包裹	0.004
ACI	全包裹	$\varepsilon_{fe} = 0.004 \leqslant 0.75 \varepsilon_{fu}$
	U 形包裹与两侧包裹	$\varepsilon_{fe} = K_v \varepsilon_{fu} \leqslant 0.004$
ISIS	所有包裹类型	$\varepsilon_{FRPe} \leqslant 0.75 \varepsilon_{FRPu}$ $\varepsilon_{FRPe} \leqslant 0.004$
	仅 U 形 FRP 筋	$\varepsilon_{FRPe} \leqslant K_v \varepsilon_{FRPe}$

4.3.6 抗剪设计方法与假定

4.3.6.1 ACI

ACI 抗剪设计的目的是计算 FRP 的抗剪承载力 V_f，同时规定恰当的应变极限以满足强度、骨料咬合和黏结要求。FRP 抗剪承载力计算步骤如下。

第 1 步:计算黏结折减系数 κ_v(见上述应变极限内容)[式(4-80)]。

$$\kappa_v = \frac{k_1 k_2 L_e}{468\varepsilon_{fu}} \leqslant 0.75 \quad (\text{单位:in-lb}) \qquad (4\text{-}80\text{-ACI 公式 }11.7)$$

$$\kappa_v = \frac{k_1 k_2 L_e}{11900\varepsilon_{fu}} \leqslant 0.75 \quad (\text{国际单位制})$$

第 2 步:使用应变极限公式[式(4-79)]计算 U 形包裹方案下 FRP 应变 ε_{fe}:

$$\varepsilon_{fe} = \kappa_v \varepsilon_{fu} \leqslant 0.004 \qquad (4\text{-}79\text{-ACI 公式 }11.6b)$$

第 3 步:计算 FRP 有效应力 f_{fe}:

$$f_{fe} = E_f \varepsilon_{fe} \qquad (4\text{-}91\text{-ACI 公式 }11.5)$$

第 4 步:计算 FRP 抗剪面积 A_{fv}:

$$A_{fv} = 2n t_f w_f \qquad (4\text{-}92\text{-ACI 公式 }11.4)$$

第 5 步:计算 FRP 抗剪承载力 V_f:

$$V_f = \frac{A_{fv} f_{fe}(\sin\alpha + \cos\alpha) d_{fv}}{S_f} \qquad (4\text{-}93\text{-ACI 公式 }11.3)$$

对于 90°角(即垂直布置的条带),$\sin a + \cos a = 1$。此种情况见式(4-95)。

第 6 步:计算混凝土和钢筋的抗剪承载力:

$$V_c = 2\lambda \sqrt{f_c'} b_w d \qquad (4\text{-}94)$$

$$V_s = \frac{A_v f_y d}{s} \qquad (4\text{-}95)$$

第 7 步:计算混凝土、钢筋和 FRP 的名义以及考虑折减系数后的抗剪承载力:

$$V_n = V_c + V_s + V_f$$

$$\phi V_n = \phi(V_c + V_s + V_f)$$

4.3.6.2　ISIS

ISIS 计算 FRP 抗剪承载力的过程如下:

第 1 步:计算 d_{FRP}:

$$d_{FRP} = \max\{0.72h, 0.9d\}$$

第 2 步:从以下情况中选择 FRP 的最小应变值[式(4-88)~式(4-90),即 ISIS 公式(7.3)]:

$$\varepsilon_{FRPe} \leqslant 0.75\varepsilon_{FRPu} \quad (\text{FRP 承载力}) \qquad (4\text{-}88\text{-ISIS 公式 }7\text{-}3a)$$

$$\varepsilon_{FRPe} \leqslant 0.004 \quad (\text{骨料咬合}) \qquad (4\text{-}89\text{-ISIS 公式 }7\text{-}3b)$$

$$\varepsilon_{FRPe} \leqslant k_v \varepsilon_{FRPu} \quad [\text{黏合承载力(仅 U 形包裹)}] \qquad (4\text{-}90\text{-ISIS 公式 }7\text{-}3c)$$

第 3 步:利用式(4-32)计算 V_{FRP}:

$$V_{FRP} = \frac{\phi_{FRP} E_{FRP} \varepsilon_{FRP} A_{FRP} d_{FRP}(\cot\theta + \cot\beta)\sin\beta}{S_{FRP}} \qquad (4\text{-}96\text{-ISIS 公式 }7\text{-}3c)$$

第 4 步:计算混凝土和钢筋的抗剪承载力(建筑规范):

$$V_c = 0.2\lambda \phi_c \sqrt{f_c'} b_v d (\text{梁}) \qquad (4\text{-}97\text{-ISIS 公式 }7\text{-}22a)$$

$$V_c = 0.2\lambda \phi_c \sqrt{f_c'} 0.8 A_g (\text{柱}) \qquad (4\text{-}98\text{-ISIS 公式 }7\text{-}22b)$$

$$V_c = 0.2\lambda\phi_c \sqrt{f'_c} 0.8 b_v L \quad (\text{墙}) \qquad (\text{4-99-ISIS 公式 7-22c})$$

$$V_s = \frac{\phi_s f_y A_v d}{s} \qquad (\text{4-100-ISIS 公式 7-21})$$

第 5 步:计算混凝土、钢筋和 FRP 的总抗剪承载力:

$$V_r = V_c + V_s + V_{FRP}$$

应当注意,当需要计算不考虑折减系数的总抗剪承载力时,折减系数 ϕ_c、ϕ_s 和 ϕ_{FRP} 应从 V_c、V_s 和 V_{FRP} 相应计算公式中扣除。

4.3.6.3 AASHTO

(1)AASHTO 计算过程如下:

第 1 步:计算混凝土的名义抗剪承载力:

$$V_c = 0.0316\beta \sqrt{f'_c} b_v d_v \qquad (\text{4-101})$$

假定 $\beta = 2$、$\theta = 45°$(简化处理),则 $d_v = \max\left\{ d - \dfrac{a}{2}, 0.9d, 0.72h_T \right\}$。

第 2 步:计算抗剪钢筋的名义抗剪承载力:

$$V_s = \frac{A_v f_y d_v (\cot\theta + \cot\alpha)\sin\alpha}{S} \qquad (\text{4-102})$$

式中,S 为内部抗剪钢筋间距;A_v 为内部抗剪钢筋面积。

第 3 步:计算 FRP 的名义抗剪承载力:

$$V_{frp} = \rho_f E_f \varepsilon_{fe} b_v d_f (\sin\alpha_f + \cos\alpha_f) \qquad (\text{4-103-AASHTO 公式 4.3.2-1})$$

式中,ρ_f 为 FRP 配筋率:

$$\rho_f = \frac{2n_f t_f w_f}{b_v s_f} \quad (\text{离散条带}) \qquad (\text{4-104})$$

$$\rho_f = \frac{2n_f t_f}{b_v} \quad (\text{连续板}) \qquad (\text{4-105})$$

其中,t_f 为 FRP 厚度;w_f 为 FRP 条带宽度;s_f 为 FRP 中心间距;b_v 为有效腹板宽度,取有效高度 d_f 中的最小腹板宽度;f_{fe} 为 FRP 的有效应力;d_f 为从 FRP 顶部到纵筋形心的 FRP 有效高度;α_f 为 FRP 与纵轴线的倾斜角;E_f 为 FRP 的弹性模量;ε_{fe} 为 FRP 的有效应变[见式(4-84)～式(4-87)]。

第 4 步:计算构件的名义抗剪承载力:

$$V_n = V_c + V_s + V_{frp}$$

(2)AASHTO GFRP 抗剪承载力计算步骤如下:

第 1 步:计算混凝土的名义抗剪承载力:

$$V_c = 0.16\sqrt{f'_c} b_w c \leqslant 0.32\sqrt{f'_c} b_0 c \qquad (\text{4-106})$$

式中,c 为最外缘的受压纤维到中性轴的距离(in),$c = kd$;k 为中性轴高度与钢筋高度之比:

$$k = \sqrt{2\rho_f n_f + (\rho_f n_f)^2} - \rho_f n_f \qquad (\text{4-107-AGFRP 公式 2.7.3-4})$$

b_w 为梁腹板宽(in);d 为最外侧受压纤维到受拉钢筋中心的距离(in);b_0 为在距离集中荷

载 $d/2$ 处计算的临界截面周长(in),此处临界截面形状与集中荷载形状相同。

第 2 步:评估设计抗剪强度:

$$f_{fv} = 0.004E_f \leqslant f_{fb}$$ (4-108)

式中:

$$f_{fb} = \left(0.005\frac{r_b}{d_b} + 0.3\right)f_{fd} \leqslant f_{fd}$$ (4-109)

其中,E_f 为 GFRP 弹性模量(ksi);f_{fb} 为 GFRP 抗弯强度(ksi);r_b 为 GFRP 弯曲内半径(in);d_b 为 GFRP 直径(in);f_{fd} 为考虑工作环境折减系数后的 GFRP 设计抗拉强度(ksi)。

第 3 步:计算抗剪加固的名义抗剪承载力 V_f:

$$V_f = \frac{A_{fv}f_{fv}d}{S}$$ (4-110)

第 4 步:计算总名义抗剪承载力 V_n:

$$V_n = V_c + V_f$$ (4-111)

4.3.6.4 CNR

CNR 计算步骤如下 (图 4-46):

第 1 步:计算混凝土的抗剪承载力:

$$V_{Rd,ct} = 0.6f_{ctd}bd\delta$$ (4-112)

式中,$\delta = 1$。

$$f_{cld} = 0.7\frac{f_{ctm}}{\gamma_c}$$ (4-113)

其中,$\gamma_c = 1.6$。

$$f_{ctm} = 0.3f_c'^{0.67}$$ (4-114)

第 2 步:计算箍筋的抗剪承载力:

$$V_{Rd,s} = \frac{A_{sw}}{s}f_{ywd}0.9d$$ (4-115)

式中,A_{sw}、s 和 f_{ywd} 分别为箍筋面积、间距和屈服强度。

第 3 步:计算 FRP 有效设计强度:

对于 U 形包裹方案:

$$f_{fed} = f_{fdd}\left(1 - \frac{1}{3} \times \frac{l_e\sin\beta}{\min\{0.9d, h_w\}}\right)$$ (4-116)

对于具有矩形截面的全包裹方案:

$$f_{fed} = f_{fdd}\left(1 - \frac{1}{6} \times \frac{l_e\sin\beta}{\min\{0.9d, h_w\}}\right) + \frac{1}{2}(\phi_R f_{fd} - f_{fdd})\left(1 - \frac{l_e\sin\beta}{\min\{0.9d, h_w\}}\right)$$ (4-117)

式中,f_{fd} 为 FRP 的设计强度。

$$\phi_R = 0.2 + 1.6\frac{r_c}{b_w} \left(0 \leqslant \frac{r_c}{b_w} \leqslant 0.5\right)$$ (4-118)

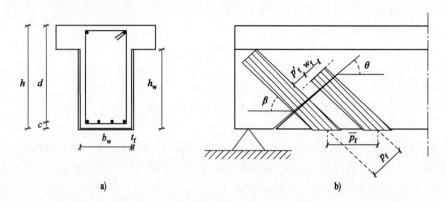

图 4-46 CNR 抗剪加固表示法

第 4 步:计算 FRP 对抗剪承载力的作用:

对于矩形横截面和 FRP 侧面包裹方案:

$$V_{\mathrm{Rd,f}} = \frac{1}{\gamma_{\mathrm{Rd}}} \min\{0.9d, h_{\mathrm{w}}\} f_{\mathrm{fed}} 2t_{\mathrm{f}} \frac{\sin\beta}{\sin\theta} \frac{w_{\mathrm{f}}}{p_{\mathrm{f}}} \tag{4-119}$$

对于 U 形包裹或全包裹方案:

$$V_{\mathrm{Rd,f}} = \frac{1}{\gamma_{\mathrm{Rd}}} 0.9 d f_{\mathrm{fed}} 2t_{\mathrm{f}} (\cot\theta + \cot\beta) \frac{w_{\mathrm{f}}}{p_{\mathrm{f}}} \tag{4-120}$$

第 5 步:计算总抗剪承载力:

$$V_{\mathrm{Rd}} = \min\{V_{\mathrm{Rd,ct}} + V_{\mathrm{Rd,s}} + V_{\mathrm{Rd,f}}, V_{\mathrm{Rd,max}}\} \tag{4-121-CNR 公式 4.24}$$

其中,

$$V_{\mathrm{Rd,max}} = 0.3 f_{\mathrm{cd}} b d \tag{4-122-CNR 公式 10.14}$$

式中,γ_{Rd} 为 1.20;d 为构件有效高度;h_{w} 为 FRP 高度;f_{fed} 为 FRP 有效设计强度;t_{f} 为 FRP 板厚度;w_{f} 为 FRP 条带宽度;p_{f} 为 FRP 间距。

4.3.6.5 JSCE

JSCE 计算步骤如下:

第 1 步:计算混凝土的抗剪承载力:

$$V_{\mathrm{cd}} = \beta_{\mathrm{d}} \beta_{\mathrm{p}} \beta_{\mathrm{n}} f_{\mathrm{vcd}} b_{\mathrm{w}} \frac{d}{\gamma_{\mathrm{b}}} \tag{4-123-JSCE 公式 6.44}$$

式中,

$$f_{\mathrm{vcd}} = 0.2 \sqrt[3]{f'_{\mathrm{cd}}} (\mathrm{N/mm^2}) \leqslant 0.72 (\mathrm{N/mm^2}) \tag{4-124-JSCE 公式 6.4.5}$$

$$\beta_{\mathrm{d}} = \sqrt[4]{1/d} (d:m), \beta_{\mathrm{d}} = 1.5 \ \text{当} \ \beta_{\mathrm{d}} > 1.5$$

$$\beta_{\mathrm{p}} = \sqrt[3]{100 p_{\mathrm{w}}} (d:m), \beta_{\mathrm{p}} = 1.5 \ \text{当} \ \beta_{\mathrm{p}} > 1.5$$

$$\beta_{\mathrm{n}} = 1 + M_0/M_{\mathrm{d}} (N'_{\mathrm{d}} \geqslant 0), \ \text{当} \ \beta_{\mathrm{n}} > 2$$

$$= 1 + 2M_0/M_{\mathrm{d}} (N'_{\mathrm{d}} \geqslant 0), \ \text{当} \ \beta_{\mathrm{n}} > 0$$

式中,N'_d 为轴压力设计值;M_d 为弯矩设计值;M_0 为消压弯矩;b_w 为腹板宽度;d 为有效高度;$p_w = A_s/(b_w \times d)$,A_s 为受拉侧钢筋横截面面积;f'_{cd} 为混凝土抗压强度设计值(N/mm^2);γ_b 为构件系数(通常可设为 1.3)。

第 2 步:计算抗剪钢筋的抗剪承载力:

$$V_{sd} = \left(A_w f_{wyd} \frac{\sin\alpha_s + \cos\alpha_s}{S_s}\right)\frac{Z}{\gamma_b} \qquad \text{(4-125-JSCE 公式 6.4.6)}$$

式中,A_w 为间距 S_s 中抗剪钢筋的总横截面面积;f_{wyd} 为抗剪钢筋的抗拉屈服强度设计值[最大值为 58ksi($400N/mm^2$)];α_s 为抗剪钢筋与构件轴线所成的夹角;S_s 为抗剪钢筋间距;Z 为力臂(通常设为 $d/1.15$);γ_b 为构件系数(通常可设为 1.15)。

第 3 步:计算 FRP 的有效抗剪承载力:

$$V_{fd} = K\left(A_f f_{fud} \frac{\sin\alpha_f + \cos\alpha_f}{S_f}\right)\frac{Z}{\gamma_b} \qquad \text{(4-126-JSCE 公式 6.4.7)}$$

式中,K 为连续纤维片的抗剪加固效率,根据式(4-127)(JSCE 公式 6.4.8)计算。

$$K = 1.68 - 0.67R (0.4 \leqslant K \leqslant 0.8) \qquad \text{(4-127-JSCE 公式 6.4.8)}$$

$$R = (\rho_f E_f)^{\frac{1}{4}} \left(\frac{f_{fud}}{E_f}\right)^{\frac{2}{3}} \left(\frac{1}{f'_{cd}}\right)^{\frac{1}{3}} (0.5 \leqslant R \leqslant 2.0)$$

$$\rho_f = \frac{A_f}{b_w s_f}$$

第 4 步:计算总抗剪承载力:

$$V_{fyd} = V_{cd} + V_{sd} + V_{fd} \qquad \text{(4-128-JSCE 公式 6.4.3)}$$

4.3.6.6 UK

最大荷载作用下任一截面的最大允许设计剪力 $V_{R,max}$:

$$V_{R,max} = v_{max} bd \qquad \text{(4-129-UK-TR55 公式 7.1)}$$

式中,v_{max} 为最大允许剪应力;b 为截面宽度;d 为截面有效高度;$V_{R,max} = \min\{0.8(f_{cu})^{0.5}, 5N/mm^2\}$。

第 1 步:计算混凝土抗剪承载力(BS 8110):

$$v_c = \frac{0.79}{\gamma_m}\left\{\frac{100A_s}{(b_v d)}\right\}^{\frac{1}{3}} \left(\frac{400}{d}\right)^{\frac{1}{4}} (N/mm^2) \qquad (4\text{-}130)$$

第 2 步:计算钢筋抗剪承载力(BS 8110):

$$V_s = \frac{0.87A_{sv} f_{yv} d}{s_v} \qquad (4\text{-}131)$$

第 3 步:计算 FRP 有效抗剪承载力:

可按照传统混凝土设计理论计算所需的 FRP 数量。FRP 抗剪承载力可按式(4-132)[即 TR55 公式(7.3)]计算:

$$V_{Rd} = \left(\frac{1}{\gamma_{mf}}\right)A_{fs}(E_{fd}\varepsilon_{fe})\sin\beta(1 + \cot\beta)\left(\frac{d_f}{s_f}\right) \qquad \text{(4-132-UK TR55 公式 7.3)}$$

式中,A_{fs} 为 FRP 抗剪加固面积,当 FRP 置于构件两边时,$A_{fs} = 2t_f w_{fe}$;w_{fe} 为 FRP 有效宽度,是剪斜裂纹角与 FRP 加固结构的函数,U 形外包时为 $(d_f - L_e)$,侧面黏结时为 $(d_f - 2L_e)$;L_e 为有效黏结长度,$L_e = 461.3 / (t_f E_{fd})^{0.58}$;$\varepsilon_{fe}$ 为 FRP 的设计应变;β 为 FRP 与构件纵轴的夹角,取 $45°$ 或 $90°$;d_f 为 FRP 抗剪钢筋的有效高度,对于矩形截面来说通常等于 d,对于 T 形截面则等于 $(d - 板厚)$;s_f 为 FRP 板中心线的间距,连续的布加固时,$s_f = w_{fe}$;γ_{mf} 为 FRP 的分项系数。

第 4 步:计算总抗剪承载力:

$$V_T = V_c + V_s + V_{Rf}$$

4.3.6.7 总结

为分析不同参数对不同规范中梁的抗剪承载力计算值的影响,此处以单筋矩形截面梁为例进行探讨。示例梁中 $f'_c = 4\text{ksi}$,纵筋为 60 级,面积 $A_s = 3\text{in}^2$,间距为 12in 的 3 号箍筋(面积 $A_v = 0.22\text{in}^2$)。该梁采用 BASF MBrace CF130 单层 CFRP 进行 U 形包裹加固。探讨的关键变量包括 FRP 抗剪加固条带的宽度和间距。

对于 FRP 箍(即离散状条带)包裹,首先比较不考虑折减系数的 FRP 抗剪承载力,计算结果如图 4-47 ~ 图 4-54 所示。由图可知,对于不同的规范,各不考虑折减系数的抗剪承载力值是比较接近的。正如预期,FRP 抗剪承载力随着 FRP 间距的减小而增大,但 FRP 带宽对承载力的影响很小。

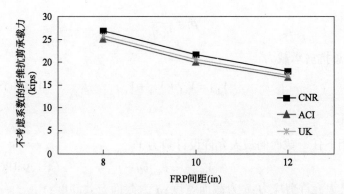

图 4-47　不考虑系数的 FRP 抗剪承载力与 FRP 间距关系(宽 6in,U 形包裹)

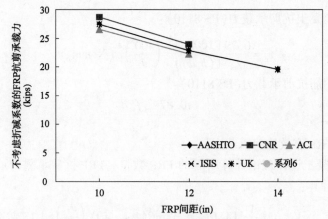

图 4-48　不考虑系数的 FRP 抗剪承载力与 FRP 间距关系(宽 8in,U 形包裹)

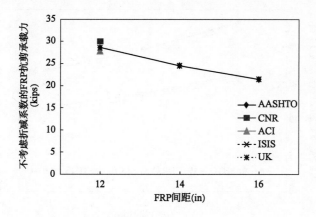

图 4-49　不考虑系数的 FRP 抗剪承载力与 FRP 间距关系(宽 10in,U 形包裹)

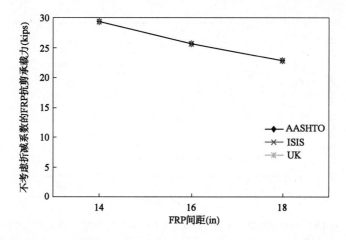

图 4-50　不考虑系数的 FRP 抗剪承载力与 FRP 间距关系(宽 12in,U 形包裹)
注:由于 12in 宽度超出了 CNR 中的最大允许值(10in),因此表中无 CNR 结果。

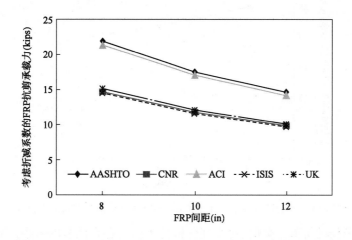

图 4-51　考虑系数的 FRP 抗剪承载力与 FRP 间距关系(宽 6in,U 形包裹)

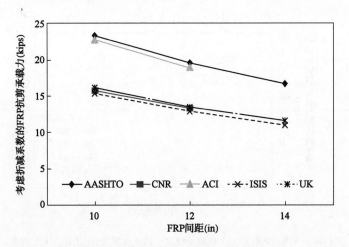

图 4-52　考虑系数的 FRP 抗剪承载力与 FRP 间距关系(宽 8in,U 形包裹)

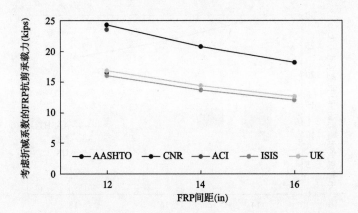

图 4-53　考虑系数的 FRP 抗剪承载力与 FRP 间距关系(宽 10in,U 形包裹)

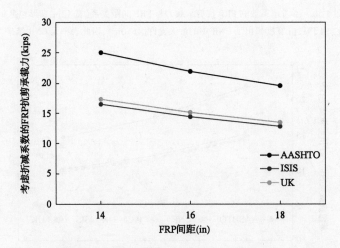

图 4-54　考虑系数的 FRP 抗剪承载力与 FRP 间距关系(宽 12in,U 形包裹)

当考虑规范所给的折减系数时,可发现各抗剪承载力存在明显的差距,如图 4-51 ~ 图 4-54 所示。此处,AASHTO 和 ACI 规范计算得到的 FRP 抗剪承载力最大。CNR、UK 和 ISIS 三者考虑折减系数的抗剪承载力大致相同,都比 AASHTO 和 ACI 要小得多,AASHTO 和 ACI 抗剪承载力值比 CNR、UK 和 ISIS 大约高出 30% ~ 40% 。需要指出的是,某些规范的计算结果并没有在图表中呈现,这是由于对 FRP 最大间距的限制造成的。特别是 ACI 规范,其有相对更为严格的 FRP 间距要求。

图 4-55 和图 4-56 所示为采用连续 U 形包裹的 FRP 抗剪承载力。从图 4-55 可以看出,当不考虑折减系数时,所有规范的结果差别不大。当考虑折减系数时,计算结果呈现很大的差异,如图 4-56 所示。类似于 FRP 离散条带包裹方案,AASHTO 和 ACI 计算得到的抗剪承载力最大,且二者结果差别不大;而其他规范的计算结果则相对较低,且结果比较接近。

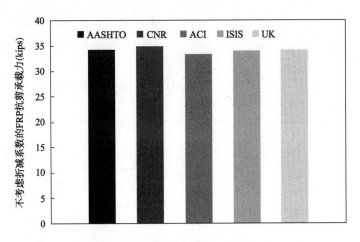

图 4-55 不考虑折减系数的 FRP 抗剪承载力(U 形包裹,连续)

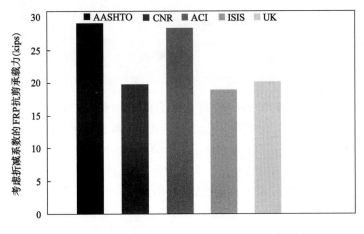

图 4-56 考虑折减系数的 FRP 抗剪承载力(U 形包裹,连续)

图 4-57 和图 4-58 比较了双面包裹和 U 形包裹的结果。和预想的一样,在所有情况下,双面粘贴的承载力都低于 U 形包裹。然而要注意的是,AASHTO 对 FRP U 形包裹和双面粘贴方案都规定了 FRP 最大应变为 0.004,并且对两种加固方案都提供了相同的抗剪承载力计算公式。此外,TR55 没有明确提供双面粘贴方案的抗剪承载力计算过程,而 JSCE 和 ISIS 没有提

供任何公式用于计算两面包裹方案的抗剪承载力。

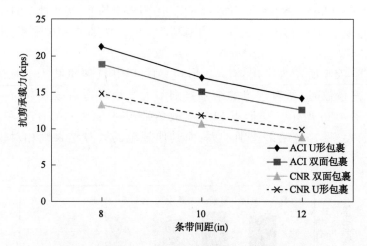

图 4-57 条带间距对 U 形包裹和双面包裹的影响($W_f = 6$ in)

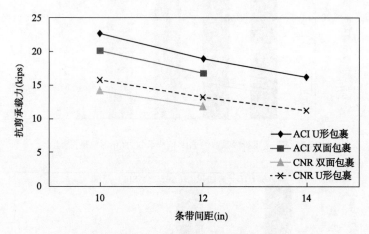

图 4-58 条带间距对 U 形包裹和双面包裹的影响($W_f = 8$ in)

图 4-59 为 FRP 条带宽度对构件总抗剪承载力的影响规律(条带间的恒定间距 $d/4$,是 ACI 规范允许的最大间距)。从图中可知,ACI、AASHTO 和 ISIS 的结果比较相似,而 TR55 和 CNR 最为保守。JSCE 没有提供足够的信息用于计算钢筋或混凝土的抗剪承载力。图示结果表明,增加 FRP 条带宽度不会对 FRP 抗剪承载力产生明显影响(由于最后两个宽度超过了 CNR 中允许的最大间距,因此未显示)。该结论可由图 4-60 验证,图 4-60 描述了在条带间隔固定时,FRP 承载力随条带宽度的变化规律,所有规范都有类似的趋势。应当注意,12in 超过了 CNR 允许的最大条带宽度。

图 4-61 为 FRP 抗剪加固有效高度与截面有效高度的比值对不考虑折减系数的 FRP 抗剪承载力的影响。图中,该截面高度为 26in,而 FRP 有效高度从 16in 变化到 24in。需要指出的是,CNR 计算抗剪承载力的方法与 FRP 有效高度无关,因此图中未展示相关结果。由图可知,AASHTO 和 ISIS 的结果非常接近,承载力均随着 d_{frp}/d 比值的增大而增大。虽然根据 TR55 计算得到的承载力明显较低,但趋势与前二者类似。

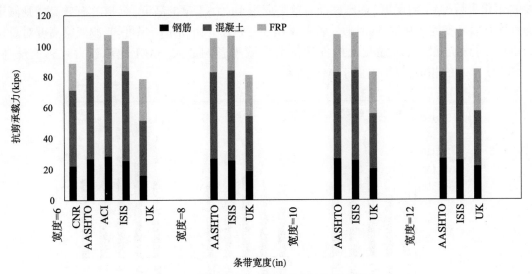

图 4-59　FRP 条带宽度对总抗剪承载力的影响(间隔为 $d/4$)

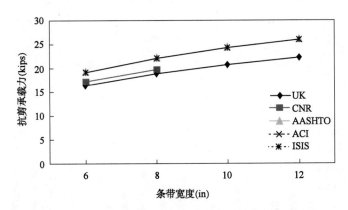

图 4-60　FRP 条带宽度对 FRP 抗剪承载力的影响(间隔为 $d/4$)

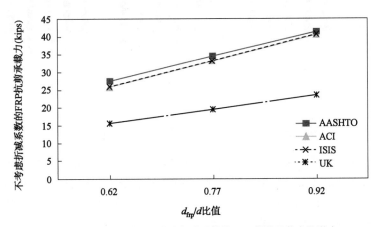

图 4-61　d_{frp}/d 比值对不考虑折减系数的 FRP 抗剪承载力的影响

图 4-62 ~ 图 4-64 探讨了梁高变化对构件不考虑折减系数的总抗剪承载力的影响(针对连

续 U 形包裹情况）。计算时,假定截面有效高度为 4in,小于梁的高度,而 FRP 有效高度则假定为截面有效高度的 0.9 倍,同时假定箍筋采用 3 号钢筋。由图示结果可知,改变梁高度对总抗剪承载力的影响最大,对混凝土构件的抗剪承载力影响最大。ACI 的承载力计算值最高,AASHTO 与 ISIS 相似,但都略低于 ACI 结果。

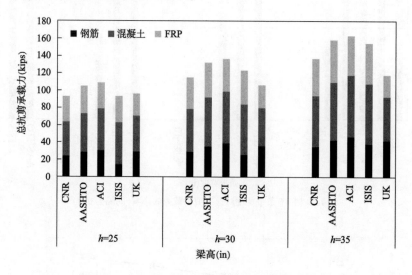

图 4-62　梁高对总抗剪承载力的影响(箍筋间距为 9in)

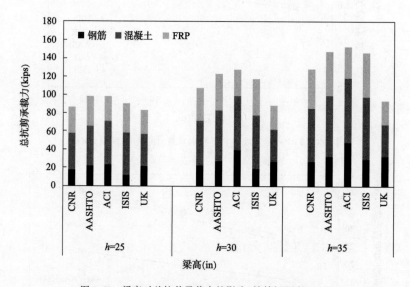

图 4-63　梁高对总抗剪承载力的影响(箍筋间距为 12in)

图 4-65 ~ 图 4-67 分别为梁高变化对各组成部分(混凝土、钢筋、FRP)抗剪承载力的影响。一般而言,AASHTO、ACI、ISIS 和 CNR 所得到的 FRP 和混凝土的抗剪承载力值相近,而尤其是在梁高较大的情况下,TR55 的计算结果相对保守。对于钢筋的抗剪承载力,各规范的计算结果也类似,其中 ISIS 和 CNR 最为保守。

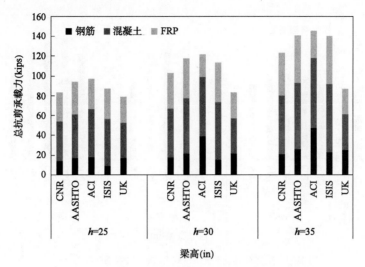

图 4-64　梁高对总抗剪承载力的影响（箍筋间距为 15in）

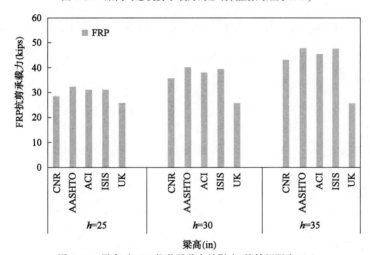

图 4-65　梁高对 FRP 抗剪承载力的影响（箍筋间距为 9in）

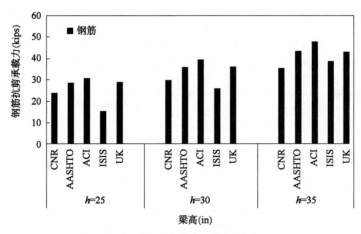

图 4-66　梁高对钢筋抗剪承载力的影响（箍筋间距为 9in）

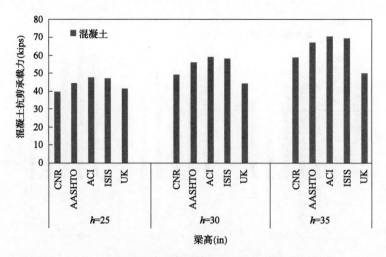

图4-67 梁高对混凝土抗剪承载力的影响(箍筋间距为9in)

4.4 混凝土(RC/PC)桥梁构件的FRP约束加固

4.4.1 简介

与之前的章节一样,本章回顾和比较的内容基于ACI 440.2R-08。其内容包括:
- 设计依据;
- 强度折减系数;
- 约束引起的FRP最大应变;
- FRP应力限制;
- 设计过程与分析。

4.4.2 设计依据

4.4.2.1 强度折减系数

表4-24列出了不同规范推荐使用的强度折减系数,基本在0.65 ~ 0.75,正如前面几节所讨论的,不同规范关于如何在设计中使用这些系数的规定并不一致。

强 度 折 减 系 数   表4-24

规 范	折 减 系 数	
AASHTO	折减系数: 约束 = 0.65	
	抗力系数: 螺旋式 = 0.75 绑定式 = 0.65	
CNR	FRP折减系数:0.90	
UK	混凝土:0.67	

规　范	折　减　系　数
ISIS	混凝土:0.75
	钢:0.67
	CFRP(内嵌在 f_1 方程中):0.56
ACI	螺旋式:0.75
	绑定式:0.65

4.4.2.2　约束引起的 FRP 最大应变

4.4.2.2.1　CNR

纤维断裂可引起钢筋混凝土约束构件的破坏。然而,当混凝土构件侧向膨胀超过其环向应变临界值时,混凝土构件会失去有效约束,此时 FRP 无法再增强混凝土的轴向强度和刚度。根据 CNR 提供的结果,当 FRP 应变达到 0.004 及以上时,由 FRP 约束的钢筋混凝土构件会发生破坏。

4.4.2.2.2　AASHTO

与 CNR 类似,AASHTO 规定约束轴压构件的 FRP 应变极限为 0.004。为了比较,表 4-25 根据截面所施加的应力类型给出了各规范中的应变极限。

约束引起的最大 FRP 应变 表 4-25

规　范	约束引起的最大应变
AASHTO	轴向压缩:0.004 轴向拉伸:0.005 最大设计值(轴压,完全包裹): $\varepsilon_{fe}=0.004\leqslant 0.75\varepsilon_{fu}$ 轴压与弯曲组合:0.003
ACI	$\varepsilon_{ccu}=\varepsilon_c'\left[1.50+12\kappa_b\dfrac{f_1}{f_c'}\left(\dfrac{\varepsilon_{fe}}{\varepsilon_c'}\right)^{0.45}\right]$ $\varepsilon_{ccu}\leqslant 0.01$
CNR	$\varepsilon_{fd,rid}=\min\left\{\eta_a\dfrac{\varepsilon_{fk}}{\gamma_f};0.004\right\}$
ISIS	建筑规范:0.004 桥梁规范:未提供
UK	约束:0.010 受剪:0.004

4.4.2.2.3　ACI

ACI 引入式(4-133)[即 ACI 公式(12-6)]计算最大约束应变:

$$\varepsilon_{ccu}=\varepsilon_c'\left[1.50+12\kappa_b\frac{f_1}{f_c'}\left(\frac{\varepsilon_{fe}}{\varepsilon_c'}\right)^{0.45}\right] \qquad (4\text{-}133\text{-ACI 公式 12.6})$$

参数 κ_b 与截面的几何参数有关,圆形截面可取 1.0。为防止过度开裂和整体混凝土的可能失效,由式(4-133)计算得到的应变值应满足式(4-134)(即 ACI 公式 12.7)的要求:

$$\varepsilon_{ccu} \leqslant 0.01 \qquad \text{(4-134-ACI 公式 12.7)}$$

4.4.2.2.4 ISIS

与 CNR 和 AASHTO 一样,ISIS 在加拿大建筑规范中规定了最大约束应变值为 0.004。

$$f_{lFRP} = \frac{2t_{FRP}\phi_{FRP}f_{FRPu}}{D_g} \leqslant \frac{2t_{FRP}E_{FRP}(0.004)}{D_g} \qquad \text{(4-135-ISIS 公式 6-2b)}$$

然而,桥梁规范没有明确给出 FRP 环向应变的具体限制,而是规定了一个材料折减系数 ϕ_{FRP}。

$$f_{lFRP} = \frac{2t_{FRP}\phi_{FRP}f_{FRPu}}{D_g} \qquad \text{(4-136-ISIS 公式 6-2a)}$$

令 $\phi_{FRP}f_{FRPu} = E_{FRP}(\phi_{FRP}\varepsilon_{FRPu})$,并以 MBrace CF30 FRP 为例,其中 $\varepsilon_{FRPu} = 0.0167$,$\phi_{FRP} = 0.5625$,则考虑折减系数后的应变为 0.0094,接近于 ACI 的限制值 0.01。

4.4.2.2.5 TR55

需要指出的是,虽然 TR55 指定的最大应变值为 0.004,与 AASHTO 和 CNR 的值相同,但其实际上是针对受剪情况。而当考虑轴向约束时,环向应变极限则为 0.01。该值对应的是一个有效增大的混凝土立方体强度,为 $1.5f_{cu}$。

4.4.2.2.6 总结——约束引起的最大 FRP 应变

约束截面的 FRP 应变极限总结见表 4-25。如表所示,大多数都为 0.003~0.005。

4.4.2.3 FRP 应力限制

各规范建议的极限约束应力通常在其采用的应力-应变本构模型函数中体现。AASHTO 采用与 ISIS 类似的双线性模型。AASHTO 取最小极限应变发生在 600 psi 时,这反映出约束压力在达到一定的延性水平后能有效获得。需要指出的是,AASHTO 的最大约束应力在矩形柱情况下存在误差(D 变成截面的对角线长度而不是半径),但由于该误差产生的结果偏于安全,因此也被 AASHTO 所接受。

ACI 和 CNR 均采用两阶段应力-应变模型:第一阶段为抛物线,表征混凝土无约束行为;第二阶段为线性,表征混凝土受约束行为。两种规范的最大约束应力是相同的,而最小值则有细微不同。

TR55 讨论了几种应力-应变模型,并推荐了 Lillistone 和 Jolly(1997)提出的一种模型。式(4-137)(即 TR55 公式 8.3)给出了受 FRP 约束的混凝土应力通用表达式。

$$f_{cc} = \frac{(0.67/\gamma_{mc})(E_i - E_p)\varepsilon_{cc}}{1 + \frac{\varepsilon_{cc}(E_i - E_p)}{f_0}} + E_p\varepsilon_{cc} \qquad \text{(4-137-TR55 公式 8.3)}$$

式中,E_i 为混凝土初始切线模量:

$$E_i = 21500 \left\{\frac{f_{cu}+8}{10}\right\}^{\frac{1}{3}} \qquad \text{(4-138-TR55 公式 8.4)}$$

E_p 为混凝土压碎后切线模量:

$$E_p = 1.282\left(\frac{2t_f}{D}\right)E_{fd} \qquad\text{(4-139-TR55 公式 8.5)}$$

$$f_0 = \frac{f_{cu}(E_i - E_p)}{E_i - E_1} \qquad\text{(4-140-TR55 公式 8.6)}$$

$$E_1 = \frac{f_{cu} + 8}{\varepsilon_{cu}} \qquad\text{(4-141-TR55 公式 8.7)}$$

TR55 推荐了式(4-142)(即 TR55 8.16)用于计算最大约束压力:

$$f_{ccd} = \frac{0.67 f_{cu}}{\gamma_{mc}} + 0.05\left(\frac{2t_f}{D}\right)E_{fd} \qquad\text{(4-142-TR55 公式 8.16)}$$

表 4-26 总结了最小约束应力和最大约束应力。

FRP 应力极限 表 4-26

规　范	最小约束应力	最大约束应力
AASHTO	600 psi	$f_1 = \phi_{frp}\dfrac{2N_{frp}}{D} \leqslant \dfrac{f'_c}{2}\left(\dfrac{1}{k_e\phi} - 1\right)$
CNR	如果 $f_{l.eff}/f_{cd} > 0.05$,则约束有效	$f_{ccd} = f_{cd} + E_t\varepsilon_{ccu}$
ACI	$f_1/f'_c \geqslant 0.08$	$f'_{cc,u} = f'_c + E_2\varepsilon_{ccu}$
ISIS	$0.1 f'_c$	$0.33 f'_c$

4.4.3　分析和设计过程

4.4.3.1　AASHTO

(1)受约束柱的轴压承载力:

FRP 加固的钢筋混凝土柱设计过程与未加固柱的设计过程相同,但要采用约束混凝土抗压强度 f'_{cc} 替代常规混凝土抗压强度 f'_c。约束柱考虑分项系数的轴向荷载抗力 P_r。

对于螺旋筋的构件:

$$P_r = 0.85\phi\left[0.85 f'_{cc}(A_g - A_{st}) + f_y A_{st}\right] \qquad\text{(4-143-AASHTO 公式 5.3.1-1)}$$

对于拉结筋的构件:

$$P_r = 0.80\phi\left[0.85 f'_{cc}(A_g - A_{st}) + f_y A_{st}\right] \qquad\text{(4-144-AASHTO 公式 5.3.1-2)}$$

式中,ϕ 为抗力系数;A_g 为截面总面积(in^2);A_{st} 为纵筋总面积(in^2);f_y 为钢筋屈服强度(ksi);f'_{cc} 为约束混凝土的抗压强度;乘数 0.85 和 0.80 用以考虑可能发生的偏心荷载(螺旋箍筋柱 0.05h,拉结箍筋柱 0.10h)。偏心距更大的柱,可考虑采用 AASHTO 5.5 节(轴向拉伸)的规定。

(2)约束抗压强度 f'_{cc} 的计算:

约束抗压强度 f'_{cc} 计算公式见式(4-145),即 AASHTO 公式(5.3.2.2-1):

$$f'_{cc} = f'_c\left(1 + \frac{2f_1}{f'_c}\right) \qquad\text{(4-145-AASHTO 公式 5.3.2.2-1)}$$

式中,f_1 为 FRP 加固圆形柱的约束压力:

$$f_1 = \phi_{frp}\frac{2N_{frp}}{D} \leqslant \frac{f'_c}{2}\left(\frac{1}{k_e\phi} - 1\right) \qquad\text{(4-146-AASHTO 公式 5.3.2.2-2)}$$

其中,k_e 为考虑偶然偏心的强度折减系数,拉结筋时取 0.80,螺旋筋时取 0.85;N_{frp} 为应变为 0.004 的单位宽度 FRP 的强度;ϕ_{frp} 为 0.65。

对于矩形柱,直径 D 为截面宽度和高度中的较小尺寸。用两者中的较小尺寸代替 D 后,式(4-146)[即 AASHTO 公式(5.3.2.2-2)]适用于矩形截面,此时,由式(4-143)或式(4-144)[即 AASHTO 公式(5.3.1-1)或公式(5.3.1-2)]计算所得的考虑分项系数的轴向强度是保守值。与圆形截面相比,计算得到的 FRP 约束对矩形截面提供的强度非常小。由于矩形柱可得到的约束压力(依赖于延性的发展)很有限,因此,矩形截面没有规定最大或最小值。

4.4.3.2 ACI

(1)约束柱的轴压承载力:

ACI 提供了类似于 AASHTO 的计算约束柱轴向承载力的表达式。ACI 采用的约束应力-应变模型是基于 LAM 和 Teng(2003 b)的研究成果。式(4-147)和式(4-148)(即 ACI 12-1 a 和 12-1 b)给出了螺旋箍筋柱轴向设计承载力的计算公式。这些公式参考了 ACI 318 提供的柱设计方法,但用混凝土约束抗压强度 f'_{cc} 替代常规混凝土抗压强度 f'_c。

对于非预应力螺旋钢筋柱:

$$\phi P_n = 0.85\phi\left[0.85f'_{cc}(A_g - A_{st}) + f_y A_{st}\right] \quad \text{(4-147-ACI 公式 12-1a)}$$

对于非预应力拉结筋:

$$\phi P_n = 0.80\phi\left[0.85f'_{cc}(A_g - A_{st}) + f_y A_{st}\right] \quad \text{(4-148-ACI 公式 12-1b)}$$

(2)约束加固混凝土柱的应力-应变模型:

ACI 采用了 Lam 和 Teng(2003 b)的模型,如图 4-68 所示。式(4-149)[即 ACI 公式(12-2a)]给出了非线性/无约束阶段以及线性/约束阶段混凝土应力的一般表达式。式(4-150)[即 ACI 公式(12-2b)]为应力-应变模型中线性阶段斜率 E_2 的计算公式。式(4-151)[即 ACI 公式(12-2c)]为模型中非线性和线性阶段之间过渡应变计算公式。

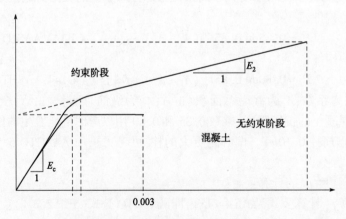

图 4-68　FRP 约束加固混凝土柱的应力应变模型(Lam 和 Teng,2003 b)

$$f_c = \begin{cases} E_c\varepsilon_c - \dfrac{(E_c - E_2)^2}{4f'_c}\varepsilon_c^2 & 0 \leqslant \varepsilon_c \leqslant \varepsilon'_1 \\[2mm] f'_c + E_2\varepsilon_c & \varepsilon'_1 \leqslant \varepsilon_c \leqslant \varepsilon_{ccu} \end{cases} \quad \text{(4-149-ACI 公式 12.2a)}$$

式中，E_2 为 FRP 约束混凝土应力-应变模型线性阶段的斜率(psi)。

$$E_2 = \frac{f'_{cc} - f'_c}{\varepsilon_{ccu}} \qquad (4\text{-}150\text{-}ACI\ 公式\ 12\text{-}2b)$$

$$\varepsilon'_t = \frac{2f'_c}{E_c - E_2} \qquad (4\text{-}151\text{-}ACI\ 公式\ 12\text{-}2c)$$

$$\varepsilon_{ccu} = \varepsilon'_c \left[1.50 + 12\kappa_b \frac{f_1}{f'_c} \left(\frac{\varepsilon_{fe}}{\varepsilon'_c} \right)^{0.45} \right] \qquad (4\text{-}133\text{-}ACI\ 公式\ 12\text{-}6)$$

$$\varepsilon_{ccu} \leqslant 0.01 \qquad (4\text{-}134\text{-}ACI\ 公式\ 12\text{-}7)$$

计算约束抗压强度 f'_{cc}：

$$f'_{cc} = f'_c + \psi_f 3.3\kappa_a f_1 \qquad (4\text{-}152\text{-}ACI\ 公式\ 12\text{-}3)$$

$$f_1 = \frac{2E_f n t_f \varepsilon_{fe}}{D} \qquad (4\text{-}153\text{-}ACI\ 公式\ 12\text{-}4)$$

$$\varepsilon_{fe} = k_e\, \varepsilon_{fu} \qquad (4\text{-}154\text{-}ACI\ 公式\ 12\text{-}5)$$

式中，k_e 为应变效率系数(代表 FRP 过早破坏的可能性)，为 0.5S6 (CFRP)；D 是圆柱体的直径。非圆截面等效于以直径为 D 的圆形横截面，其直径 D 等于矩形横截面的对角线。式(4-155)[即 ACI 公式 12-8)]给出了矩形柱截面的等效 D 值：

$$D = \sqrt{b^2 + h^2} \qquad (4\text{-}155\text{-}AC\ 公式\ 12\text{-}8)$$

式(4-133)和式(4-152)中，圆形横截面形状系数 k_a 和 k_b 可取 1.0。对于矩形横截面，k_a 为式(4-156)[即 ACI 公式(12-9)]，k_b 为式 (4.157)[即 ACI 公式(12-10)]。它们的值取决于两个参数：侧宽比 h/b (图 4-69)，以及约束混凝土的有效面积 A_e 与混凝土截面总面积 A_c 的比值。

式(4-158)[即 ACI 公式(12-11)]计算了 A_e/A_c 的比值。

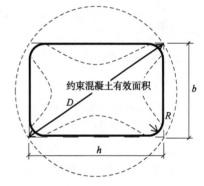

图 4-69　等效圆截面 (Lam 和 Teng，2003b)

$$\kappa_a = \frac{A_e}{A_c} \left(\frac{b}{h} \right)^2 \qquad (4\text{-}156\text{-}ACI\ 公式\ 12\text{-}9)$$

$$\kappa_b = \frac{A_e}{A_c} \left(\frac{b}{h} \right)^{0.5} \qquad (4\text{-}157\text{-}ACI\ 公式\ 12\text{-}10)$$

$$\frac{A_e}{A_c} = \frac{1 - \dfrac{\left(\dfrac{h}{b} \right)(h - 2r_c)^2 + \left(\dfrac{h}{b} \right)(h - 2r_c)^2}{3A_g} - \rho_g}{1 - \rho_g} \qquad (4\text{-}158\text{-}ACI\ 公式\ 12\text{-}11)$$

(3)可使用性方面的考虑：

ACI 规定，在正常使用荷载作用时，混凝土的横向应变应小于开裂应变，等效压应力的限值取 $0.65f'_c$。ACI 还指出了纵向钢筋的工作应力应低于 $0.60f'_y$，以避免连续或循环荷载下的塑性变形。

4.4.3.3 ISIS

(1)约束柱的轴压承载力：

基于 S6-06 桥梁规范，ISIS 给出了约束柱的轴压承载力计算方法。式 (4-159)[即 ISIS 公式(6.5a)]给出了考虑分项系数的受压截面抗力 P_r：

$$P_r = 0.80[\alpha_1 \phi_c f'_{cc}(A_g - A_s) + \phi_c f_y A_{st}] \qquad \text{(4-159-ISIS 公式 6-5a)}$$

式中，ϕ_c 为 0.75；ϕ_s 为 0.9；

$$\alpha_1 = 0.85 - 0.0015f'_c \geqslant 0.67 \qquad \text{(4-160-ISIS 公式 5-1)}$$

(2)约束抗压强度 f'_{cc} 的计算：

式(4-161)[即 ISIS 公式(6-3)]给出了 S6-06 计算约束抗压强度 f'_{cc} 的模型。这个公式基于 Theriault 和 Neale(2000)，Teng 等(2002)以及 Bisby(2005)等的研究，给出了适度保守的 f'_{cc} 估值。

$$f'_{cc} = f'_c + 2f_{lFRP} \qquad \text{(4-161-ISIS 公式 6-3)}$$

式中，f'_c 的取值小于 7.25ksi(50MPa)；f_{lFRP} 为最大承载力下的 FRP 加固约束压力(MPa)：

$$f_{lFRP} = \frac{2t_{FRP}\phi_{FRP}f_{FRPu}}{D_g} \qquad \text{(4-162-ISIS 公式 6-2a)}$$

式中，D_g 为圆柱直径或矩形柱截面(边缘被倒圆)对角线，$h/b \leqslant 1.5$(图 4-69)且 $b \leqslant 31.5$in (800mm)。

4.4.3.4 CNR

(1)FRP 约束构件在同心或微偏心力作用下的轴向承载力：

当侧向膨胀增加时，FRP 对混凝土柱的约束作用只有在混凝土开裂和钢筋屈服后才发生效用；在混凝土开裂之前，FRP 实际上没有承担荷载。

极限强度设计要求考虑分项系数的轴向设计荷载 N_{Sd} 与考虑分项系数的轴向设计载荷 $N_{Rcc,d}$ 满足式(4-163)[即 CNR 公式(4.39)]：

$$N_{Sd} \leqslant N_{Rcc,d} \qquad \text{(4-163-CNR 公式 4.39)}$$

对于非细长 FRP 约束构件，其考虑分项系数的轴向承载力可计算如式(4-164)[即 CNR 公式(4.40)]：

$$N_{Rcc,d} = \frac{1}{\gamma_{Rd}}A_c f_{ccd} + A_s f_{yd} \qquad \text{(4-164-CNR 公式 4.40)}$$

式中，γ_{Rd} 为分项系数，取 1.10；A_c 为构件横截面面积；f_{ccd} 为约束混凝土的设计强度，A_s 为现有钢筋面积；f_{yd} 为现有钢筋屈服强度。

(2)约束抗压强度 f_{ccd} 的计算：

约束混凝土的设计强度 f_{ccd} 的计算如式(4-165)[即 CNR 公式(4.41)]：

$$\frac{f_{ccd}}{f_{cd}} = 1 + 2.6\left(\frac{f_{1,eff}}{f_{cd}}\right)^{\frac{2}{3}} \qquad \text{(4-165-CNR 公式 4.41)}$$

式中，f_{cd} 为无约束混凝土的设计强度；$f_{1,eff}$ 为有效约束侧压力。对于有效约束，$(f_{1,eff}/f_{cd}) > 0.05$。

（3）约束侧压力的计算：

有效约束侧压力 $f_{1,\text{eff}}$ 是构件横截面和 FRP 结构的函数，如式（4-166）[即 CNR 公式（4.42）]所示：

$$f_{1,\text{eff}} = k_{\text{eff}} f_1 \qquad \text{(4-166-CNR 公式 4.42)}$$

式中，k_{eff} 为效率系数（≤1），定义为有效约束混凝土的体积 $V_{c,\text{eff}}$ 和混凝土构件 V_c 的比率（忽略内部钢筋的面积）；f_1 为约束侧压力：

$$f_1 = \frac{1}{2}\rho_f E_f \varepsilon_{\text{fd,rid}} \qquad \text{(4-167-CNR 公式 4.43)}$$

式中，ρ_f 为几何加固率，表达为截面形状和 FRP 结构（连续包裹或不连续包裹）的函数；E_f 为 FRP 沿纤维方向的杨氏模量；$\varepsilon_{\text{fd,rid}}$ 为简化的 FRP 设计应变：

$$\varepsilon_{\text{fd,rid}} = \min\left\{\eta_a \frac{\varepsilon_{kf}}{\gamma_f}; 0.004\right\} \qquad \text{(4-168-CNR 公式 4.47)}$$

式中，η_α 为环境转换系数（见 CNR 表 3.4）；γ_f 为分项系数（见 CNR 表 3.2）。

$$k_{\text{eff}} = k_H k_V k_a \qquad \text{(4-169-CNR 公式 4.44)}$$

（4）计算 k_H、k_V 和 k_a：

水平效率系数 k_H 取决于横截面形状。垂直效率系数 k_V 取决于 FRP 的配置。无论截面形状如何，当纤维与杆件横截面成角 α_f 时，使用效率系数 k_a 采用式（4-170）[即 CNR 公式（4.46）]计算：

$$k_a = \frac{1}{1 + (\tan\alpha_f)^2} \qquad \text{(4-170-CNR 公式 4.46)}$$

对于采用连续包裹约束的钢筋混凝土柱，$k_V = 1.0$。

对于不连续的 FRP 包裹情况，FRP 条带中心到中心的间距为 p_f，净距为 p_f'（图 4-70）。

约束效率的降低是由于两种连续的包裹材料应力扩散（约在 45°）造成的，与柱的横截面形状无关。垂直效率系数 k_V 可用式（4-171）[即 CNR 公式（4.45）]计算：

$$k_v = \left(1 - \frac{p_f'}{2d_{\min}}\right)^2$$

$$\text{(4-171-CNR 公式 4.45)}$$

式中，$d_{\min}$ 为构件的最小横截面尺寸；对于不连续包裹，$p_f' = (d_{\min}/2)$。

对于受同心或轻微偏心轴向荷载的圆形截面，约束是最有效的，且 $k_H = 1.0$。对于方形或矩形截面的构件，FRP

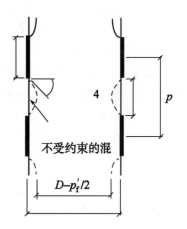

图 4-70 FRP 条带约束的圆形
构件的正视图（CNR）

约束只会使构件的抗压强度略有增加，CNR 为此规定了额外的限制条件。例如，除非经过试验证明，否则在 $b/d > 2$ 或 $\max\{b, d\}$ 的情况下，FRP 约束对矩形截面的加固作用可以忽略。

CNR 与其他规范类似，由于"拱效应"，矩形横截面混凝土柱的有效约束面积被视为总横截面的一部分，如图 4-71 所示。这种效应取决于拐角半径 r_c。CNR 推荐 r_c 的最小值为：

$$r_c \geq 0.79\text{in}(20\text{mm}) \qquad \text{(4-172-CNR 公式 4.49)}$$

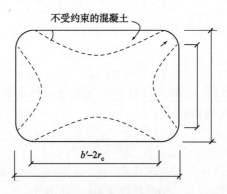

图 4-71　矩形截面的约束(CNR)

对于矩形横截面,水平效率系数 k_H 代表拱效应,计算如式(4-173)[即 CNR 公式(4.51)]:

$$k_H = 1 - \frac{b'^2 + d'^2}{3A_g} \qquad \text{(4-173-CNR 公式 4.51)}$$

4.4.4　总结

图 4-72 ~ 图 4-101 比较了各种规范的计算结果,计算基于以下条件:圆形截面的直径为 26in,方形截面的边长为 23in(两柱的截面积相同,均为 530in²)。FRP 为 BASF MBrace CF130 CFRP。在评价 f'_c 的作用时,FRP 包裹为 3 层,总厚度为 0.02in(0.51mm)。当研究 CFRP 包裹层数对轴向荷载的影响时,混凝土 f'_c 固定为 4ksi,CFRP 包裹的层数分别为 1、2、3、4、5 层,相应的厚度为 0.0065in(0.17mm)、0.013in(0.33mm)、0.0195in(0.50mm)、0.026in(0.66mm)和 0.033in(0.83mm)。此外,为便于比较,对于 AASHTO 结果,忽略了最小压力值的限制。

图 4-72 ~ 图 4-77 为不同配筋率(0.02、0.03 和 0.04)下,f'_c 的变化对方柱轴向承载力的影响。计算了考虑分项系数(包括适用的折减系数)和不考虑分项系数(计算时不乘适用的折减系数)的轴向承载力。需要指出的是,对于 TR55,部分折减系数直接包含在相应物理量中,无法分离;只有混凝土采用相关的分项系数时表达,因此在计算不考虑分项系数的抗力时仅去除与混凝土相关的分项系数。

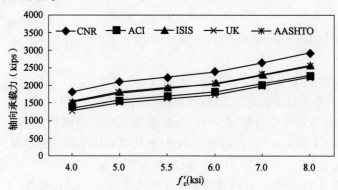

图 4-72　f'_c 对考虑分项系数的轴向承载力的影响(方柱,$\rho = 0.02$)

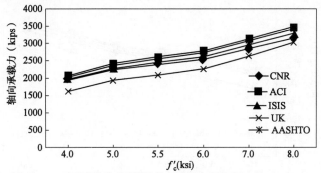

图 4-73　f'_c 对不考虑分项系数的轴向承载力的影响(方柱,$\rho = 0.02$)

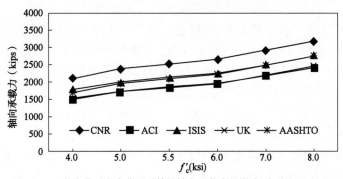

图 4-74　f'_c 的变化对考虑分项系数的轴向承载力的影响(方柱,$\rho = 0.03$)

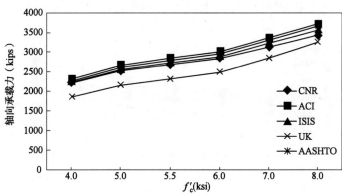

图 4-75　f'_c 对不考虑分项系数的轴向承载力的影响(方柱,$\rho = 0.03$)

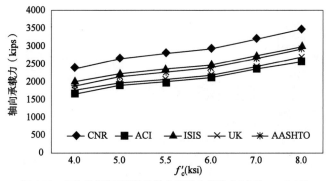

图 4-76　f'_c 对考虑分项系数的轴向承载力的影响(方柱,$\rho = 0.04$)

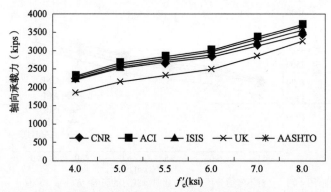

图 4-77　f'_c 对不考虑分项系数的轴向承载力的影响(方柱,$\rho = 0.04$)

图 4-72 ~ 图 4-77 所示的结果表明,根据这些规范计算得到的不考虑分项系数的 FRP 约束混凝土柱轴向承载力结果十分接近;与预期一致,当考虑各种折减系数的影响时,各组结果出现了较大差异。其中,CNR 结果最不保守,其他规范的结果总体接近,但 AASHTO 和 TR55 结果(正如前文所指出的,存在一些隐含的折减因素)最保守。可以发现,只有当 f'_c 值较高时,轴向承载力才对配筋率 ρ 较敏感;而此处混凝土抗压强度最大值仅为 8 ksi,ρ 值由 0.02 升至 0.04 时未观察到轴向承载力增加。

图 4-78 ~ 图 4-83 研究了不同配筋率下 f'_c 的变化对圆柱承载力的影响。如图所示,虽然趋势相似,但圆形柱一般比同面积的方柱具有更大的承载力。对比各种规范结果,当不考虑折减系数时,通常 ACI 所得到的承载力计算结果最大;考虑折减系数时,CNR 的承载力计算结果最大。

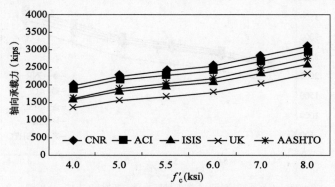

图 4-78　f'_c 对考虑分项系数的轴向承载力的影响(圆柱,$\rho = 0.02$)

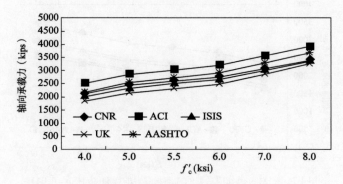

图 4-79　f'_c 对不考虑分项系数的轴向承载力的影响(圆柱,$\rho = 0.02$)

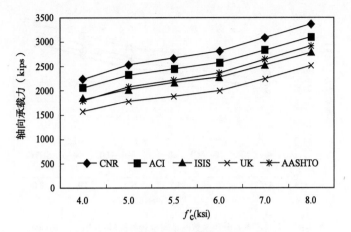

图 4-80　f'_c 对考虑分项系数的轴向承载力的影响（圆柱，$\rho = 0.03$）

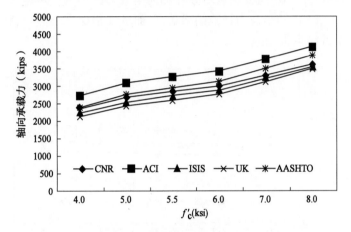

图 4-81　f'_c 对不考虑分项系数的轴向承载力的影响（圆柱，$\rho = 0.03$）

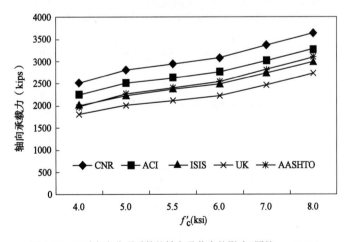

图 4-82　f'_c 对考虑分项系数的轴向承载力的影响（圆柱，$\rho = 0.04$）

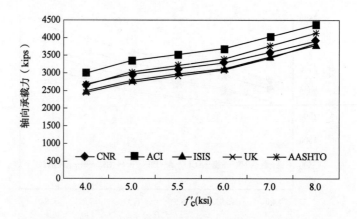

图 4-83　f'_c 对不考虑分项系数的轴向承载力的影响(圆柱,$\rho = 0.04$)

图 4-84 ~ 图 4-89 为 FRP 包裹层数对方柱轴向承载力的影响。从这些图可以看出,在考虑分项系数的情况下,CNR 的承载力计算结果最高,而 ACI 最保守。然而,在不考虑分项系数的情况下,这些规范的结果很相似。

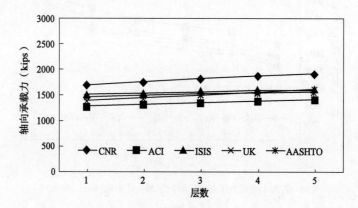

图 4-84　FRP 层数对考虑分项系数的轴向承载力的影响(方柱,$\rho = 0.02$)

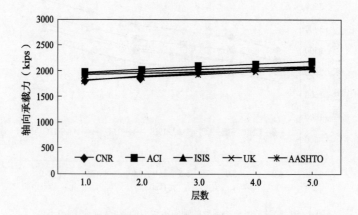

图 4-85　FRP 层数对不考虑分项系数的轴向承载力的影响(方柱,$\rho = 0.02$)

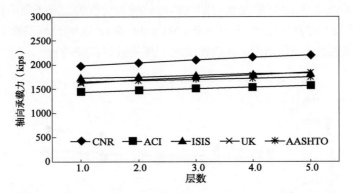

图 4-86　FRP 层数对考虑分项系数的轴向承载力的影响(方柱,$\rho = 0.03$)

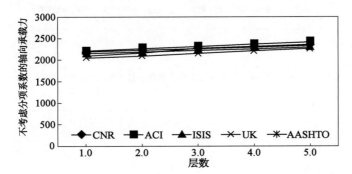

图 4-87　FRP 层数对不考虑分项系数的轴向承载力的影响(方柱,$\rho = 0.03$)

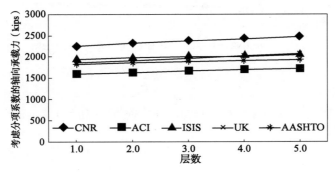

图 4-88　FRP 层数对考虑分项系数的轴向承载力的影响(方柱,$\rho = 0.04$)

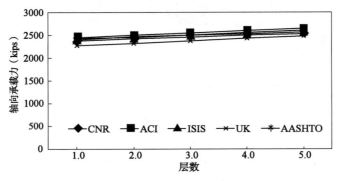

图 4-89　FRP 层数对不考虑分项系数的轴向承载力的影响(方柱,$\rho = 0.04$)

 图4-90～图4-95为FRP层数变化对圆柱轴向承载力的影响。对于圆形柱来说,相比FRP约束数量,轴向承载力对f_c'更敏感;而且AASHTO、ISIS和TR55的计算结果最为保守(与ACI的方形柱计算结果相比),而CNR在这两种情况下都是最不保守的。

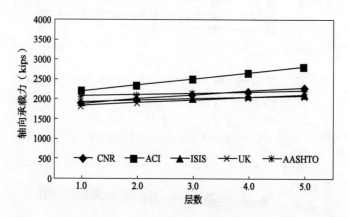

图4-90　FRP层数对不考虑分项系数的轴向承载力的影响(圆柱,$\rho=0.02$)

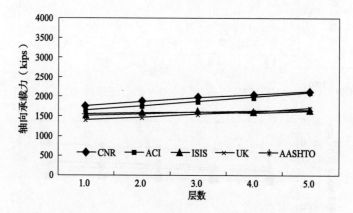

图4-91　FRP层数对考虑分项系数的轴向承载力的影响(圆柱,$\rho=0.02$)

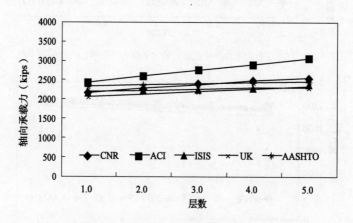

图4-92　FRP层数对不考虑分项系数的轴向承载力的影响(圆柱,$\rho=0.03$)

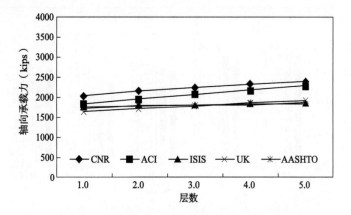

图 4-93 FRP 层数对考虑分项系数的轴向承载力的影响(圆柱,$\rho=0.03$)

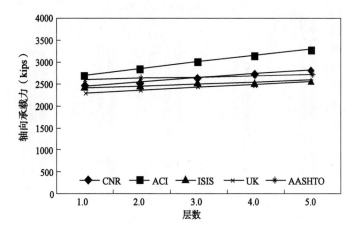

图 4-94 FRP 层数对不考虑分项系数的轴向承载力的影响(圆柱,$\rho=0.04$)

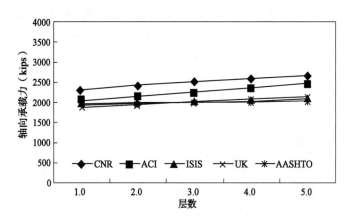

图 4-95 FRP 层数对考虑分项系数的轴向承载力的影响(圆柱,$\rho=0.04$)

图 4-96 和图 4-97 为 FRP 层数对轴向承载力影响的总结。可以看出,增加层数对于提高圆柱和方柱的轴向承载力影响较小,与 ACI 和 CNR 相比,AASHTO 和 ISIS(桥梁规范)得出的结果都比较保守。

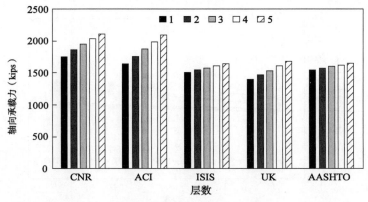

图 4-96　FRP 层数对轴向承载力的影响(圆柱,$\rho = 0.02$)

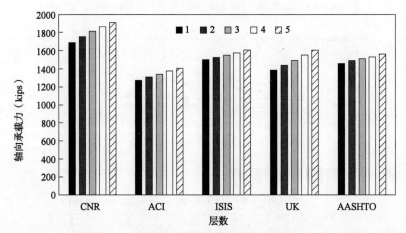

图 4-97　FRP 层数对轴向承载力的影响(方柱,$\rho = 0.02$)

图 4-98 和图 4-99 为 f'_c 对圆柱和方柱承载力的影响。图 4-100 比较了圆柱和方柱的结果。如前所述,增加 f'_c 明显提高了轴向承载力,而桥梁规范 AASHTO 和 ISIS 预测的圆柱轴向承载力稍保守。对于方柱,TR55 的计算结果最为保守。由于有效约束面积减小,方柱的轴向承载力明显低于圆柱,ACI 和 CNR 得出的圆柱计算结果很相似。

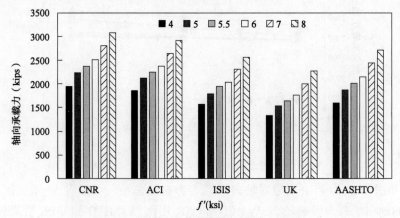

图 4-98　f'_c 对轴向承载力的影响(圆柱,$\rho = 0.02$)

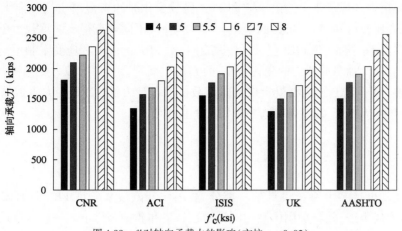

图 4-99　f'_c对轴向承载力的影响（方柱，$\rho = 0.02$）

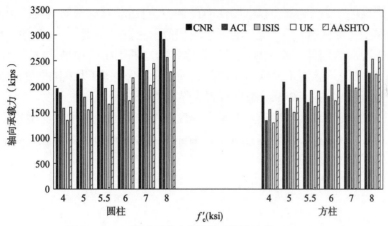

图 4-100　f'_c对轴向承载力的影响（圆柱与方柱，$\rho = 0.02$）

　　图 4-101 为改变 FRP 包裹层数对圆柱和方柱轴向承载力的影响。ACI 和 CNR 给出的圆柱承载力计算结果最大，ACI 对方柱的计算结果较保守。AASHTO 和 ISIS 对于圆柱和方柱的计算结果相似。

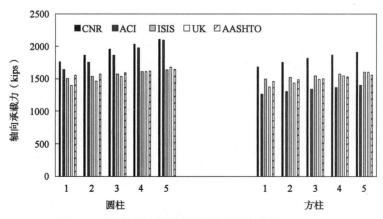

图 4-101　层数对轴向承载力的影响（圆柱与方柱，$\rho = 0.02$）

上述内容根据各规范要求给出了 f'_c 和 FPR 层数变化时约束混凝土柱轴向承载力的计算结果,通过综合比较可知:相比层数的变化,当 f'_c 变化时,不同规范得出的承载力更接近。该现象的根本原因是不同规范在 FRP 包裹层数改变时,对 FRP 的应力和应变限制不同;另外,当层数从 1 增大到 5 时,轴向承载力的变化很小;而 f'_c 的改变则会导致承载力变化较大。

总体来说,对于 FRP 约束混凝土柱轴向荷载抗力设计方法,CNR 在大多数情况下是最保守的,而 AASHTO 和 ISIS 的结果在大多数情况下很相近。

4.5 检 验 板

检验板通常也是 FRP 系统设计的一部分,被用作测试板来验证 FRP 是否安装妥当。因此,它们必须现场生产,并与加固体系一同暴露在施工和养护条件下。一些规范通常建议使用检验板,而另一些规范则建议让项目工程师决定是否使用。尽管没有通用规范,但总体来说,随着加固工程规模的扩大、复杂性和重要性的提高,人们逐渐意识到制造检验板的优点。检验板可以是结构本身实际区域,其性质与加固区域相似。在这种情况下,在其他区域可以使用额外的加固材料进行后续测试。检验板也可以是除结构之外更小的便携式样品。尽管其可长期保持可用状态,但它们只能用于检验安装的初始质量,而不可用于长期性能的检验。

典型的检验板尺寸在 $6 \sim 24\text{in}^2$,最好放置在结构物上的不同位置。

一般而言,检验板的数量随着项目的复杂程度以及加固面积的增加而增加。因此,在项目的设计阶段就需要仔细规划,以确定检验板的数量和类型(例如是否放置在结构物上),若放置在结构物上,则要确定它的位置。

第5章 安装、质控及维护规定

5.1 简　　介

本章将对 FRP 加固系统的安装规定进行概述,5.2 节将介绍 FRP 系统部件的安装程序和相关事宜(包括运输、储存和处理)以及承包商执行规定工作要具备的资格,5.3 节将介绍所有与 FRP 安装相关的质检(QA)/质控(QC)方面的内容(包括检查、评估和验收标准),5.4 节将介绍 FRP 维护和修复相关事宜,包括检查、评估和修复技术。

5.2　FRP 加固系统的安装

安装工作需要考虑材料如何储存和运输到现场,承包商完成规定工作所需的资格以及安装加固系统的程序和相关建议。

5.2.1　运输、存储和处理

5.2.1.1　ACI

5.2.1.1.1　运输

在 ACI 中,热固性树脂材料应按照《美国联邦法规》第 49 部(CFR 49)的规定进行包装、分类和运输。根据"危险物品管理条例"子章 C(CFR 49)的规定,应用于系统中的许多材料可能属于腐蚀性、易燃性或有毒物质。因此,FRP 系统材料的包装和运输应满足联邦和各州包装和运输规范条例的要求。

5.2.1.1.2　存储

FRP 材料存储时,为了维持材料的工程特性和安全性,ACI 建议遵循制造商的说明,特别要关注在安全方面具有特殊要求的反应型固化剂、硬化剂、引发剂、催化剂和清洁溶剂的存储问题。这些物品应以制造商和职业安全与健康管理局(OSHA)推荐的方式存储。催化剂和引发剂(通常是过氧化物)应分开存放。

未固化树脂组分的性质可能会随着时间、温度和湿度的变化而变化。不应继续使用任何已超过其保存期、已变质或已被污染的组分材料。有用的 FRP 材料应按照制造商规定的、各州和联邦环境控制法规可接受的方式进行处理。

5.2.1.1.3　处理

热固性树脂是一个通用产品系列的总称,包括不饱和聚酯、乙烯基酯、环氧基树脂和聚氨酯树脂等。与之一起使用的材料通常有硬化剂、固化剂、过氧化物引发剂、异氰酸酯、填充剂和增韧剂。ACI 指出了在处理热固性树脂时可能会遇到的一些常见健康危害,包括皮肤刺激、爆炸性反应等。

ACI 建议,使用这些产品的人员应阅读并理解产品危险标签和相关的物料安全数据表(MSDS)[现称为安全数据表(SDS)]。《美国联邦法规》第 16 部第 1500 节(2009)规定了危险物质(包括热固性树脂材料)要如何贴标签的问题。美国国家标准学会 Z-129.1(2010)对如何分类和预防危险提供了进一步指导。ACI 指出,处理纤维和树脂材料时应使用一次性套装和手套,推荐使用耐树脂及溶剂的橡胶或塑料手套,且每次使用后应丢弃。处理树脂组分和溶剂时,应使用安全眼镜或护目镜。有纤维飞花、灰尘或有机蒸气时,或者在 FRP 系统制造商要求下混合或放入树脂时,应使用呼吸防护装置,如防尘面具或口罩。

处理和安装复合材料的工作场所应通风良好,表面应按要求进行覆盖,以防止污染和树脂溢出。混合树脂时,应参考制造商提供的资料,按照适当程序混合。ACI 指出,常温固化树脂在固化时会产生热量,且随着热量的释放反应会加速。对装有混合树脂的容器应进行密切关注与监测,因为容器中有可能会发生不受控的反应,包括发烟、火灾或剧烈沸腾。

由于清理可能会用到易燃溶剂,因此建议采取适当的安全预防措施。所有废弃物应按现行环保部门的规定进行处理。

5.2.1.2 ISIS

与 ACI 一样,ISIS 规定所有纤维、树脂和 FRP 材料应按照制造商的说明进行运输、处理和存储。S6-06 桥梁规范(CAN/CSA-S6-06,2006)第 A16.1.2 条和 S806-02 建筑规范(CAN/CSA-S806-02,2002)第 14.3 条对 FRP 材料的运输、处理和存储问题给出了相关规定,要求遵守安全和环境管理法规,并制定相关文件对复合材料性能、安装要求及工人、环境和公众的安全问题进行规定,文件要包括 FRP 产品的技术数据表和物料安全数据表。

5.2.1.2.1 运输

ISIS 指出,FRP 材料应按照符合相应规定的方式进行包装和运输,特别要注意具有腐蚀性、易燃性或有毒性的热固性树脂材料,其包装和运输必须遵守危险材料相关规定。承包商和供应商有义务确保所使用的包装和运输方式不会对材料性质和性能产生负面影响。所有 FRP 组件必须随附对应的物料安全数据表。ISIS 建议,在 FRP 系统交付施工现场后对其所有组件进行检查,只有在项目工程师书面授权的情况下才能使用已打开或损坏容器中的物料。

5.2.1.2.2 存储

FRP 组件应储存在清洁、干燥的地方,避免阳光直射,并且要保证储存地通风良好、温度可控及满足制造商的要求。与 ACI 一样,ISIS 指出,某些组件(如反应性固化剂、硬化剂、引发剂、催化剂和清洗溶剂等)的储存和处理需要满足特殊的安全要求。催化剂和引发剂(如过氧化物)应分开存放。

制造商应明确标识树脂基底料的保质期,在此期限内,产品性能应达到或超过所规定的性能,承包商必须在时限内使用产品。过期或其他方面存在变质迹象的材料应按照制造商规定的方式进行处理。

5.2.1.2.3　处理

ISIS 规程参考 ACI 503R(1998)指出了 FRP 组件的潜在危害,并给出了详细的处理信息。ISIS 建议,一定要避免物料接触水、灰尘或其他污染物,也必须避免对纤维造成过度弯曲、压碎等力学损伤。所有参与处理热固性树脂的人都应阅读并理解产品标签和物料安全数据表。

FRP 组件处理时应做好个人防护措施。应使用可防止树脂、溶剂渗透的一次性橡胶或塑料手套(每次使用后应丢弃),配戴安全眼镜或护目镜;在处理树脂组分和溶剂时,或在有纤维飞花、灰尘或有机蒸气的地方工作时,还要佩戴防尘面具或口罩等呼吸防护装置。在通风不良的地方,必须使用呼吸防护装置,最好能同时供应新鲜空气。

制造商应告知如何正确储存、处理和混合树脂,说明树脂组分的潜在危害,并在施工现场提供这些信息。与 ACI 建议一样,ISIS 规程指出,存储混合树脂的容器可能发生不受控制的反应(包括冒烟、火灾等),应予以密切关注。同样,ISIS 指出,工作场所应充分通风,并按要求覆盖表面,以防止污染和树脂溢出。

所有废弃物应按现行环保部门的规定进行处理,并要在清理过程中采取适当的预防措施,因为有些清洁剂可能是易燃的。

5.2.1.3　AASHTO

AASHTO 中没有关于运输、存储和处理等方面的具体建议。但是,NCHRP 第 609 号报告(2008)(也是其他 AASHTO 建议的基础)提供了以下指导原则。

5.2.1.3.1　运输与存储

在运输和储存过程中,必须确保所有 FRP 系统组件装在原始的工厂密封包装中、从未开封,并且包装标签上要标明制造商、品牌名称、系统标识号和日期。催化剂和引发剂应分开存放。所有组件须远离灰尘、湿气、化学物质和火源,避免阳光直射和物理损伤,且须在系统数据表规定的温度范围下储存。

NCHRP 第 609 号报告指出,特别要注意的是,除非系统数据表中另有说明,否则储存区域应该保持干燥,且温度应控制在 50～75 ℉(0～24℃)。报告进一步规定,如果组件未按上述条件存储,就必须对其进行处理。

5.2.1.3.2　处理

所有 FRP 组件(尤其是纤维片)必须按照制造商的建议小心处理,避免造成纤维错位或断裂等一系列损坏。NCHRP 第 609 号报告指出,模量较高的纤维更容易发生纤维错位,因此应更加小心处理。切割后,应将纤维片堆叠在干燥环境下,堆叠时用隔板将其分开,或将其卷起,卷起时半径应大于12in(305mm),或按制造商的建议进行处理。

FRP 系统的所有组件(特别是树脂和黏合剂)都必须小心处理,以避免发生安全隐患,包括但不限于皮肤刺激、吸入蒸气和灰尘。树脂混合时应进行监测,以避免产生过多易燃蒸气、引起火灾或发生爆沸。承包商有责任确保 FRP 系统所有组件在各个工作阶段都满足环境和安全法规的相关规定。

5.2.1.4　JSCE

5.2.1.4.1　运输

JSCE 建议,在运输、存储、混合、加工和使用过程中,应提前确定与材料变质和安全相关的处理措施并严格遵守。材料应妥善运输和储存,以确保不会变质。

5.2.1.4.2　存储与处理

JSCE 指出,在用树脂浸渍之前,连续纤维片和绞线很容易损坏,某些连续纤维如果暴露在紫外线和湿气中可能会变质。因此,FRP 材料一般应存放于阴凉之处,避免阳光直射。树脂可能会对工人的健康造成危害,所以存放树脂的容器必须密封,存放于阴凉之处。树脂也是易燃物,因此应注意防火措施,树脂存储量不能超过消防条例规定的数量(JSCE 参考的是日本《火灾防御法》)。JSCE 进一步建议,要充分熟悉和了解材料制造商提供的处理手册的相关内容。

5.2.1.5　TR55

TR55 规程没有特别就运输、存储和处理作出规定。但是,其要求所有与安装相关的工作需遵守管理安全法规(TR55 规程参考了《工作环境健康和安全法》和《健康危害物管制规程》)。该规程强调,供应商供货时必须提供证书,证明所供应的材料符合这些法律规定。

另外,TR55 规程针对材料存储给出了一些指导意见。其建议所有材料应严格按照制造商的说明进行储存和使用,在储存时尤其要注意保持适宜的温度,黏合剂要储存于干燥之处。TR55 规程建议,要记录黏合剂和材料的交货日期,并根据到货日期的先后依次使用这些物品。它进一步指出,材料储存在施工现场时,应确保其储存方式能使材料免受损坏和污染。

5.2.1.6　CNR

5.2.1.6.1　运输与存储

CNR 规程指出,FRP 系统的每个组件都应根据管理安全法规妥善地进行包装和运输。FRP 材料应根据供应商/制造商的建议进行储存。CNR 指出,非聚合树脂的性能可能会随着时间的推移而变化,并且会受湿度和温度影响;聚合树脂的混合反应和性能也会受到温度影响。除非制造商另有说明,否则建议储存地以温度为 $50 \sim 75\,°F$($10 \sim 24\,°C$)、湿度小于 20% 的干燥环境为宜。

在储存时,应避免由于弯曲或堆叠不当造成层压板和其他预制材料损坏。需特别指出的是,对于存在潜在危险的成分,如反应型成网剂、引发剂、催化剂、表面清洁溶剂等,应根据制造商的要求或官方标准对其进行储存。与其他规程的建议一样,CNR 规程规定,催化剂和引发剂(通常是过氧化物)应与其他试剂分开存放,防止意外接触而导致过早聚合。

制造商应指明储存时间(保质期),在这一时间范围内,能够确保热固性树脂的性能不会降低。材料一旦过期或受到降解、污染,则不得继续使用,并要根据制造商的说明和管理安全法规对这些材料进行处理。

5.2.1.6.2　处理

CNR 指出,制造商应提供所有 FRP 组件的物料安全数据表。热固性树脂通常要与对健康有潜在危害的硬化剂、交联剂、引发剂(过氧化物)和填充剂等物质结合使用,因此使用这些物质的人员必须阅读所有标签及物料安全数据表,最大程度降低风险。在处理纤维和树脂时,建议穿戴一次性手套、工作服以及防护眼镜,橡胶或塑料手套应具有耐溶剂性。根据 FRP 制造商的建议,在有纤维碎片、粉尘或溶剂蒸气的情况下,或者在混合和使用树脂时,需要使用呼吸防护装置,且工作场所必须始终保证良好的通风环境。

5.2.1.7　运输、存储和处理小结

ACI、ISIS 和 CNR 规程规定,应根据适用的国家及地区相关的包装、运输法规,对 FRP 系统成分进行包装、贴标签和运输等工作。ISIS 也强调需要遵守制造商制定的运输准则。AASHTO 和 TR55 没有就运输作出具体规定。JSCE 强调需要妥善运输 FRP 材料,以防止运输过程中材料变质。

AASHTO 中没有关于 FRP 如何储存的规定,储存建议取自 NCHRP 第 609 号报告。ACI、NCHRP 第 609 号报告、ISIS、CNR 和 TR55 指出,应根据制造商的建议储存 FRP 材料,这样有助于保持材料性能和保障施工工人安全。ACI 还指出,反应型固化剂和清洁剂也应按照职业安全与健康管理局的建议进行储存。ACI、NCHRP 第 609 号报告、ISIS 和 CNR 要求催化剂和引发剂(通常是过氧化物)应分开储存。

由于 FRP 材料有规定的保质期,所存储的材料有可能会超过此期限并需要处理。ACI 规程要求,应按照制造商制定的准则处理材料,并且处理方式要符合州和联邦环境控制法规的规定。CNR 规程指出,应按照制造商的要求和安全法规的规定处理材料。ISIS 只提出要按照制造商的建议处理材料。AASHTO 中没有关于材料处理问题的具体建议,但是,NCHRP 第 609 号报告 3.4 节规定,应该用有助于环境保护的方式处理过期材料,并且要按照物料安全数据表中制造商的建议进行处理。

各规程从不同角度详细规定了存储温度、湿度等因素。AASHTO 规定,储存温度应为 $50 \sim 70 °F(10 \sim 21℃)$,并要确保储存地点干燥,能防尘、防潮、防火,无阳光直射。CNR 规程所建议的温度范围与 NCHRP 第 609 号报告的规定相同,但其要求储存地环境干燥,湿度不超过 20%,此外,如果制造商另有规定,则按制造商推荐的温度和湿度储存。ACI 规程中没有关于温度或湿度的具体要求,但其建议按照制造商的规定进行储存。TR55 指出,应按照制造商的规定确定存储温度的范围。而 JSCE 则根据《火灾防御法》的规定强调存储设备的防火性,JSCE 还另外提出了一些存储要求,例如要确保储存地阴凉、无阳光直射。

ACI、NCHRP 第 609 号报告、ISIS 和 CNR 要求,应按照制造商的建议处理 FRP 材料,防止皮肤接触或吸入烟雾造成健康危害。ACI 参考了《美国联邦法规》第 16 部第 1500 节中关于危险物质要如何贴标签的规定,还参考了美国国家标准学会 Z-129.1 中关于分类和预防作出的进一步指导。ACI、ISIS 和 CNR 要求,处理 FRP 系统组件的人员应穿戴一次性套装、手套、护目镜和口罩,以确保在处理材料过程中的安全。这三个规程还建议工作场所需确保通风良好。TR55 和 JSCE 中没有就如何处理 FRP 材料作出规定。ACI 和 ISIS 规程建议,在清理和处理时,应使用易燃性风险较低的清理溶剂,同时,所有废弃物须按现行环保部门的规定装

盛和处理。

5.2.2　承包商资格要求

5.2.2.1　ACI

ACI 建议,FRP 系统安装承包商应证明其具备对要安装的 FRP 系统进行表面处理和应用的能力。可以通过以下方式证明:提供培训证明和曾完成相关工作的文件证明,或者实际演示表面处理和安装。建议 FRP 系统制造商或其授权的代理商对承包商的应用人员进行培训,帮助其了解即将投入使用的特定系统的安装程序。

5.2.2.2　ISIS

ISIS 规定,承包商应负责为其工作人员提供培训,并应向项目工程师提供其工作人员的资质或经验证明。包括安装人员、监督人员和安全人员在内的工作人员,必须在其职责范围内获得良好的岗位培训。例如,现场安全员必须接受的培训包括掌握物料安全数据表中的材料安全规定,熟知并掌握发生意外时需要采取的行动方针。

5.2.2.3　AASHTO

与 ACI 一样,AASHTO 建议,承包商必须接受培训,了解制造商规定的安装程序,才能承担 FRP 系统安装工作。另外,AASHTO 根据 NCHRP 第 609 号报告的规定,要求在提供以下信息之后,制造商/供应商可以对每个要安装的 FRP 系统进行资格预审,预审内容包括:

- FRP 系统所有组件的系统数据表和物料安全数据表;
- 证明其至少有 5 年安装 FRP 系统经验的文件,或者证明其具备 25 次类似领域安装经验的文件以及各个项目所有者提供的推荐信;
- 由某独立机构提供的至少 50 个测试数据集,且该独立机构需经由业主批准,并验证了所推荐 FRP 系统的力学性能、老化情况和环境耐久性;
- 证明能为承包商/承建商工作人员提供关于 FRP 系统全面的、实际的培训的文件。

在取得资格之前,业主可能还会要求制造商/供应商提供指定数量的组件样品和完整 FRP 系统的样品,以进行内部或独立测试。制造商/供应商提供的培训应以传授实际经验为主,包括对已有证书的 FRP 系统如何进行表面处理和安装。承包商/承建商需提供文件证明其至少有 3 年经验或 15 个类似的现场施工经验,并附有各业主开具的可接受的推荐信,以及制造商/供应商认证的至少一名工作人员完成培训的证书,且该工作人员必须保证整个项目实施过程中都将在工作现场。承包商/承建商提供此证明后,业主可以就每个 FRP 系统对他们进行资格预审。

5.2.2.4　JSCE

JSCE 建议,FRP 系统安装应在对 FRP 加固有深入了解的工程师的监督下进行,但是没有具体规定合格承包商须满足的标准。

5.2.2.5　TR55

TR55 建议,选择承包商应考虑多方面问题。尤其指出,承包商需提供加固工作方面的经验证明,制定并完善质检程序,并且已经按照 ISO 9002 通过了认证和审查。TR55 还建议,承包商应是混凝土维修协会的成员,或者有成功安装复合材料的经验。此外,承包商应详细阐述其安装 FRP 复合材料的方法并评估所涉及的风险,这应包括讨论将如何使工作人员及可能受到安装工作影响的任何其他人(特别是儿童)的风险最小化。承包商人员在处理材料时应配备正确的防护装备,并应就系统制造商规定的安装技术进行培训且考核合格。最后,承包商应提供进入工作场所的安全方法,并保持环境能让结构黏合剂有效使用。

5.2.2.6　CNR

CNR 没有就认证承包商资格提出具体建议。但是,它指出承包商需履行以下责任:承包商应从产品质量有保证的供应商/制造商处获得设计者指定的材料,并确保产品附有说明其力学和物理特性的技术数据表,最好附有实验室测试证书。最后,承包商要确保这些产品符合设计规定,如果没有符合指定要求的材料,承包商应与设计师一起寻找可行的替代产品。

5.2.2.7　承包商资格要求小结

ACI、ISIS 以及 TR55 要求,承包商应提供证据,证明其已接受过关于即将安装的 FRP 加固系统的培训,并证明其有类似项目的经验。CNR 和 JSCE 没有对承包商提出具体的资格要求。AASHTO 参考 NCHRP 第 609 号报告,全面且详细地列出了对供应商和承包商的资格要求,例如,供应商需提供文件以证明其具备必须的 5 年经验。报告还要求,对于所有有资格要求的项目,都需提交证明文件。

5.2.3　安装步骤

5.2.3.1　ACI

ACI 指出,安装 FRP 系统的步骤是由系统制造商确定的,且通常不同系统安装步骤不同。此外,根据结构的类型和状况,同一系统的安装步骤也可能会有所不同。ACI 建议,没有制造商的批准,不得改变制造商制定的安装步骤。

5.2.3.1.1　温度、湿度和水分相关考量

ACI 强调,安装时的温度、相对湿度和表面水分会影响 FRP 系统的性能。这表明,通常不应将底漆、浸渍树脂和黏合剂涂布于寒冷或结冰的表面。当混凝土表面温度低于 FRP 系统制造商规定的最低温度时,可能会导致纤维的不适当浸渍与树脂组分材料的不适当固化,以影响系统的完整性。这表明,在安装过程中可以使用无污染的热源来提高环境温度和表面温度。

关于水分,ACI 指出,除非专门配制以使其适用于潮湿表面,否则树脂和黏合剂一般不应涂布于潮湿表面。此外,不应将 FRP 系统应用于已由湿气渗透的混凝土表面。ACI 指出,一般来说,混凝土表面出现气泡,则说明湿气已从混凝土表面渗透到未固化的树脂材料,可能会影响 FRP 系统和基底之间的黏合。

5.2.3.1.2　设备

有些安装步骤需要采用专门设计的设备,包括树脂浸渍器、喷雾器、升降/定位装置以及绕线机。ACI 建议,所有的设备应该是干净的,并且运行状态良好。所有用品和设备应数量充足,以保证安装项目和质检的连续性。

5.2.3.1.3　表面处理

混凝土基底完好,表面处理适当,才能确保 FRP 系统成功加固,因为表面处理不当可能会导致剥离或分层。虽然 ACI 提出了适用于所有外部黏结 FRP 系统的一般准则,但它指出,制造商应为特定 FRP 系统给出具体指导原则。对于混凝土修补和表面处理的一般方法,ACI 参考了 ACI 546R(2004)和 ICRI 03730(2008)。ACI 建议,若要确保 FRP 系统与用于修补混凝土基底的材料之间的兼容性,如有必要,应咨询 FRP 系统制造商。如果检测到混凝土出现与腐蚀相关的变质,ACI 建议,要在安装 FRP 系统之前解决腐蚀问题的根源,并修复相关变质问题。

根据 ACI 224.1R(2007)相关规定,如有宽度超过 0.01in(0.3mm)的裂缝,可用压力注入法注入环氧树脂进行修补。宽度较小的裂纹可能需要注入树脂或进行密封,以防止现有增强材料被腐蚀。ACI 参考 ACI 224.1R(2007)给出了不同暴露条件下的裂缝宽度限制。

ACI 将表面处理分为两大类:临界黏结和临界接触。临界黏结要求 FRP 和混凝土之间为黏合黏结,通常见于抗弯或抗剪加固系统。ACI 认为,临界黏结的表面处理应符合 ACI 546R(2004)和 ICRI 03730(2008)的要求。建议摘要如下:

- 即将安装的 FRP 系统的表面不应该有松散或不牢固的材料;用纤维缠绕矩形横截面的拐角处时,为了防止 FRP 应力集中或 FRP 和混凝土之间有空隙,应将拐角处理为半径至少为 0.5in(13mm)的倒圆角。垂直和水平方向的拐角均应如此处理。需注意的是,ACI 没有具体提及允许存在或切削斜切边替代倒圆边。粗糙的拐角可以用腻子抹平,内角和凹面可能需要特殊的细节设计,以确保 FRP 系统和混凝土紧密黏结。

- 在安装 FRP 系统之前,应清除混凝土表面的障碍物和凸起的嵌入物体,另外,可以使用喷磨或水冲技术来完成表面处理。表面轮廓形成期间,虫孔和其他表面细小空隙应完全暴露在空气中;成形后,应清洁并保护表面。

- 混凝土表面应处理成 ICRI(表面轮廓切片)所规定的最小混凝土表面轮廓(CSP3),并且局部面外变化(包括轮廓线)不应超过 1/32in(约 1mm)或 FRP 系统制造商所建议的偏差。

- 混凝土表面的局部变化可以在喷磨或水冲之前通过研磨去除,如果变化很小,可以用树脂基腻子进行平滑处理。虫洞和空隙也应用树脂基腻子填充。所有要加强的表面应达到 FRP 制造商所建议的干燥程度。

- 临界接触安装只需保证 FRP 和混凝土之间紧密接触,通常用作约束加固。在涉及约束的安装中,应对表面进行处理,以保持混凝土和 FRP 系统之间连续接触。此外,要包裹起来的表面应该是平面或凸起的,大的表面空隙应该要修补,并应去除抗压强度低的材料,如碎石模量、石膏等。

5.2.3.1.4　树脂的混合

根据 ACI 规定,制造商应提供建议的批量、混合比例、混合方法和混合时间,所有混合应按制造商的建议进行。树脂组分应在适当的温度下混合,直到组分均匀、完全混合。树脂混合应达到规定时间,并目测检查其颜色均匀度。由于树脂组分往往是对比色,ACI 指出,通常色痕消除表明树脂完全混合。应控制每次树脂混合的量,以确保所有混合树脂可在适用期内使用。

5.2.3.1.5 安装

ACI 建议,选择 FRP 系统应考虑其对环境的影响,包括挥发性有机化合物和毒素的排放。

如果需要,即将安装 FRP 系统的混凝土表面应完全涂上底漆。此处,底漆应按制造商规定的覆盖率均匀刷涂。刷涂底漆后,在安装 FRP 系统之前,应保护底漆不接触尘土、湿气和其他污染物。应根据 FRP 制造商的建议,涂抹适当厚度的腻子,并按其建议的顺序刷涂腻子和底漆,且腻子只应用来填充空隙和平滑表面不连续处。处理后的腻子,其粗边或抹边线应磨平,并且应根据 FRP 系统制造商的规定,在涂抹 FRP 树脂或黏合剂之前让底漆和腻子固化。需要注意的是,腻子和底漆固化后,FRP 系统制造商可能还要求做其他表面处理,然后再使用浸渍树脂或黏合剂。

由于溶剂对树脂可能有破坏作用,建议在涂层之前不要使用溶剂来清洁 FRP 表面,FRP 系统制造商应该批准使用溶剂擦拭剂。应定期检查涂层并根据需要进行维护,以确保涂层的有效性。

湿铺 FRP 系统通常使用干纤维片和浸渍树脂手糊方式,并应采纳制造商的安装建议。一般情况下,应先将要安装系统的表面处理好,然后将浸渍树脂均匀地涂布在表面上,再将增强纤维轻轻压入树脂中。应在树脂固化之前排出各层之间滞留的空气。为完全浸渍纤维,应使用足量树脂,并应在先前的树脂层完全固化之前添加连续的浸渍树脂层和纤维层。如果先前的树脂层已经固化,可能需要层间表面处理,如系统制造商推荐的轻砂打磨或施加溶剂。

包装机主要用于混凝土柱。应用机器的系统可使用树脂预浸丝束或干纤维丝束;预浸丝束应在工地外用浸渍树脂浸渍,并以线轴的形式传送到工作现场,而干纤维应在缠绕过程中在工作现场浸渍。ACI 强调,所有安装步骤都应遵循 FRP 系统制造商的建议。包装后,预浸系统应根据制造商的建议在高温下固化。

预固化系统包括通常用黏合剂安装的外壳、条带和开放网格形式。一般建议如下:要黏结的表面应该按照制造商的建议进行清洁和处理,至少处理成 CSP 3(ICRI 03732)。然后按照 FRP 制造商推荐的覆盖率均匀刷涂黏合剂。将预固化布放入湿黏合剂之后,应在黏合剂凝固之前排出夹层中的滞留空气。所有保护涂层应与 FRP 加固系统兼容,并应按照制造商的建议进行涂布。

5.2.3.1.6 FRP 材料的校准

FRP 校准至关重要,因为即使角度有微小偏差(小至 5°),也可能导致强度和硬度显著降低。因此,应对材料进行处理,让纤维保持正确的平直度和方向,若铺层方向上有偏差,应由项目工程师批准进行校准。此外,若产生扭结、褶皱、波纹或其他实质性材料畸形,应报告并进行评估。

5.2.3.1.7 多层和搭接

若所有层片都用树脂完全浸渍,剪切强度足以传递层间的剪切荷载,且混凝土和 FRP 系统之间的黏合强度足够大,则可以使用多层 FRP 材料。大跨度的情况下可使用搭接进行交错布置。搭接的具体要求(包括搭接长度)应以测试为依据,并应根据制造商的建议进行安装。ACI 规程第 13 章列出了搭接的具体指导原则。

5.2.3.1.8 固化

常温固化树脂可能需要几天时间才能完全固化,极端温度或温度波动会延缓或加速固化。所有树脂应根据制造商的建议进行固化,并且不应对树脂化学品进行现场改造。在铺设后续的铺层之前,应确认已铺设的铺层已充分固化,另外,如果存在固化异常,则应停止铺设后续铺层。

要达到制造商建议的固化程度,在安装和固化过程中,可能需要对 FRP 系统进行保护,如为其搭设帐篷或塑料屏幕,防止其受到恶劣温度、雨水直接接触、灰尘或泥土、过多阳光照射、高湿度的影响和故意破坏。如果需要临时支撑,应在 FRP 系统完全固化之后,再移除支撑。如果在安装过程中怀疑 FRP 系统受到损坏,应通知项目工程师,并咨询 FRP 系统制造商进行评估。

5.2.3.2 ISIS

与 ACI 一样,ISIS 强调,遵循 FRP 系统制造商的具体建议非常重要。

5.2.3.2.1 温度、湿度和水分相关考量

ISIS 指出,安装时的温度、湿度和露点会影响 FRP 系统的性能。这表明,通常不应将底漆、浸渍树脂和黏合剂涂布于寒冷或结冰的混凝土表面。S6-06 桥梁规范第 A16.1.3.5 条规定,在 FRP 安装过程中,环境空气和混凝土表面温度应为 50 ℉(10℃)或更高;混凝土表面温度应至少比实际露点温度高 5 ℉(3℃);大气相对湿度应小于 85%。为了在较冷的温度下满足这些条件,在安装和固化过程中可能需要为 FRP 材料提供无污染的辅助热源。

此外,除非专门配制以使其适用于潮湿表面,树脂和黏合剂一般不应涂布于潮湿表面。另外,不应将 FRP 材料安装在凝结有水滴、蒸汽渗透或进水的混凝土表面,除非这些问题由系统设计得到明确解决,并且使用专门配制用于这样条件的树脂系统。

5.2.3.2.2 设备

与 ACI 一样,ISIS 建议,安装过程中使用的所有设备都应保持洁净,处于良好的运行状态,并且应该由项目工程师进行检查。承包商应储备有经过大量培训的合格人员,由他们安装和操作系统专用设备,如树脂浸渍机、喷雾器、升降/定位装置和卷绕机。应保证所有材料、物资以及个人防护设备数量充足,以确保施工的连续性和质检可靠度。

5.2.3.2.3 表面处理

对于混凝土表面处理的细节,ISIS 参考了 S6-06 桥梁规范(2006)第 AI6.1.4 条和 S806-02 建筑规范(2002)第 14.9 条。ISIS 建议,应对混凝土表面进行处理,经由工程师或主管检查并通过后,再安装 FRP 系统。此外,应根据 FRP 系统制造商的指导方针进行表面处理。状况良好的表面可能只需要进行清洁,但如有劣化,所有劣化迹象(包括钢筋锈蚀引起的劣化迹象)都应在安装 FRP 系统之前进行修复。在修复之前,必须保证没有附着在混凝土表面的颗粒和碎片,并应清除表面油污和其他污染物。开始修复之前,混凝土表面需要接受并通过检查。在修复过程中,必须根据原截面对混凝土表面进行修复或重塑,根据 S6-06 桥梁规范(2006)的规定,在安装 FRP 系统之前,边缘锋利的截面必须处理成半径至少为 1.4in(35mm)的圆弧过渡边。

对于宽度超过 0.01in(0.3mm)的裂缝,应根据 ACI 224.1R(2007)相关规定,使用压力注入法注入环氧树脂进行修补。在腐蚀性环境中,较小的裂缝可能也需要注入环氧树脂,防止钢筋腐蚀。所有表面修复都应符合 FRP 制造商的要求。

采取临界黏结安装时,如何处理表面应取决于现有的表面条件。根据相关处理建议,可以对光滑的混凝土表面做喷砂处理或以其他方式打磨,直至可以看见集料。喷砂清理后,应在 FRP 安装之前对表面进行一定时长的保护。对于非常粗糙的区域,可以使用制造商和/或工程师批准的材料对其进行平整,并且面外变化不得超过 FRP 系统制造商推荐的范围,其中小孔和细缝中应填充腻子或聚合物砂浆。表 5-1(即 ISIS 表 8-1)中列出了所允许的最大凹陷深度(S6-06 桥梁规范第 A16.1.4 条)。

混凝土表面最大凹陷深度 表 5-1

FRP 材料的类型	12in(0.3m)长的最大深度(in)	80in(2m)长的最大深度(in)
板≥0.04in(1.0mm)	0.16in(4.0mm)	0.39in(10.0mm)
板<0.04in(1.0mm)	0.08in(2.0mm)	0.24in(6.0mm)
布	0.08in(2.0mm)	0.16in(4.0mm)

尘土、油污、现有涂层等所有可能影响 FRP 黏结的物质都应去除。混凝土表面的拉伸和剪切强度必须足够大,以确保有效黏结;S6-06 桥梁规范第 A16.1.4 条要求最小抗拉强度为 $218\text{lb}/\text{in}^2(\text{psi})(1.5\text{MPa})$,抗拉强度需根据 ASTM D4541(2002)中的拉伸试验测得。应将矩形横截面的边缘角处理为半径至少为 1.4in(35mm)的倒圆角,粗糙的角应使用环氧胶进行平滑处理。

根据 FRP 系统制造商的要求,即将安装加固系统的所有表面都应保持干燥,水分含量应根据 ACI 标准 503.4(2003)的要求进行测试。

采取临界接触安装(例如约束加固)时,表面处理应保证混凝土与 FRP 约束系统之间连续接触。最为关键的是要磨圆各角、填补孔洞和消除凹陷。

无论采取何种安装类型,如果发现混凝土渗水,必须使用专为此种黏结条件设计的特殊树脂。工程师和承包商都必须确认压力既不会造成剥离现象,也不会影响加固结构的完整性。如果 FRP 要安装在水下,必须根据制造商的建议详细规定安装方法,并且该方法必须得到工程师的批准。

5.2.3.2.4　树脂的混合

混合树脂时,所有组分应在适当的温度下按正确比例混合,直到均匀、完全混合,且树脂中不存在滞留空气。应控制每次树脂混合的量,以确保所有混合树脂可在适用期内使用。

5.2.3.2.5　安装

ISIS 参考 S6-06 桥梁规范第 A16.1.3 条对 FRP 的安装作出规定。ISIS 建议,包括底漆、腻子、浸渍树脂和纤维在内的所有材料都属于同一系统。ISIS 指出,应根据具体的 FRP 系统和加固结构确定适当的安装步骤。

对于手糊的湿铺系统,在所有安装步骤中都必须遵循制造商的建议,除此之外,还有以下建议:腻子只应在使用其他材料之前用来填充空隙和平滑表面不连续处,并应根据 FRP 制造商的建议,涂抹适当厚度的腻子,且按其建议的顺序刷涂腻子和底漆。底漆应按所规定的覆盖率均匀涂布于已处理的表面上,并且黏度应足够低,这样才能渗入混凝土基底的表面。安装纤维片之前应平整腻子的粗糙边缘。

手糊的湿铺材料包括干的以及预浸渍的纤维片和与现场安装的浸渍树脂一起使用的纤维。在后一种情况下,应对即将安装 FRP 的表面进行处理,然后将浸渍树脂均匀涂布于表面上。树脂黏度应足够低,保证纤维增强物在树脂固化之前完全浸渍。FRP 一旦安装,应在树脂固化之前排出布之下或各层之间的滞留空气。排气时,建议平行于纤维方向挤压 FRP 材料,要从中心或从一端沿一个方向进行,以避免前后移动。与所建议系统相兼容的保护涂层应根据制造商的建议涂布。

使用预固化体系(即表面黏合板)时,要黏合的预固化层压板表面应根据制造商的建议进行清洁和处理。对于即将放置层压板的表面,应先对其进行处理,然后将黏合剂均匀涂布到表面上。安装时要小心,避免在层压板下面滞留空气,因为这种情况很难被检测和纠正。与手糊的湿铺材料相反,除了预制 L 形箍筋的重叠部分外,FRP 板通常不允许堆叠多层。在 FRP 板的交叉处,应注意使曲率最小化。可在混凝土上开槽,将 FRP 板底部嵌入其中,使 FRP 板与下面的混凝土表面充分接触。

对于用来包裹与地面接触的钢筋混凝土柱底部的 FRP 材料,包裹物应至少进入地下 20in(500mm),以防止水和空气渗入。ISIS 还指出,用于抗剪加固的 FRP 箍形条必须很好地锚固在两端,锚固方式由设计者指定。

5.2.3.2.6　FRP 材料的校准

ISIS 指出,FRP 材料的校准非常关键,并且在安装之前,必须在设计中指定铺层方向和堆叠顺序。与 ACI 一样,ISIS 规定,处理布和纤维材料时,应使纤维保持正确的平直度和方向,因为即使预期取向角度有微小变化也会导致强度降低。如果发现已安装的 FRP 有任何角度偏差,都必须经由项目工程师批准才能通过。

5.2.3.2.7　多层和搭接

ISIS 指出,如果所有层片都用树脂完全浸渍,树脂的剪切强度足以传递层间的剪切荷载,且 FRP 和混凝土系统之间的黏合强度足够大,则可以使用多层 FRP 材料。但是,项目工程师或制造商可能会限制连续层的最大数量,和/或定义连续层之间的安装周期。当需要多层 FRP 材料叠加时,应注意前面层片上的树脂尚未固化时,不要移动或以其他方式影响它们。在没有其他规定的情况下,建议重叠部分与纤维平行,最小重叠 6in(150mm)。如果 FRP 系统铺设过程中断,夹层的表面则可能也需要处理,如对其进行清洁或轻砂打磨。

5.2.3.2.8　固化

FRP 材料应根据制造商的建议进行固化。除非另有规定,否则 ISIS 建议采取以下固化措施。除非通过加热(通过化学反应物或其他外部热源加热)加速固化过程,否则,应至少固化 24h 后再进行后续工作。在整个固化时间中,温度必须始终高于最低固化温度;必须防止表面凝结液滴;并且在固化期间,必须防止气体、灰尘或液体喷雾造成化学污染。ISIS 指出,虽然有在模拟交通荷载下实现了梁成功修复的报道,但是在固化过程中应尽可能减小力学应力。

5.2.3.2.9　保护涂层

FRP 材料的表面充分干燥或硬化时,便可涂布与所安装的增强系统兼容的保护涂层和/或涂料。应至少留出 24h,供保护涂层/涂料干燥,或按制造商的建议进行。此外,承包商需提供材料,证明由 FRP 制造商准备的保护系统的兼容性,并且承包商应保证保护系统在预期的暴露条件下具备良好性能。保护系统必须能充分防紫外线。如果预计 FRP 加固材料可能会受到磨损,保护系统应具备磨损层。磨损层不能看作是结构加固的部分,需定期检查和维护。若 FRP 加固系统必须防火,则所建议的保护系统必须得到工程师的批准,且承包商或制造商必须保证其合规。

5.2.3.3 AASHTO

AASHTO 的要求与 ACI 和 ISIS 的要求类似。根据 AASHTO 的规定,FRP 系统的安装程序由制造商确定,不同系统的安装程序可以不同。需加固结构的类型和状况不同,安装程序也可能不同。AASHTO 指出,如果钢筋已发生腐蚀,即使安装 FRP 系统,还会继续腐蚀,应该找出腐蚀的具体原因并解决,并且应在安装 FRP 系统之前修复腐蚀相关的退化。

5.2.3.3.1 温度、湿度和水分相关考量

温度超过 90℉时,环氧树脂硬化速度加快,所以可能很难使用。因此,AASHTO 建议,应避免在高温下使用环氧树脂。如果必须在高温下使用环氧化合物,则应该有人员监督,且相关人员有在高温下使用环氧树脂的丰富经验。AASHTO 还指出,有专门配制用于高温条件的环氧树脂体系,可以考虑使用(参见 ACI 530R-93)。温度低于 40℉时,由于固化速度减慢,也可能会出现施工困难,并且霜冻或冰晶的存在可能不利于 FRP 和混凝土之间的黏结。

5.2.3.3.2 表面处理

在安装 FRP 之前,应将混凝土表面处理成最小 CSP 3 的要求。为达到规定的黏结强度,必须对混凝土表面进行适当的处理和塑形;表面处理不当会导致剥离或分层。AASHTO 建议,包括轮廓线在内的局部平面外变化不应超过 1/32in 或 FRP 系统制造商建议的偏差,以较小者为准。虫洞和空隙要用环氧腻子填充。建议使用喷磨或水冲技术来完成表面处理,并且应该去除所有可能干扰 FRP 系统和混凝土基底之间黏结的污染物。在拐角处缠绕纤维时,应将拐角处理为半径至少为 1/2in 的倒圆角,以防止 FRP 系统中应力集中以及 FRP 和混凝土之间产生空隙。可以通过研磨或涂布腻子来平滑粗糙的边缘。

5.2.3.4 JSCE

5.2.3.4.1 温度、湿度和水分相关考量

在任何安装阶段,用连续纤维黏合或包裹时,均应确保合适的环境条件。适用于涂布环氧树脂的条件是:温度为 41℉(5℃)或更高,湿度不超过 85%。温度较低时,施工现场应加热或者可以使用低温底漆和树脂。如果混凝土表面不干燥,则应使用专门用于潮湿表面的特殊底漆。还应确保混凝土表面处理得当,底漆混合和涂覆得当,并且平滑剂混合和涂布得当。

为防止底漆和平滑剂硬化不当,应将材料涂布于干燥表面。涂完后,应留出时间让底漆和平滑剂硬化,并且进行目测和触摸检查,确保表面没有灰尘或水分。如果在初始硬化之前表面上有凝结液滴或其他湿气(表现为变白),应使用溶剂擦拭该区域,或用砂纸磨去底漆或平滑剂受影响的部分。

5.2.3.4.2 表面处理

JSCE 建议,在安装 FRP 之前,应修复混凝土中的施工缺陷、明显瑕疵和表面开裂。这些缺陷包括砾石穴、蜂窝、高差或其他表面瑕疵等问题,这些问题会有损表面光滑,并且可能降低 FRP 加固结构的性能。

垂直于棱角安装连续纤维片和连续纤维束时,应通过削凿、抛光或使用平滑剂将角处理为倒圆角。为了确保 FRP 和混凝土表面紧密黏结,应将劣化层、油以及其他污染物从表面去除。

5.2.3.4.3 安装

JSCE 指出,使用连续纤维片时,在指定位置按指定方向连接指定层数的布很重要。应根据设计,准备与实际结构匹配的工作图。该图应清楚地标识连接基准点、重叠拼接位置和层数,使布能够正确连接。还必须确保布与混凝土表面紧密黏结,并确保树脂混合和涂覆得当,且布已完全浸渍。这在重叠拼接部分中非常重要,在这一部分中,浸渍树脂应完全渗入纤维和布之间。连接连续纤维片后,应目测或通过声音进行检查,确认环氧树脂浸渍中不存在凸起、膨胀、剥落、松弛、皱褶和空隙。

使用连续纤维束时,必须确认股线缠绕间隔合适、股线缠绕张力恒定、股线缠绕速度适当、纤维束完全由树脂浸渍、树脂已适当混合并涂覆并且浸渍树脂完全固化。JSCE 指出,如果碳纤维束是手工缠绕的,施加的张力就不是恒定的,导致纤维束完成后应力分布不均。而且,由于卷绕速度不是恒定的,浸渍树脂的渗透程度也可能有变化。这些问题可能会影响纤维束的抗拉强度。由于这些原因,建议使用机器缠绕股线,以控制缠绕间隔、张力和速度。

JSCE 指出,用 FRP 缠绕拐角处时,保持足够的曲率半径很重要,如 AASHTO 所述,如果曲率半径很小,会出现应力集中的情况,从而降低 FRP 的有效抗拉强度。一般倒角半径应为 $0.4 \sim 2.0$ in($10 \sim 50$ mm)。但是,所使用的 FRP 的类型和厚度对所需的倒角半径有很大影响。

5.2.3.4.4 搭接

JSCE 指出,所需的搭接长度应根据 JSCE-E 542(2000)的测试来确定。已经发现,碳纤维片和芳纶纤维片在拼接区产生的较低应力水平下需要约 4in(100mm)的重叠拼接长度,而为了增强抗剪能力和延展性,则需约 8in(200mm)。但是,根据使用的 FRP 和树脂的种类不同,接合强度可能会低于 FRP 的抗拉强度,因此,即使交叠长度长,接合体的接合层也可能会发生破坏。

仅使用一层连续纤维片进行加固时,由于施工误差造成的搭接强度不均可能会显著影响接合强度。在这种情况下,建议延长重叠拼接的长度,并在拼接部分上再加一层 FRP。超过一层时,重叠拼接点不应放在同一部分,因为这会降低搭接强度。重叠拼接不应放在承受较大弯矩的位置。

5.2.3.4.5 固化

涂覆树脂后,应固化一段时间,然后再安装下一个布。JSCE 建议,在浸渍树脂初始固化之前,表面应使用乙烯薄膜保护,防止雨水、尘土和突然气候变化对其造成影响。还必须确认浸渍树脂完全固化。

5.2.3.4.6　锚固长度

JSCE 指出,FRP 的末端锚固需要验证,应确认纤维束由规定匝数的纤维缠绕而成,并缠绕在需要锚固的地方。锚固所需匝数应通过测试确定。JSCE 指出,如果用由 12000 根细丝组成的碳纤维束锚固,只需缠绕一到两层。

如果要使用机械锚固,可以通过锚固螺栓和钢板进行,并应确认锚固的强度足够大,以防止锚固破坏。JSCE 建议,加固桥墩地基时,可能需要使用锚板和螺栓进行机械锚固,因为将FRP 布连接到基础表面时通常锚固不足。将 FRP 黏结到梁的侧面进行抗剪加固时,应使用锚栓和锚板进行锚固。

5.2.3.5　TR55

5.2.3.5.1　温度、湿度和水分相关考量

在安装 FRP 之前,混凝土表面应处于干燥状态,这样才能正常安装。如果表面潮湿,则应选择适合于非干燥表面的环氧树脂黏合剂。

在表面处理、安装加固系统和固化期间,必须保持适当的环境条件(包括温度、相对湿度和表面水分)。在表面处理过程中,环境控制包括清除工作区域的灰尘和任何可能污染已处理好的表面的物质。在安装过程中,应保持从黏合工作区到混凝土表面所在位置的通道干净,尽量减少污染风险。在固化期间,黏合温度必须保持在规定的范围内。工作区域应保持干燥。

5.2.3.5.2　表面处理

TR55 建议,正式处理混凝土表面之前应进行尝试,确保对 FRP 系统使用最佳技术。与其他规范一样,TR55 提出,必须清扫混凝土表面,清除污染物。即使是新的混凝土也应该清扫,去除脱模剂和固化膜。处理过程中应去除表面层,在不损坏基底的情况下露出集料小颗粒。表面不应过度磨光或过度做糙。应去除锋利边缘、模板痕迹或其他不规则处,使表面平坦。

各种处理技术都可起效,包括湿喷射处理、干喷射处理、真空喷砂法处理、高压清洗、使用乳化清洗剂、使用无乳化清洗剂、使用杀虫剂(必要时)、单独用蒸汽清洗、加入清洁剂用蒸汽清洗,以及对于较小的区域,可以使用钢丝刷机械清理或表面研磨技术。依据 TR55 的警告,在使用某些方法时应特别小心,其中包括机械冲击法(如用针式气动除锈枪处理和凿毛机处理等),这些方法通常过于强劲,可能会造成微裂纹和/或使混凝土出现不规则纹理。

在有些情况下,清洗技术可能没有作用,反而只会进一步扩散污染物。使用胶体或膏状的溶剂型和氢氧化钠基产品可以有效吸出污染物,但是使用过后,必须将这些产品从表面完全去除。如果进行湿喷砂处理,在处理之前,混凝土表面必须完全干燥。TR55 进一步建议,真空干喷射处理与"开放式"喷砂法相比,前者更有助于工人安全和环境卫生。

TR55 指出,在安装 FRP 之前,应修复混凝土表面的瑕疵,如果用水泥修补,应留出 28d 时间使其固化。TR55 指出,在处理好的表面上,应能均匀涂覆一层树脂,这一点很重要;黏合剂层的厚度通常为 0.04 ~ 0.20in(1 ~ 5mm)。为了实现这一点,应除去所有凸起并用合适的修复砂浆填充空洞,使表面平滑。混凝土表面的微小瑕疵可以用环氧树脂材料处理,这些环氧树脂材料可用于薄层。表面平整度应达到:将 3.3in(1m)直尺放于混凝土表面,尺下缝隙不超过0.2in(5mm)。要用纤维缠绕拐角时,应将拐角处理成半径至少为 0.6in(15mm)的倒圆角,或

按照制造商的建议进行处理。TR55 指出,有些黏合系统需要在表面处理完成后立刻涂覆底漆,同时底漆应严格按照制造商的说明进行使用。

可以通过拉断试验对表面质量进行最终评估。如果涂覆了底漆,则应测试覆有底漆的表面,至少要测试三次,详细要求如 BS 1881 第 207 节(1992)所述。

5.2.3.5.3　树脂的混合

所有用来混合和操作黏合剂及各种材料的设备应保持清洁,并保持良好的运行状态,而且所有操作人员应受过相应培训,了解如何使用设备。应根据制造商的说明混合和使用黏合剂。为了获得准确的混合比例,应使用预先批量的树脂和固化剂。应按照供应商的说明完全混合材料。应控制每次树脂混合的量,以确保所有混合树脂可在适用期内使用,在规定的适用期内仍未用完的黏合剂必须丢弃。

5.2.3.5.4　安装

如果要用 FRP 板加固混凝土表面,要采用抹灰技术用手将混合黏合剂涂抹于黏合区域。黏合剂的厚度应保持在 0.04 ~ 0.08in(1 ~ 2mm)。在将黏合剂涂覆到 FRP 板之前,应根据制造商的建议对 FRP 板的表面进行处理;一般来说,这个过程包括轻微打磨和用溶剂进行清洁。另覆有剥离层的材料不需要额外处理,去除可剥表层后,材料表面应干净且保持粗糙度适当。应在 FRP 板上涂覆黏合剂,形成微微凸起的轮廓,这种沿中线另增厚度有助于降低形成空隙的风险。

如果要使用 FRP 纤维,可以使用手持式泡沫滚筒或刷子将黏合剂涂覆于混凝土表面。黏合剂应均匀涂抹,浸渍混凝土表面并黏附在 FRP 上。干燥纤维可以直接粘贴到有树脂浸渍的混凝土表面,而无须在纤维上涂布黏合剂。如果是潮湿纤维,在安装之前必须将树脂涂在纤维上。可以用手持式泡沫滚筒或刷子或浸渍机器将树脂涂覆到纤维上。

5.2.3.6　CNR

5.2.3.6.1　温度、湿度和水分相关考量

高湿度会延缓树脂固化并影响加固效果,尤其影响湿铺安装,因此 CNR 建议,FRP 不应安装在非常潮湿的环境中。而且,FRP 不应安装在表面湿度大于 10% 的基底上,因为在此条件下,底漆的渗透会变慢,而且会产生气泡并有损黏结。可以用砂浆湿度计或吸水纸测量基底湿度。如果温度太低,也不能安装 FRP 材料,因为低温会影响树脂固化和纤维浸渍。混凝土表面由阳光直射时,建议不要安装 FRP。CNR 建议,适宜安装 FRP 的温度范围一般为 50 ~ 95℉(10 ~ 35℃)。在低温环境下,可以人工供暖。如果在雨天固化树脂,应采取保护措施,确保正常固化。

5.2.3.6.2　表面处理

CNR 建议,在安装 FRP 之前,应检查混凝土基底是否牢固,混凝土的抗压强度不应低于 2180lb/in²(15MPa),低于此值时 FRP 加固可能无效。CNR 指出,应拆除变质的混凝土,如果有钢筋条暴露在外,应对其进行评估。应采取措施保护已腐蚀钢筋,防止进一步锈蚀。一旦拆除了变质混凝土,采取了适当措施防止进一步腐蚀,且采取了额外的保护措施(如有需要)以防止其他原因(例如漏水)导致混凝土变质,便可用无收缩水泥浆修复混凝土。如果混凝土表

面过于粗糙,高差达 0.4in(10mm),应使用相容的环氧树脂浆料对表面进行平整,用特殊填充材料填补大于 0.8in(20mm)的不平整之处。宽度超过 0.02in(0.5mm)的裂纹应使用环氧树脂注射法进行填补,然后才能进行 FRP 加固。一旦混凝土的平整度和稳固性得到恢复,应进行喷砂处理,制造出至少 0.01in(0.3mm)的粗糙度,粗糙度可以通过合适的仪器(如激光轮廓仪或光学轮廓测量装置)来测量。所有的内外角和锋利边缘应圆化,半径最小为 0.8in(20mm)。最后,应清理混凝土表面,清除所有灰尘、泥土或其他抑制黏合材料。

5.2.3.6.3　安装

应检查纤维是否对准,在安装过程中必须避免 FRP 加固系统有起伏。如果使用碳纤维并且碳纤维和现有钢筋之间有可能直接接触,则应安装绝缘材料,防止电偶腐蚀。CNR 建议,在 FRP 系统的末端应至少用 8in(200mm)长的锚固,或者可以使用机械连接器。

5.2.3.6.4　验证区域

如果计划进行半破坏测试,建议选定适当部分,在其中设定额外加固区域("验证区域"),尺寸至少为 20in×8in(500mm×200mm),最小 155in^2(0.1m^2),但不得低于总面积的 0.5%。在主要 FRP 安装的同时,采用相同的材料和程序加强验证区。另外,验证区应暴露在与主要 FRP 系统相同的环境条件下,并应均匀分布在加固结构上。

5.2.3.6.5　保护涂层

FRP 系统应避免阳光直射,阳光直射可能导致环氧树脂基质材料产生化学-物理变化。这可以通过保护性丙烯酸涂料来实现,只要预先用肥皂清洁复合材料表面即可,或者通过将石膏或砂浆层(最好基于混凝土)施加到安装的系统上可以实现更好的保护。

可以采用两种不同的解决方案进行防火:使用膨胀板或使用防护石膏。在这两种情况下,制造商应指出所提供的防火等级来作为面板/石膏厚度的函数。通常基于硅酸钙的面板应直接施加在 FRP 系统上,前提是在安装期间纤维不会被切割。防火涂层应使 FRP 温度在 176℉(80℃)以下保持 90min 才是有效的。

5.2.3.7　安装程序小结

各规范关于安装程序的介绍差别很大。AASHTO 和 CNR 主要是设计规范,很少涉及 FRP 安装的各方面。这两个规范介绍的内容有限,主要包括混凝土基底的表面处理和安装时的现场环境条件。CNR 还介绍了 3 个其他主题:裂缝注入修复的最小宽度、搭接,以及在树脂固化过程中临时保护 FRP 系统。AASHTO 介绍的内容较少,NCHRP 第 609 号报告补充说明了 AASHTO 中没有涉及的推荐安装程序。JSCE 的介绍的内容也很简单,包括安装时的现场环境条件,混凝土基底的表面处理,树脂的混合和搭接。TR55 包括了除了搭接、拼接外与 JSCE 相同的项目,还增加了 FRP 安装的细节,包括涂覆底漆/腻子和湿铺法。

上述规范详细介绍了一些安装程序,其中 ACI 和 ISIS 覆盖的范围最广。尽管 ISIS 提供了更多的数量限制,但两种规范介绍的内容相似。ACI 和 ISIS 涉及的主题包括安装、设备使用、表面处理、树脂混合、FRP 系统应用、保护涂层、FRP 材料校准、多层和搭接、树脂固化和临时保护等场地环境条件。表 5-2～表 5-4 提供了比较总结。表 5-2 比较了最大允许裂缝宽度,超过该最大允许裂缝宽度则需要进行混凝土注入,这是在 FRP 应用前需要开展的表面修复工作。

表5-3比较了最小允许搭接长度。表5-4比较了用于FRP应用的混凝土拐角的圆弧最小半径的规范建议。

允许的混凝土裂缝最大宽度 表5-2

ACI	ISIS	CNR
0.01in (0.3mm)	0.01in (0.3mm)	0.02in (0.5mm)

允许的最小搭接长度 表5-3

ISIS	JSCE	CNR
6in (150mm)	压力水平较低时4in(100mm) 要增强抗剪能力和延展性时8in(200mm)	8in(200mm)

混凝土拐角圆度的最小半径 表5-4

ACI	ISIS	AASHTO	JSCE	CNR	TR55
0.5in (13mm)	1.4in (35mm)	0.5in (13mm)	0.4~2.0in (10~50mm)	0.8in (20mm)	0.6in (15mm)

5.3 检测、评估和验收

5.3.1 简介

本节将对安装FRP加固体系后的检查步骤、评估和验收标准进行概述。附录2给出了评估调查检查清单。

检查评估步骤包括所用材料、加固设计方案的一致性以及成品安装后的检查(检测缺陷),如分层、气泡、纤维波纹或未对准以及黏合强度。根据验收标准对缺陷进行评估(如果有的话),该验收标准规定了可接受的最小偏差和需要纠正性修复的缺陷之间的限制。

5.3.2 检查

5.3.2.1 ACI

ACI指出,FRP系统和所有相关工作应按照所适用法规的要求进行检查。检查工作应由项目工程师或合格检查员进行指导或在其监督下进行。合格的检查员应该检查工程是否符合设计图纸和项目规定。在安装FRP系统时,应进行日常检查,并应注意:

- 安装日期和具体时间;
- 环境温度、相对湿度和常规天气观测;
- 混凝土表面温度;
- 根据ACI503.4(2003)的表面干燥度;
- 表面处理方法和使用ICRI得到的轮廓;
- 表面清洁度的定性描述;

- 辅助热源的类型(如适用);
- 未注入环氧树脂的裂缝宽度;
- 纤维或采购的层压板批号和在结构中的大致位置;
- 批号、混合比例、混合时间和对所有混合树脂外观的定性描述(包括当天混合的底漆、腻子、饱和剂、黏合剂和涂料);
- 观察树脂固化进展情况;
- 遵守安装步骤;
- 拉拔试验结果:黏结强度、破坏模式和位置;
- 如果需要,从现场样板或验证板的测试中获得 FRP 性能;
- 任何分层或空隙的位置和大小;
- 工作的总体进展。

检查员应提供检查记录和检验板。ACI 将检验板定义为现场制造的结构样本,作为所用材料和 FRP 系统的真实模型。它们应放置在与将来检测和评估结构相同的条件下。在某些情况下,FRP 系统也可应用于不需加固的结构,但需在将来进行测试和评估。评估记录和验证板应保留最少 10 年或按项目工程师规定的时间保存。安装承包商应该保留混合树脂的样品杯并且保存每个批次的放置记录。

5.3.2.2　ISIS

ISIS 将检查分为几个阶段:混凝土基质检查,材料检查,安装前检查,安装期间检查和项目完成时检查。

5.3.2.2.1　承包商的质控责任

ISIS 要求 FRP 材料供应商、安装承包商和所有其他与 FRP 加固项目有关的人员都要维护一个全面的质检和质控(根据 S6-06 桥梁规范的附录 A16.2)标准。质检是通过一系列检查、测量和适用的测试来完成的,以证明表面处理和 FRP 安装的可接受性;质控应包括加固项目的所有方面,并将取决于项目的规模和复杂程度。

FRP 材料供应商负责对安装人员进行培训,并对其表面处理和安装 FRP 材料的能力进行认证。ISIS 指出,只能使用合格的检查员。

FRP 材料应该根据工程师的方案和规定进行质量评定。ISIS 指出,两种类型的规定是可以的:描述性规定和性能规定。在描述性规定中,工程师指定特定 FRP 材料的长度、宽度、方向、安装顺序和其他要求,以及可能的可接受的等效情况。在性能规定中,工程师根据强度、刚度或其他必要的性能和特性来规定要求,承包商负责选择合适的 FRP 系统并提交批准。

FRP 制造商应提供文件证明所提议的系统符合所有设计要求,如抗拉强度、纤维和树脂类型、耐久性、抗徐变性、与基底的黏合性和玻璃化转变温度。FRP 构成材料和与之一起制造的层压板的独立测试是必不可少的,且必须是强制性的。

承包商的选择应基于他们的资历证明、他们的技能及通过 FRP 强化项目的经验或培训体现的能力。

5.3.2.2.2　混凝土基质检查

在应用 FRP 材料之前,应对混凝土表面进行检查和测试。检查应包括表面光滑度、突起、孔洞、裂缝、角落、其他缺陷及特征的检查。根据 S6-06 桥梁规范(2Q06)的 A16.1.4 条款,应进行拉拔试验,为临界黏结安装确定混凝土的抗拉强度。表面干燥的程度,包括凝结的可能性,应符合 FRP 制造商制定的标准。

5.3.2.2.3 安装前检查

应在安装之前,安装时和安装之后对 FRP 材料进行检查。检验计划应包括原材料、分层的现状及程度、已安装系统的固化程度、附着力、层压板厚度、纤维校准和材料性能等方面。

在施工前,FRP 材料供应商应提交所有使用的 FRP 材料的认证和标识,提交的安装步骤应包含与储存期限和树脂有效时间等和温度相关的信息。对供应材料的性能测试应根据质控测试计划进行,并应符合工程师性能规定的要求。测试可以包括抗拉强度、玻璃化转变温度、凝胶时间、适用期以及黏合剂剪切强度等参数。

5.3.2.2.4 安装时检查

在施工期间,应特别注意保存混合树脂的所有记录,包括:1d 周期内的混合量,混合日期和具体时间,混合比例以及所有成分的标志,环境温度、湿度和其他可能会影响树脂性能的因素。按照 S6-06 桥梁规范 A16.2.3.3 条的规定,还应记录每天使用的布、布在结构上的位置、层数和安装方向以及所有其他相关信息。

应根据预定的取样计划制备混合树脂样品杯,并保留用于确定固化水平的测试。FRP 样品应根据预定的取样计划制造,且与应用于混凝土表面的 FRP 材料具有相同的环境条件和过程。可根据需要对这些 FRP 样品进行性能测试。此外,应进行纤维定向和特定 FRP 材料表面起伏波纹的外观检查。应向工程师报告超过指定角度 5°(1/12 斜率)的纤维偏差。

5.3.2.2.5 完成时检查

当项目完成时,检查员要检查分层情况,并对固化体系的整体质量和黏附性进行测试。此外,应保留与 FRP 材料有关的所有最终检查和测试结果的记录,包括任何分层和修理的描述、现场黏结试验、异常和修正报告以及指定试验设施的所有试验结果。工程师应保留 FRP 固化材料的样品。所需的报告和测试在 S6-06 桥梁规范(2006)的 A16.2.3.4 条款中有所规定。

5.3.2.3 AASHTO

AASHTO 建议,用于 FRP 加固的体系应由具有 FRP 安装程序专业知识的合格检查员或注册工程师进行检查。安装时应记录下列事项:

- 安装日期和具体时间;
- 环境温度、相对湿度、一般性天气观测和混凝土表面温度;
- 表面干燥程度,表面处理方法,以及按照 ICRC 得到的表面轮廓;
- 定性描述表面清洁度;
- 辅助热源类型(如果使用的话);
- 未注入环氧树脂的裂缝宽度;
- 纤维或采购的层压板批号和结构中使用每种材料的大致位置;
- 批号、混合比例、混合时间和所有混合树脂外观的定性描述,包括当天混合的底漆、油灰、饱和剂、黏合剂和涂料;

- 观察树脂固化进程；
- 遵守安装程序；
- 任何分层或空隙的位置和大小；
- 总体工作进展情况；
- 参照 ASTM D2582(2009)标准的树脂固化程度；
- 黏附强度。

5.3.2.4　JSCE

联合技术委员会建议对工作的每个阶段进行检查,这些阶段包括:首次接收时 FRP 材料的检查,材料储存情况的检查,表面处理情况以及加固后 FRP 黏结或护套状况的检查。这些检查的进一步描述如下。

5.3.2.4.1　材料和存储检查

第一次收到材料时,应检查 FRP、底漆、平滑剂、浸渍树脂和其他材料的质量及损坏情况。材料检查应按照质检书、测试结果或制造商出具的其他相关文件进行。如果材料在运输过程中、在现场长期存放时或在使用前的施工中遭到损坏,应进行测试以确认质量。

材料的储存条件也要检查。一般来说,材料应储存在室内通风良好的地方,避免阳光直射、火源和雨水,并在适当的温度和湿度条件下使用。应严格遵守储存相关法律。

5.3.2.4.2　检查现有结构

在现场应对现有需加固结构进行详细检查,注意以下几点:

- 现有的结构设置和现场条件。由于施工误差或存在无记录更改,现有结构可能未必按照原设计文件的规定完成。现有结构的尺寸应提前确认。此外,由于气候条件会影响固化和黏合,因此有必要确定现场的通风、日照、气温变化和其他条件。
- 撞击保护的必要性。如果应用的 FRP 片可能受到撞击损坏,则有必要研究是否应实施表面保护。应估计撞击对加固体系造成的潜在损害以及对现有结构的影响程度。
- 表面质量。由于黏结强度对效果至关重要,因此应仔细确定现有混凝土表面的变形程度和破损程度,以便采取必要的修复措施。
- 现有老化的原因和程度。升级后的混凝土结构的老化进程取决于老化原因的类型和程度。因此,当损坏的混凝土结构升级时,有必要预先考虑导致老化的外部因素类型和程度。特别是,当碱集料反应损坏的混凝土强化时,施工后可能会发生体积膨胀。因此,FRP 覆盖的数量和面积应该通过考虑剩余膨胀量来确定。

5.3.2.4.3　安装前、安装中及安装后检查

在使用 FRP 前,应对混凝土表面部分修复工作的完整性、表面光滑度、角部角度的处理、底漆涂层和光滑度等进行检查。

在施工中和施工后,应检查 FRP 的附着位置、咬底、剥离、松弛、皱褶、搭接长度、层数和树脂涂层的数量。此外,应根据需要进行黏结强度测试。如果施工规模较大或施工条件恶劣,最好使用现场制作的试件进行确认试验。应使用与现场使用的材料相同的材料进行试验,并且应在现场对混凝土进行试验。但是,如果在现场难以对混凝土进行试验,则可以在与现场混凝

土性能相近的板坯试件上进行试验。如果在现场缠绕,应检查 FRP 绳股的缠绕位置、缠绕间隔、缠绕张力和缠绕速度,并用树脂彻底浸渍纤维。

5.3.2.5　TR55

TR55 声明其对检查、评估和验收的建议并非行业标准,而是为了说明规范中应包含哪些要点。TR55 建议制造商应提供用于设计目的的力学性能(如强度,弹性模量等)标准值,TR55 将其定义为平均值减去 2 倍标准偏差。TR55 还建议定期进行充分测试,以确保报告数值的统计有效性。

5.3.2.5.1　材料 QC 要求

TR55 建议,所使用的所有材料应按照已批准的质量体系(如 ISO 9000)进行生产,并符合相关的 ISO 规范、Euronorms 或其他等效的国际标准。此外,应确保所有材料的可追溯性,并提供符合相关标准的证书。所有确定材料属性的外部或独立测试,应按照相关国际标准或制造商根据批准的质量体系,在批准的实验室进行。在没有国际标准的情况下,应使用行业或公司的标准或方法。

5.3.2.5.2　安装前检查

测试应包括对基本材料的目测检查,并在适当的情况下对成品元件进行物理测试。对于纤维材料,应通过测试样品来检查特定宽度的成品材料的性能。测试频率应在质量计划中说明。在每次生产运行的开始和结束时应至少取一个样品。要测试的性能至少应包括单位重量、弹性模量和抗拉强度。可以使用合适的特定树脂将 FRP 样品制成层压板,然后测试层压板以确定复合材料性能。横向和纵向性能均应测试。所有单独的卷材都应贴上适当的标签。

对于拉挤板,应定期监测向拉挤线提供纤维的情况,频率至少为每小时一次。加工速度、加工温度和其他制造参数应保持在商定的限度内并定期进行检查和记录。应通过检测样品来检查板的性质,并在质量计划中说明检测的频率。在每次生产运行的开始和结束时应至少取一个样品。还应该检查样品的尺寸精度,并且应定期对板标记批号。

从供应商处收货时,所有材料都应附有合适的合格证书。收到货物后,所有材料应严格按照制造商的说明进行存储和使用。所有使用的材料(例如交货单、批号)和环境条件(若需要,如温度、相对湿度)应保持准确的记录。若使用拉挤板,应进行外观检查以确保其符合规定且未损坏。黏合时,应通过敲打或其他方法检查板材,以确保连续黏合。

5.3.2.5.3　安装过程中的检查

对于湿铺层压板,应在垫子、单向带/纤维、机织粗纱和多轴纤维上进行外观检查,以确保均匀度和一致性。应检查完成的层压板是否有缺陷,在合同要求的情况下,应当同时按照同样的程序对试件进行强度和弹性模量等性能验证。应注意确保试件能够代表成品单元中的材料。

5.3.2.6　CNR

CNR 提供的相关信息非常少,仅说明了检查员的职责是检查材料的质量是否符合制造商的规格,核实所有材料是否已被施工经理验收,并检查所有需要试验测试的结果。

5.3.3　评估和验收

5.3.3.1　ACI

ACI 指出,FRP 系统应该根据设计图纸和规范进行评估、验收或拒绝。评估应包括 FRP 系统的材料特性、在规定放置偏差范围内安装、分层的存在、树脂固化以及与基底的黏合力。应评估放置偏差,包括纤维取向、固化厚度、铺层取向、宽度和间距、拐角圆弧半径和搭接长度。ACI 建议,通过试件和拉拔试验来进一步评估安装的 FRP 系统。实地荷载试验也可以用来确认 FRP 加固构件的安装质量(Nanni 和 Gold,1998)。

5.3.3.1.1　项目开始前的评估和验收

在开始项目之前,FRP 系统制造商应提交指定的材料特性证明和所有使用材料的标识。根据项目的需要,可以进行额外的材料测试。根据 QC 测试计划,对交付的 FRP 材料的评估可包括抗拉强度、红外光谱分析、玻璃化转变温度、凝胶时间、适用期和黏合剂剪切强度的测试。不符合专业持证设计人员规定的最低要求的材料应予拒绝。

对于预固化和机器缠绕系统等不适合制造小型扁平试件的 FRP 系统,项目工程师可要求制造商提供测试面板或样品。在安装过程中,应根据预定的取样计划制备混合树脂样品杯,并留待测试以确定固化程度。

5.3.3.1.2　项目完成后的评估和验收

纤维或预固化的层压板取向应通过目测评估。超过 5° 的纤维或预固化层压板错位[约 $1in/ft(80mm/m)$]应报告给工程师进行评估和验收。

固化的 FRP 系统应评估多层之间或 FRP 系统与混凝土之间的分层或空隙。检测方法应能检测到 $2in^2(1300mm^2)$ 的分层,并可能包括声学检测(锤击声)、超声波检测和热成像检测。在评估中应考虑相对于整个应用范围的分层大小、位置和数量。

对于湿铺系统,只要分层面积小于总层压面积的 5% ,且每 $10ft^2(1m^2)$ 不超过 10 个这样的分层,则允许小于 $2in^2(1300mm^2)$ 的小分层。大于 $25in^2(16000mm^2)$ 的大型分层会显著影响 FRP 的性能,应该通过选择性地切除受影响的布并添加相同层的重叠布碎片来修复。根据分层的大小和数量以及它们的位置,可以通过树脂注入或更换层来修复小于 $25in^2$ $(16000mm^2)$ 的分层。

对于预固化 FRP 系统,ACI 认为每个分层应根据项目工程师的指示进行评估和修理。在完成修理后,应重新检查层压板以确认修理是否正确完成。

可以根据 ASTM D3418(2003)通过实验室测试试件或树脂杯样品来评估 FRP 系统的相对固化。通过物理观察工作表面或保留的树脂样品的树脂黏性和硬度,或在项目现场评估树脂的相对固化。应咨询 FRP 系统制造商以确定特定的树脂固化验证要求。

黏附强度是一个关键的检测参数。对于黏结关键安装(如抗弯或抗剪加固),应采用 ACI 503R(1998)、ASTM D4541(2002)中的方法或 ACI 440.3R(2004)的 L.1 测试法。有效的张力黏结强度应超过 $200lb/in^2(1.4MPa)$,并能展现混凝土底层的破坏。如果 FRP 系统和混凝土间或层间的强度过低或破坏,应向工程师报告。

固化厚度也应验证。通常直径为 $0.5in(13mm)$ 的小芯材样品可以用目测确定固化的层压板厚度或层数;但应避免从高压或拼接区域取样。芯材孔通常可以用修补砂浆或 FRP 系统腻子进行填充和平滑。但是,有必要的话可以在取出芯材样品后,立即在已填充并平滑的芯材孔上添加 4~8in(100~200mm)相同层数的 FRP 重叠布碎片。

5.3.3.2　ISIS

ISIS 评估和验收的类别与 ACI 所涵盖的类别相似,其中包括重新安装评估和项目完成评估(包括检查纤维取向、分层、加固系统固化、黏合、层压板厚度和材料性能等项目)。

5.3.3.2.1　项目开始前的评估和验收

对于材料鉴定,在适当测试后没有完全确定性能的 FRP 系统,ISIS 不建议使用,因为所有组成材料均应符合适用规范且性能良好。FRP 系统的力学性能应由现场安装过程中制造的板材样品和基于既定标准的测试来确定。但是,可以允许修改标准程序以更好地利用现场组件性能。指定的材料鉴定程序应包括足够的实验室测试以衡量关键性能的可重复性和可靠性,推荐测试多批次的 FRP 材料。

5.3.3.2.2　项目完成后的评估和验收

应对纤维取向和特定 FRP 材料系统的波纹进行目测检查,且应向工程师报告超过指定角度 5°以上偏差的纤维。

完全固化后应检查 FRP 系统的分层情况。检测到的分层或其他异常应该考虑它们相对于整个应用区域的尺寸和数量,并根据它们在结构荷载传递方面的位置来进行评估。检测方法可能包括声学检测(锤击)、超声波检测和热成像检测,且能检测到小于 $1in^2$($600mm^2$)的分层以及任何大于 $1in$($25mm$)的缺陷。对于尺寸大于 $2.3in^2$($1500mm^2$)或大于层压板总面积 5% 的分层,需要进行维修。修复分层的 FRP 区域,可以切割受影响的布并且添加相同层数的重叠布碎片。必须使用合适的黏合长度来确保修复区域的完整性。然后重新检查修复区域,并将由此产生的分层图或扫描图与初始检查相比较,以验证修复的可靠性。

可以通过使用 ASTM 标准 D3418(2003)对板样品或树脂样品进行实验室测试来评估 FRP 材料的相对固化。在施工现场,可以通过物理观察工作表面或保留的树脂样品的树脂黏性和硬度来实现固化评估。对于预成型系统,黏合剂硬度测量应根据制造商的建议进行。

有芯材样品的张力黏合测试应使用已知方法进行,例如 ASTM D4541(2002)或 ACI 503R (1991)中所述的方法。但是,应注意避免在高应力或拼接区域取芯材。除非其位于 FRP 未受压的区域,否则测试区域必须进行修理。采样频率取决于项目的规模和复杂程度,拉伸黏结强度值小于 220psi(1.5MPa)是不可接受的。

可以用小的芯材样品对层压板厚度或层数进行检查,一般直径为 0.6in(15mm);这些芯材可以取自黏附测试。与黏附测试取芯材一样,应避免高应力或拼接区域;取芯材后,应进行填补和抹平。当需要时,应该使用 4~8in(100~200mm)相同层数的重叠布碎片。

确认 FRP 材料的强度和弹性模量可以使用施工现场试制面板的拉伸试验来确定。拉伸测试应遵循 S806-02 建筑规范(2002)或 ASTM 标准 D3039(2008)附录 F 规定的程序。FRP 材料的搭接强度、抗拉强度和弹性模量也可以使用环状试样的爆裂测试来确定。FRP 材料可以按照现有的 ASTM 测试方法进行测试,但是所有另外的方法都应该在测试报告中列出。与耐久性相关的测试可使用上述相同的测试方法,但需要使用特定的预处理样本。

为验证测试结果,应在施工现场准备 FRP 系统样品,并在经批准的实验室进行测试,并确定属性。实地荷载测试可以用来确认 FRP 加固构件的性能。这种测试应该在有经验的工程师的监督下进行,并且必须采取预防措施以避免损坏结构。

5.3.3.3　AASHTO

5.3.3.3.1　承包商所提交的材料

为了进行评估和验收,AASHTO 建议承包商提交制造 FRP 系统所遵循的质控程序。质控程序至少应包括原材料采购规格、最终产品的质量标准、过程检验和控制程序、测试方法、抽样计划、验收或拒收标准以及记录保存标准。

承包商还必须提供要使用的纤维、基质材料和黏合剂系统的信息,以确定其工程性能。纤维系统的描述应包括纤维类型、每个方向的纤维取向百分比以及纤维表面处理。当工程师要求时,基质材料和黏合剂应用其商业名称和其组分的商业名称以及它们相对于树脂系统的重量比来标识。

此外,AASHTO 建议承包商提交试验结果,证明组成材料和复合体系符合工程师规定的物理和力学性能值。这些测试应在工程师批准的测试实验室进行。对于每个属性值,都要确定从哪个批次中抽取试样,并且必须报告每个批次的试样数量、平均值、最小值和最大值以及变异系数。测试应至少要有 10 个样本。

5.3.3.3.2　湿度和环氧树脂的要求

在与预期使用条件相同的条件下固化时,复合材料体系以及黏合剂体系应符合以下要求。根据 ASTM D4065(2012)确定的复合体系玻璃化转变温度的标准值应该比 AASHTO LRFD 桥梁设计规范(2012 年)第 3.12.2.2 节中定义的最高设计温度高至少 40℉。如果根据 ASTM D3039(2008)进行拉伸试验,则与纤维的最高百分比相对应的方向上的拉伸破坏应变标准值不应小于 1%。

当水分通过基质迁移并到达纤维-基质界面时,基质对纤维的黏附力减弱。因此 AASHTO 规定的湿度必须受到限制;根据 ASTM D5229/D5229M(2010),测定的水分平衡含量的平均值和变异系数不得大于 2% 和 10%。在计算这些值时,应至少要有 10 个测试样本。

5.3.3.3.3　环境条件

在下面列出的各种环境条件下,根据 ASTM D4065(2012)测定的玻璃化转变温度的标准值和根据 ASTM D3039(2008)测定的拉伸应变特征值,在复合材料中应达到上述要求值的 85%。环境条件如下:

(1)水:将样品浸入温度为 100±3℉(38±2℃)的蒸馏水中并在 1000h 后进行测试。

(2)交变紫外线和冷凝湿度:根据 ASTM G154(2012)标准实践,样品应在周期 1-UV 暴露条件下在设备中进行调节。样品应在从设备中取出后 2h 内进行测试。

(3)碱:在测试前,样品应在 73±3℉(23±2℃)的环境温度下浸入饱和氢氧化钙溶液(pH=11)1000h。应监测 pH 值,并根据需要维持溶液。

(4)冻融:在符合 ASTM C666(2008)要求的设备中,复合样品应暴露于 100 次重复的冷冻和融化循环中。

此外,如果工程师规定了冲击耐力,冲击耐力应根据 ASTM D7136(2007)确定。

当使用黏合剂材料将 FRP 加固材料黏结到混凝土表面时,在上述环境中进行处理后,根据 ASTM D4065(2012)测定的黏合剂材料玻璃化转变温度的标准值,必须比 AASHTO LRFD 桥梁设计规范(2012)第 3.122.2.节中定义的最高设计温度高至少 40°F。而且,在上述环境条件下进行处理后,由工程师指定的测试所确定的黏结强度应至少为 $0.065\sqrt{f_c'}$(ksi)(Naaman 和 Lopez,1999)。此外,AASHTO 建议对环氧树脂固化前水分是否会聚集在混凝土和环氧树脂黏合剂之间的黏合线上进行评估,可以通过将 4ft×4ft(1.2m×1.2m)的聚乙烯布粘贴到混凝土表面来检查。如果水分在固化环氧树脂所需的时间之前聚集在布的下面,则应按照 ACI 530R-05(2005)的规定,让混凝土充分干燥,以防止混凝土和环氧树脂之间形成防潮层。

5.3.3.3.4　环氧物理测试和黏合性能测试

在安装过程中,应根据预定的取样计划准备混合树脂样品杯,并根据 ASTM D2583(2007)留待测试以确定固化程度。可以通过物理观察工作表面和保留的树脂样品的树脂黏性和硬度,或在项目现场评估树脂的相对固化。

对于临界黏结(即抗弯或抗剪)安装,应使用 ACI 530R(2005)、ASTM D7234(2012)中的方法或 ISIS(2008)描述的方法进行有芯材样品的张力黏附测试,应指定采样频率。根据 ACI 440.2R-08(2008)的规定,黏结拉伸强度应超过 $200lb/in^2$(1.4MPa),且混凝土基底破坏应先于黏合剂破坏。

5.3.3.4　JSCE

JECE 的评估和验收建议包括消防安全标准、碰撞防护标准和涂饰工作标准。

5.3.3.4.1　消防安全

在 JSCE 中,要升级的结构以及周围环境不同,所要求的消防安全级别也有所不同。一般来说,有三个安全级别。

- 不易燃的。这种 FRP 的可燃性低,而且可以确定,即使材料在火灾中损坏,也可以修复。
- 不可燃和类似不可燃的。FRP 布在火中不会被点燃,也不会产生有害烟雾。但是,在火灾期间和火灾后,它们可能无法保持其承载能力。
- 防火的。发生火灾时,结构不会倒塌,且无需修理,FRP 布在火灾发生后仍能保持足够的强度,并且在发生火灾时可以保持全部或部分强度。
- 为确认消防安全,应制造与实际结构具有相同保护涂层的试样,并进行燃烧试验。在试验过程中,根据所要求的消防安全等级,研究着火情况、产生气体、表面有害变形以及火灾后 FRP 质量的变化。

可以用燃烧试验检查保护层的防火等级,实施该试验有一种很简单的方法,即在 FRP 附近放置火焰,并观察布是否点燃,以及移除火焰后测试样品表面是否有残余火焰。

在一般火灾中,FRP 中的碳纤维不会燃烧或发生化学反应,即使用外部火焰点燃,一旦除去火焰,纤维也会自熄。因此,即使表面没有覆盖物,其也是不易燃的。一般来说,安装 FRP 加固系统后,现有的混凝土结构承担恒载和其他永久性荷载,而 FRP 则用于承担活荷载。因此,即使连续纤维片在火灾中发生故障,通常结构也不会立刻倒塌。有鉴于此,JSCE 指出,如果发生火灾的可能性很小,而且发生时没有蔓延的危险、有足够避难空间可用、几乎不会造成生命危险,则不需要特别在 FRP 系统上涂覆阻燃物。

如果防火是设计目标之一,并涂覆有不可燃或类似不可燃的保护层,且假定火灾后需修复布,那么保护层通常可以由砂浆、岩壁或类似材料构成。在该设计类别中,检查阻燃性的一种方法是将 FRP 布黏合到混凝土构件上,制成试样,然后以规定温度将试样在炉子中加热规定时间,再立即测试 FRP 布,确定 FRP 布的性能是否发生预期变化。

如果希望 FRP 布即使在火灾后也无须修理仍能保持原有强度,应保持连续纤维片在火灾中的温度低于树脂分解温度[环氧树脂分解的温度约为 500℉(260℃)]。要实现此目的,可用约 2in(50mm)的砂浆覆盖布。

5.3.3.4.2　抗冲击性

抗冲击性是 JSCE 提出的另一个领域。如果 FRP 有可能受到冲击影响,可以使用几种方法中的一种来确认材料是否符合性能要求。一种可能性是,使用统计数据估计冲击荷载的大小,然后通过冲击荷载试验来验证性能要求。可通过跌落冲击测试和摆锤冲击测试评估结构的垂直碰撞抗冲击性。将结构可能受到的碰撞作用于结构上,通过其产生的结构损伤调查可以估计结构使用期间可能产生的冲击。如果难以对结构在使用寿命期间施加的冲击进行统计计算,那么可以基于对现有结构的调查结果采用更简单的方法。当结构预计仅在非常罕见的情况下受到冲击时,可以进行验证,以确保即使在冲击后性能暂时下降,结构也能够快速修复。

5.3.3.4.3　涂饰工作

涂饰工作包括涂覆涂层,使材料具备耐久性、可观赏性和防火功能。JSCE 建议,处理后的表面应得到适当涂饰,以满足以下性能要求:耐晒性、耐候性、耐火性、抗冲击性、粗糙度及外观。JSCE 指出,通过户外暴露测试和加速暴露测试已经证实了 FRP 出色的耐久性。但是,由于纤维种类的耐久性可能会受到使用条件的影响,因此,应在仔细考虑 FRP 的性能后对其进行涂饰。暴露于紫外线和臭氧时,树脂可能会变质并变白,且其外观容易损坏。因此,如果要求在受阳光直射的环境中保持式样美观,FRP 应涂上保护涂层。

5.3.3.5　TR55

TR55 中没有 ACI 和 ISIS 中提供的详细评估和验收标准。但是,该规范介绍了使用机械和非破坏性方法测试剪切和黏结的过程。TR55 所提出的剪切测试方法是双重搭接剪切测试。TR55 指出,可以使用各种非破坏试验来检查已完成和已固化的黏结。最常见的是声学测试(锤击),热成像可用于勘测大面积的项目。在加固时也可以安装拉式台架,拉拔测试可以在不同的时间进行,以测试黏合强度随时间变化的规律。类似地,可以在不同时间的加固,在测试时也可以制备另外的双重搭接剪切测试样本。

TR55 指出,是否有分层风险取决于加固的类型和在结构上的位置。例如,柱中的分层区域可能对性能的影响有限,而在梁的下端,特别是在高剪切点处的分层对性能有显著影响。TR55 引用 ACI 440 来表明可接受的分层程度。

可在主要结构加固前安装仪器,这能评估加固前后的结构反应。

5.3.3.6 CNR

5.3.3.6.1 在项目开始之前进行评估和验收

CNR 建议在开始项目之前对 FRP 材料进行一系列控制,以确保其一定的力学和物理特性。对于建筑材料,具体标准可用于确定物理和力学性能的最小值、测试步骤以及验收标准。有关纤维增强材料力学特性测试的更多信息,CNR 参考以下文件:

- ACI 440.3R 04《用于增强或加固混凝土结构的纤维增强复合材料试验方法指南》;
- JSCE(1995)《连续纤维增强材料的测试方法》;
- JSCE(2000)《连续纤维片的测试方法》;
- ISO(TC71/SC6N)《非常规混凝土强化——试验方法——第 1 部分:纤维增强复合材料(FRP)棒材和网格》;
- ISO(TC71/SC6N)《非常规混凝土强化——试验方法——第 2 部分:纤维增强复合材料(FRP)布》。

5.3.3.6.2 施工经理的责任

CNR 把评估和验收归为施工经理的责任。施工经理的附加责任包括:对产品是否验收做决定,检查材料是否符合设计者的规定,检查供应材料的来源(拉挤材料通常由制造商标记以便识别,而其他材料必须有标有必要信息的商标或标签,以便追溯),并使用制造商提供的测试证书检查产品的力学和物理特性。附加责任是确定是否需要进行试验测试来评估材料质量及是否符合制造商提供的标准。这些测试将在具有足够经验和设备的实验室中进行,以表征 FRP 材料。验收标准可以基于生产过程中获得的最大可接受偏差的结果。在某些情况下,要求测试评估未经处理和经过处理的样品力学和物理性能,并考虑温度和湿度变化。

CNR 定义了类型 A 和类型 B 的安装。类型 A 的每个组件以及要安装的最终产品都会获得认证,然而施工经理会要求安装系统进行验收测试。而类型 B 的安装,每个组件都需要认证,但 FRP 系统则不需要。在这种情况下,施工经理需要进行多次试验,以确保 FRP 系统和安装步骤的质量,分别见 CNR 第 4.8.3 和 5.8.3 节的钢筋混凝土和砖石结构。

5.3.3.6.3 项目完成后的评估和验收

CNR 规定在 FRP 安装期间需要进行质控测试。测试包括至少一个针对安装本身力学特性的半破坏试验,以及至少一个非破坏性试验,以确保均匀性。

对于半破坏性试验,可以进行拉拔和剪切测试。测试应在检验板上进行,并且在可能的情况下,每 $53.82ft^2(5m^2)$ 非关键强化区域应安排一次测试,并且每种类型的测试不得少于 2 次。拉拔测试用于评估混凝土基板的性能,并采用直径至少为混凝土集料特征尺寸 3 倍,且不低于 1.6in(40mm)、厚度为 0.8in(20mm)的圆形钢板进行。用环氧黏合剂将这些板黏附到 FRP 的表面。当钢板牢固地连接在 FRP 上后,用高速取芯钻(以至少 2500 转/min 的速度旋转)与周围的 FRP 隔离。需特别注意的是,当混凝土基板切口达 0.04 ~ 0.08in(1 ~ 2mm)时,应避免取芯热量传导给 FRP 系统。假如破坏发生在混凝土基板上,如果至少有 80% 测试的回拉应力不小于 130 ~ 174lb/in²(0.9 ~ 1.2MPa),则 FRP 安装是可以接受的。

剪切测试对于评估 FRP 和混凝土之间的黏结质量特别重要。只有当 FRP 系统的一部分能够在靠近与混凝土基底分离边缘的平面上拉出时才可以进行。如果至少有 80% 的测试(在两次测试的情况下)可以得到不小于 5.4kips(24kN)的峰值撕裂力,结果则可以接受。

非破坏测试可用于表征 FRP 安装的均匀性,从加固表面的二维检测开始,三维的结果则是与加固区域有关的函数(表 5-5)。

用非破坏性测试确定缺陷的最小分辨率 表 5-5

界面剪切应力	例 子	非破坏性试验	表面映射网格	缺陷厚度的最小分辨率
无	包裹,除单层安装的重叠区域外	可选	10in (250mm)	0.12in (3.0mm)
弱	大平面加固的中心区域	可选	10in (250mm)	0.12in (3.0mm)
中	纵向弯曲加固的中心区域	建议	4in (100mm)	0.02in (0.5mm)
强	锚固区域,层间的重叠区域、抗剪加固的箍筋、有连接器的界面区域或基板上较粗糙或有较大裂缝的区域	必须	2in (50mm)	0.004in (0.1mm)

CNR 规定的非破坏性试验包括:

(1)激励声学试验。简易的操作是技术人员锤击复合材料表面并聆听撞击声完成测试。然而,使用自动化系统可能会获得更客观的结果。

(2)高频超声波试验。使用基于由局部缺陷引起的第一个峰值振幅变化的技术,最好使用频率不小于 1.5MHz 的反射方法,和直径不大于 0.98in(25mm)的探针进行。

(3)热成像试验。根据 CNR 的说明,这只对导热系数低的 FRP 系统有效。除非采取特别的预防措施,否则不应该安装于碳纤维或金属 FRP 加固系统中,因为测试过程中产生的热量必须小于玻璃化转变成 FRP 系统的温度。

(4)声发射试验。该测试特别适用于检测安装于钢筋混凝土结构的 FRP 系统缺陷以及混凝土基底的分层。

5.3.3.7 评估和验收总结

ACI 和 ISIS 提供了类似的评估和验收标准,包括材料评估、材料/FRP 系统鉴定测试、现场测试和样品采集。这两个规范提供了纤维方向校准、分层、树脂固化、黏合强度和固化厚度的标准。

AASHTO 给出了承包商的评估和验收责任。承包商应提交完整的质控计划,详细说明验收的检验、取样、测试及标准。承包商还要提供用作 FRP 系统一部分的材料的详细信息,以及测试结果以验证材料是否符合所需的设计特性。

AASHTO 提供了材料和 FRP 系统验收标准的详细清单,包括所需测试和样品尺寸的描述。AASHTO 重点关注在各种环境因素下的测试材料。

JSCE 特别强调三个方面:防火、碰撞安全和涂饰工作。规范提供了三个方面的合理覆盖范围,但未覆盖其他规范涵盖的评估和验收方面。TR55 没有将质控、检验和测试与评估和验收标准明确分开。因此,检查中所讨论的项目与评估和验收环节重叠。

CNR 提供了它所推荐的参考规范列表,作为其材料/系统认证的基础。该规范为评估和验收提供了广泛的指导原则,但缺乏细节。该规范提供了两种测试类别:半破坏性测试和非破坏性测试。半破坏性测试包括拉断和剪切撕裂测试,非破坏性测试包括激励声学测试、声发射测试和热成像测试。

表 5-6 列出了黏合剂的最小可接受抗拉强度的比较,表 5-7 列出了允许的最大分层面积比较。

可接受的黏合剂最小抗拉强度 表 5-6

ACI	ISIS	CNR
200psi (1.4MPa)	220psi (1.5MPa)	$130 \sim 175$psi ($0.9 \sim 1.2$MPa)

允许的最大分层面积 表 5-7

ACI	ISIS
2in^2 (1300mm^2) 或者 层合总面积的5%	2.33in^2 (1500mm^2) 或者 层合总面积的5%

5.4 维护和修复

5.4.1 简介

本部分为维护相关的内容,包括定期进行检查和测试,以确定 FRP 强化系统的任何损坏、退化或缺陷,并进行必要的修复。维护评估是根据测试数据和观察结果进行的,包括帮助减缓退化和维修必要性的建议。

5.4.2 ACI

5.4.2.1 检查和评估

ACI 建议,应进行定期检查和评估以验证 FRP 系统的长期性能。在进行任何修复或维护之前,应查明并处理在日常检查中发现损坏或缺陷的原因。

一般检查包括观察颜色变化、剥离、剥落、起泡、裂纹、龟裂、偏斜、钢筋锈蚀迹象和其他异常情况。其他检测方法,如超声波检测、声学检测(锤击)或热成像检测,可用于识别渐进分层的迹象。

5.4.2.2 修复技术

在修复之前,应首先确定并解决损坏的原因。修复方法取决于损坏原因、材料类型、退化形式和损坏程度。应修复的轻微损坏包括局部 FRP 层压板开裂或影响层压板结构完整性的磨损,这种损伤可以通过在受损区域黏结具有相同 FRP 特性的 FRP 贴片来修复。FRP 贴片应具有与原始层压板相同的特性,如厚度或层厚度;小的分层可以通过树脂注射来修复。

包括大面积剥离和剥落在内的大损坏,则可能需要拆除受影响的区域或修复混凝土并更换 FRP。ACI 没有提到可以用来拆除 FRP 损坏的技术。但是,本书的第 8.2.6.2 节提供了一些拆除建议,FRP 贴片应按照材料制造商的建议进行安装。

如果要更换表面保护涂层,应检查 FRP 的结构是否损坏或老化。表面涂层应使用系统制造商认可的工艺进行更换。

5.4.3 ISIS

ISIS 不涉及长期维护、评估和修复。

5.4.4 AASHTO

AASHTO 建议,对现有混凝土结构的评估和修复以及修复后的评估标准应考虑以下文件:
- ACI 201. IR:《使用中的混凝土状况调查指南》;
- ACI 224. IR:《混凝土裂缝起因、评估和修复指南》;
- ACI 364. 1R-94:《修复前混凝土结构评估指南》;
- ACI 440. 2R-08:《用于加固混凝土结构的外贴 FRP 系统设计与施工指南》;
- ACI 503R:《环氧化合物与混凝土同步使用指南》;
- ACI 546R:《混凝土修复指南》;
- 国际混凝土修复协会 ICRI 03730:《钢筋锈蚀引起的老化混凝土表面修复指南》;
- 国际混凝土修复协会 ICRI 03733:《选择和指定混凝土表面修复材料指南》;
- NCHRP 第 609 号报告:《使用黏结 FRP 复合材料修复和改造混凝土结构推荐的过程控制手册》。

5.4.5 JSCE

JSCE 建议用 FRP 加强的混凝土结构应与退化预测、检查、评估和判断、对策和记录系统地结合。

在设计和维护检查中,应通过适当升级和修复来预计退化。在维护过程中,应该做出更准确的退化预测。

5.4.5.1 检查和评估

检查包括初始、日常、定期、详细和非常规检查,通过肉眼或使用适当的检查设备进行,应基于性能要求和性能退化预测。退化可能会影响 FRP 材料本身或树脂、作为复合材料的 FRP 系统(接触面退化)和 FRP 与混凝土之间黏结力。这种退化的外表特征可能包括膨胀、剥落、起皱、软化、变色、增白、粉化、开裂、磨损、腐蚀、针孔、划痕、变形和脆化。但是,JSCE 指出,FRP 布将阻止或限制各种外来物质侵入混凝土,如盐侵蚀、碳酸化、冻融、碱集料反应,化学侵蚀和疲劳,从而提高混凝土耐久性。退化可能会导致 FRP 各种性能发生改变,包括重量、体积、力学性能(硬度、黏结强度、抗拉强度、弹性模量、伸长率等)和物理性能(电性能、热性能、光学性能等),因此应使用观察的方法并采用适当的设备进行检查。

JSCE建议使用两阶段的评估和判断:肉眼检查和详细检查。肉眼检查是为了决定是否需要进行详细的检查;详细检查用于评估是否需要修复措施,以及选择修复措施的类型。

5.4.5.2 修复技术

修复技术的选取应基于评估和判断结果,使其满足材料性能要求。相应的措施包括严格检查、服役限制、FRP系统修复、附加加强、外观改善以及拆解和处理。对于轻微的退化,采用的对策应主要包括对FRP系统进行更严格的检查和修复。所选择的方法应取决于退化机制和观察到的变化程度。但是,JSCE建议考虑以下措施:对于膨胀、剥离和抬升,可以使用树脂填充;而对于开裂、磨损和腐蚀,可以修复。当观察到严重退化及大范围的退化时,应进行附加的FRP加强。在这种情况下,应移除现有的FRP,并重新检查加强升级计划。

为了实施适当的维护,应针对设计、施工、检查、评估和判断、修复、附加加强升级等结果进行详细记录并保存相关记录。修复的方便性受升级计划和设计施工的影响,具体而言,检查和监视设备在结构上布置的便捷程度会影响维护的方便性。出于这个原因,建议在加强升级计划以及设计和施工中全面考虑维护因素。

5.4.6　TR55

5.4.6.1　检查和评估

与ACI类似,TR55强调应对FRP强化系统进行定期监测和检查,建议每年进行一次普查,每6年进行一次详细检查。

一般(肉眼)检查主要进行表面检查,检查员除了寻找由于冲击或表面磨损而造成的局部损坏之外,还要寻找裂纹、开裂、分层或退化,并报告裂缝或腐蚀等混凝土退化迹象。此外,还应检查所需的标识或警告标签,并更换丢失的标签。

当FRP表面存在保护层时,还应检查保护层的状况,根据供应商的建议更换损坏的防护涂层,禁止检查时去除保护层。

详细的检查要考虑各种项目,通过轻拍或热成像可以确定FRP与混凝土是否剥离。但TR55指出,非破坏性测试无法用于评估黏合剂的黏合状况。因此,黏合剂应通过定期对对照样品进行拉拔测试来评估。尽管在加固后可能需要更频繁地测试样品,但拉拔测试应作为详细检查的一部分。

为便于检查,可以安装仪器进行评估,例如,已安装在结构上的仪器基于动荷载来评估FRP系统拉力。这种仪器可以用来说明结构响应的变化。如果观察到重大变化,有必要确定它们是由于加固体系的变化(如分层)还是混凝土结构的整体变化(如附加裂纹或腐蚀)造成的,以便采取适当的措施。结构的健康和安全档案应包括为检测加强效果而安装的所有仪器的详细情况,以及在加固之前和之后获得的数据。

用于加固的材料信息应包含在该结构的健康与安全档案中。该文件还应包括加固系统中检测到的微小的分层区域和任何初始缺陷,确定锚固区和高应力区等关键强化区域,以及工程师为各种FRP强化系统的损坏形式采取的措施,这应该适合每个特定的结构。

为了方便对FRP加固系统进行测试和评估,TR55建议将结构中其他区域,即远离加固区域的地方,与 FRP 系统结合在一起进行不影响系统性能的测试。TR55 指出,这种方法已被采用在许多结构上,包括曼彻斯特的巴恩斯桥和不列颠哥伦比亚省的约翰哈特桥。

同时,FRP 可以黏结到混凝土样品上,且这些样品应存放在结构附近。样品检查和测试可以作为检查工作的组成部分。为了便于检查,任何样品都不应该覆盖保护层,因此这些样品表明了黏合到结构上的复合材料性能的下限。详细信息应包含在结构的健康与安全档案中,同时提供关于测试频度的建议。

5.4.6.2　修复技术

对于 FRP 的局部损坏,可以用树脂注射或板重叠的方式进行修复。对于大面积剥离和脱离等重大损坏,应将有缺陷的材料去除,以使修复区域周边的材料完全黏结。再修复混凝土表面,并安装 FRP 补丁,使新旧材料之间有足够的重叠。应该检查修复材料与已经存在材料之间的兼容性。修复材料必须具有与现场材料相似的特性,如纤维取向、体积分数、强度、刚度和总厚度。

5.4.7　CNR

CNR 建议,由于缺乏用于强化的 FRP 系统长期性能数据,应在已安装 FRP 系统上进行定期半破损和无损测试时伴以适当的监测。监测的目的是识别已安装的 FRP 系统的温度、环境湿度、加固结构的位移和变形、纤维损坏以及安装的 FRP 系统中的缺陷或分层等潜在的问题。

5.4.8　维护和修复总结

ACI、TR55 和 JSCE 都提出了相对广泛合理的维护和修复问题。每一个都要求制定和实施定期维护计划,包括目视检查、特定测试、针对系统结构完整性的损坏评估以及修复建议。根据损坏的类型和严重程度,这 3 个规范提供了适当修复方法的建议。CNR 在维护和修复方面较简短,并指出需要使用半破坏性测试和非破坏性测试进行定期监测和检查以评估系统,但没有提出修复建议。ISIS 不包括这个主题,而 AASHTO 没有提供详细的内容,但是提到了ACI,ICRI 和 NCHRP 的专门文件清单,以便作进一步的建议。

第6章 室内试验

6.1 耐久性试验概述

耐久性是一个常见的问题,当 FRP 暴露于极端高温或低温、潮气波动、冻融循环、化学污染物(如除冰盐等其他潜在的因素)等环境时,其整体的性能有退化的可能。但是,目前暂时没有 FRP 体系在特定环境下的耐久性数据。理想情况下,可通过实地试验来评估材料的耐久性,将要测试的系统置于其所服役的气候条件下,定期监测并评估其性能。然而,实地试验需花费大量的时间和成本,为使 FRP 体系发生显著的性能退化,可能需要数年甚至数十年时间,因而可行性不佳。另外,可以用室内加速试验来测试评估耐久性。在加速测试中,需将 FRP 样品置于比预期环境更恶劣的条件中,但加速环境不应改变原有的破坏模式。置于更恶劣条件下的目的是人为加速退化速率,这样就可以用合理的时间和成本观察到显著的性能退化。这种加速测试的缺点是,有时结果数据无法解释清楚,特别是测试结果与预期环境中性能退化的关系。另一个问题是如何量化退化,即应该测试哪些力学性能,以及要使用哪些测试方法。虽然 FRP 体系的很多性能都可能随着时间的推移而退化,但主要的关注点是 FRP 和混凝土之间的黏结强度。这种黏结性能通常控制着整个体系的强度,且黏结性能的退化比 FRP 材料本身的退化速度更快。在加速侵蚀条件下,拉拔试验可用于评估样品的黏结强度。

6.2 黏结耐久性

一般来说,测试时需准备一系列适用于黏结测试的 FRP 样品,然后将这些样品放入环境室,将其置于预先确定的加速循环环境中;定期从加速环境中去除样品,对其进行拉拔试验。测试可以比较不同类型样品的性能退化速率,得出相对耐久性。如果有其他更多的信息,或可在下述某些情况下推知试验结果,则能够以此推测材料在自然环境中的长期性能退化。

6.2.1 试验样品的准备

各种形状的试验样本都是可用的。但是,基于已知标准制作样品并进行改进(如有必要)通常会更有效。ASTM C293 规定试验样品尺寸为 16in × 4.3in × 4.1in 或者 40.6cm × 10.9cm × 10.4cm(长 × 高 × 宽)的小梁体,该尺寸可进行多次拉拔试验;但由于样品不够小巧,则无法放置于小环境室中,且不易处理。考虑到拉拔试验涉及黏结强度而非抗弯强度,且不需考虑梁的高度(即垂直于即将安装 FRP 的表面的高度),因此测试梁的高度时样品尺寸可以减小一半,即采用尺寸为 16in × 2.0in × 4.1in 或 40.6cm × 5.1cm × 10.4cm 的小梁体。

在浇筑小梁体之前需制作模具,一般采用胶合板模具组件(图 6-1)。实际制作时,通常将多个样品模具用螺栓连接成一组,以便拆卸脱模,且不会破坏模板。建议在模具的内表面涂上脱模剂(如蜡或油),以便取出样品。

图 6-1 可重复使用的胶合板模具组

混凝土基底质量对于黏结强度至关重要,浇筑所用的混凝土与配合比、水泥强度指标及其他性能息息相关。一旦新拌混凝土倾倒出模具,需根据 ASTM 标准现场测试混凝土性能,包括检查水/水泥比(ASTM C 1078 和 C 1079)、坍落度(ASTM C 143)、空气含量(ASTM C 231、C 173 或 C 138)以及与该项目相关的其他性能。ASTM C 172 介绍了检测混凝土样品的推荐程序。此外,浇筑现场应同时制备圆柱状试块,达到规定龄期后,应检测其抗压强度是否满足设计要求(ASTM 3、C 192 或 C 873 及 C 39)。

样品应与被加固结构使用相同的混凝土,且二者的凝固条件应尽可能接近。然而,FRP 通常用来加固既有的老旧结构,而老旧结构的相关信息往往是缺失的。因此,若无特定要求,则建议使用标准的 28d 湿润养护工艺。实际养护时,只需将样品从模板中取出再浸入水中即可达到目的,无需在表面涂覆保护层或人工定期连续湿润样品。然而,在样品还在模板中或放入盛水容器之前,必须不断对样品进行湿润养护。在湿凝过程结束后,应使样品干燥 48h 再进行表面处理,为 FRP 粘贴做准备。表面处理包括:用角磨机进行平面研磨,凿除所有低强度混凝土表层和杂质;如果测试样品使用 U 形包裹配置,则需磨削圆边;用钢丝刷清理表面凹陷区域和表面瑕疵;用腻子填充大凹面,确保表面平整;且在安装 FRP 之前,用高压气枪清洁样品,除去灰尘。

现场安装 FRP 系统时,应认真遵循制造商的指导意见,包括使用合理的程序、工具及制定相应的安全要求。安装过程中,有两个问题需要特别注意:首先,用高黏度树脂充分浸渍 FRP 纤维通常比较困难。如果使用这种加强材料组合,要特别注意确保纤维完全浸渍。一般不建议浸渍纤维时使用高黏度树脂,但在安装 FRP 布(层压板)时则要求采用高黏度树脂。其次,在安装过程中,必须严格在其适用期和适宜温度范围内使用环氧树脂,以避免环氧树脂过早固化,对最终系统的质量产生不利影响。总之,安装 FRP 时,需谨慎遵守制造商推荐的指导方针并提前制定安装计划。图 6-2 为已安装 FRP 的最终样品范例。

a)   b)

图 6-2 安装有 FRP 纤维的全深和半深样品

6.2.2　测试方案和程序

加速腐蚀可以在环境室进行,如图 6-3 所示。环境室可以通过程序指令实现所需的温度;

但对于湿度条件,几乎所有环境室都只能模拟极端湿度条件(干燥和 100% 饱和状态)。对于后一种情况,可以先将样品放入盛水容器中,然后再放入环境室。在盛水容器中混合化学污染物(如除冰盐),则可以模拟化学污染物的影响。如果使用零下温度条件,则必须避免容器因水膨胀而发生破裂。

由于实际结构的预期位置、项目需求以及所期望的加速退化速率不同,试验中可采用多种温度曲线。在寒冷气候条件下,潮湿的冻融循环造成的破坏通常最大,因此应考虑使用零下温度。尽管较高的极端温差循环可能会加大退化速率、大幅缩短试验时间,但也要避免试验温度远超现场可能达到的温度的情况。在极端情况下,超高温可能会人为地使某些树脂软

图 6-3　Tenney 环境室

化、甚至燃烧,从而对系统造成许多非自然损坏,进而可能产生错误的试验结果。图 6-4 展示了寒冷气候条件下的温度循环示例。试验中,一旦指定了温度循环周期,样品就要按照该循环条件进行循环试验,直至发生损坏。例如,向样品重复施加 60 个周期的循环序列,意味着在 60 次、120 次、180 次和 240 次等循环次数之后,可将样品取出并进行测试。各指南没有明确规定最佳周期长度,一般可以循环 2～5h,与 ASTM C666 中建议的上限和下限对应。

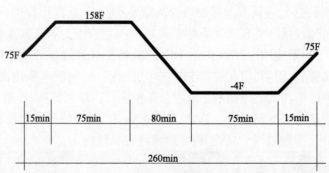

图 6-4　温度测试循环示例

注:$260\text{min} = 4 + \dfrac{1}{3}(\text{h})$

做拉拔试验时,所需的 FRP 面积通常很小,同一样品可能会在整个过程中重复测试。然而,对于其他类型的样品,如用于弯曲或抗压试验的样品,在每次试验后,整个样品通常会受到极大的损伤或破坏,因此,不能再进行加速循环试验。在这种情况下,必须制备多个样品,使每个样品暴露不同时长。但是,样品之间存在强度上的差异,且每个样品经受的暴露周期也不一致,这会对测试结果产生其他的不确定性。为避免这种不确定性,可以在每个暴露周期后测试多个样品,再通过统计方法获得对应于一定可靠度水平的试验结果。

以下给出一个例子以说明统计方法在试验中的运用。给定一组标准偏差为 σ 的测试结

果(在给定暴露周期下获得),通常需得出该结果对应的平均值的可靠度。在置信度为 C 的情况下,实际总体平均值在计算值的 $\pm w$ 以内,所需测试的样品数量可通过式(6-1)估算:

$$n = \frac{1}{w^2}(\sigma k_{\alpha/2})^2 \tag{6-1}$$

式中,$k_{\alpha/2} = \Phi^{-1}(1-(1-C)/2)$,$C$ 的取值通常为 90% ~ 99% (即,$C = 0.9 \sim 0.99$),Φ^{-1} 为标准正态函数的逆函数,可以通过具有统计功能的表格或具有 NORM. S. INV. 函数的 Microsoft Excel 中获取此值。

上述过程并不精确,因为表达式假设的标准偏差是针对整体(实际上人们对其从来不了解),而不是针对所采用的少量测试样品。但是,在多数情况下,一般认为二者相差不大,因此可以合理地将总体标准偏差应用于一定数量的样本分析。例如,假设在 120 个风化循环之后得出 4 个拉拔测试结果,分别为(psi):453、620、536、482。该组数据的平均值是 523,标准偏差是 73.4。假设实际总体平均值在 ± 30psi 内,则在 95% 的置信度下,$k_{\alpha/2} = \Phi^{-1}[1-(1-0.95)/2] = \Phi^{-1}(0.975) = 1.96$,然后估计这个置信度对应所需的样品测试次数为:$n = (1/30^2)[73.4(1.96)]^2 = 23$。

6.2.3 拉拔试验

ASTM D4541 描述了用于黏着力测试所采用的拉拔法,需要通过拉拔测试仪完成(DeFelsko PosiTest AT-A 自动黏着力测试仪)。测试可概述为,将一个小金属测试棒黏着在 FRP 表面,用孔锯沿着测试棒切割 FRP,再用测试机器拉动棒顶部,直至其与 FRP 表面分离。具体测试程序如下:

(1)表面处理。使用磨砂纸去除测试棒和样品表面的污染物,用干布或纸巾将研磨区域擦除干净,再用丙酮或酒精为该区域做脱脂处理。

(2)安装测试棒。将环氧黏合剂(例如乐泰 907 环氧树脂类黏合剂)均匀涂覆在测试棒底部,然后将测试棒黏着到样品表面,接着在原位紧紧按压测试棒,清除多余的黏合剂。图 6-5 所示为已黏附在测试表面上的测试棒。为了解涂料抵抗风化的效用,图 6-5 中半个样品(位于图的下部)表面涂覆有保护性涂层。该试验所用测试棒的直径为 20mm。根据所建议的样品尺寸,可以在单个样品上放置多个测试棒,以便在后续风化循环中进行重复测试。

(3)沿着测试棒切割 FRP。将附着在测试棒上的 FRP 与周围的 FRP 材料分开,以排除周围纤维影响,获得真正的附着力测量值,这一步非常重要。如果不进行该操作,产生的破坏应力值可能会明显高于实际黏结破坏应力值。可以

图 6-5　已安装的测试棒

使用直径大于但尽可能接近于测试棒直径的取芯材工具。对于图 6-5 所示的 20mm 测试棒,使用了外径为 23mm 的金刚石涂层孔锯/取芯材钻头。切割时,钻头应与钻床配合使用,这样能够均匀、准确地控制测试棒周围的深度。必须非常小心,确保取芯材时刚刚穿透 FRP,尽可能避免在混凝土基底上留下划痕,因为拉拔试验结果非常容易受混凝土刻痕深度的影响。

图6-6　拉拔试验

（4）拉拔试验。应按照试验机的说明进行测试。图6-6所示的便携式试验机使用液压将测试棒与样品表面分开，然后在数字屏幕上显示抗拉强度值，试验结果可以通过USB端口保存至计算机。

6.2.4　测试结果

测试试验进行时，必须实时分析测试结果，并通过仔细审查中间试验结果，以确保测试计划按预期进行。当试样破坏（或者破损）时的荷载水平及破坏模式与预期不一致时，表明试验设计、设备或样品的准备不充分或试验方法不正确。如果发生这种情况，应及时停止测试，并仔细鉴别问题产生的原因，从而节约样本和测试时间。

6.2.4.1　拉拔试验

评估拉拔试验结果时，需要注意破坏模式可能与预期不同。也就是说，由于各种影响因素的存在，如混凝土、FRP和树脂的强度，表面处理的精细程度，FRP浸渍树脂的程度以及加速风化过程的影响，可能会出现多种破坏形式，包括混凝土/树脂界面真正的黏结破坏、混凝土基底破坏（薄层混凝土从样品上剥离下来并黏附在FRP和测试棒上）、FRP材料内部破坏、测试棒和FRP表面之间的黏结破坏以及混合模式破坏（即可能会同时出现多种破坏模式）。

如果测试棒和FRP表面之间发生黏结破坏，该测试结果应当忽略不计，因为它不代表样品的强度。为防止再次出现这种性质的破坏，可能需要更好地处理FRP/测试棒表面，换用其他黏合剂或处理工艺，或控制其他因素，例如温度、湿度或污染物。图6-7所示为测试棒和FRP之间的黏结破坏（请注意测试棒底面）。

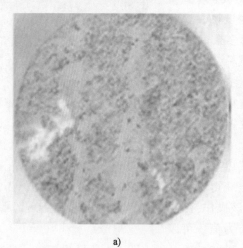

a)　　　　　　　　　　　　　　b)

图6-7　测试棒和FRP之间的黏结破坏

图6-8中显示了FRP的内部破坏。出现这种破坏通常是由于FRP层内存在气泡或树脂浸渍不充分。这种破坏表明FRP的粘贴质量存在问题。但是，如果测试目的是评估现有结

构、工艺质量或新处理技术,那么结果可能是有价值的;如果试验所采用的样品是按制造商的要求制备,又发现样品出现 FRP 内部破坏,则通常应放弃这些试验结果。

a)
b)

图 6-8　FRP 内部破坏

除非混凝土强度非常高,树脂强度非常低,或所用的风化过程对树脂造成极大损坏,否则,大多数合格样品的破坏可能会穿过混凝土基底,因为树脂的黏结强度通常比混凝土的强度更大。该类破坏如图 6-9 所示。黏结/混凝土混合破坏如图 6-10 所示。

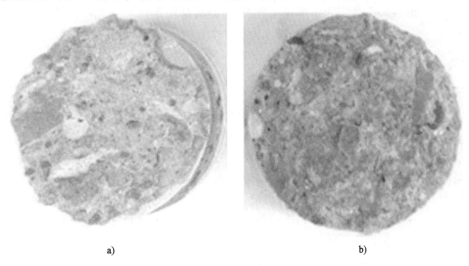

a)
b)

图 6-9　混凝土基底破坏

一旦判断出破坏模式,就必须确定系统评估时需要归类为哪些破坏模式,而这些破坏模式应该能够表征系统性能,其他破坏模式则需要排除。尽管研究者都希望试验中只出现 FRP 树脂黏结破坏,但是通常都是混凝土基底首先发生破坏。总体而言,如果担心 FRP 系统的剥离问题,则建议将上述所有破坏(不包括测试棒黏结失败)模式都纳入系统评估,诸如混凝土基底破坏模式不能直接用于评估所使用的 FRP/树脂系统。

图 6-10　穿过 FRP 树脂(发生黏结破坏)和混凝土基底的混合破坏

需要指出的是,随着试验结果所包含的破坏模式种类的增加,结果的多样性可能随之增加,从而可能导致试验结果离散程度较高,评估难度增大。

另一个需要解决的问题是如何使用测试结果。一般来说,如果没有长期现场实测数据,则加速风化试验的结果只能用来判断一个 FRP 系统相对于另一个 FRP 系统的相对性能,无法准确预测暴露于自然风化的结构上相同系统的实际退化速率。

但是,如果可以获得系统的一些现场数据,即使只是较短时间段内的数据(可能需要一年或更长时间),则可以测算退化情况,也可以将加速测试与现场数据联系起来,预测更长时间内的退化情况。

6.2.4.2　加速系数的评估

加速系数可将实验室加速风化试验测量得到的退化速率与现场实测的退化速率联系起来。一旦二者建立联系,就可以推测较长一段时间内现场的退化情况。

虽然相似的 FRP 体系可能存在类似的退化规律,但是为了更精确地估计加速系数,最好在实验室测试中使用与现场相同的 FRP 系统和安装过程,同时收集尽可能长时间的现场数据。有两种方法可以收集现场数据。理想情况下,可以从已经安装于结构上的现有系统收集数据,但该方法在测试过程中会对 FRP 系统造成一些损害,因此可能无法采用。另外,可以在室外安装测试样品,保持样品所处的气候条件与现场的气候条件相同。在这种方法中,对于将要在实验室中进行加速测试的每个样品,应该同时将其放置在与被检测结构相同的户外环境中进行自然风化。

为了获得有用的数据,室外样品通常需要更长的测试时间间隔,但室外样品仍应使用与实验室样品相同的拉拔试验技术。在寒冷气候下,估算室外样品合理的测试时间间隔的方法是考虑预期的冻融循环次数。也就是说,室内试样要在环境室每 60 次加速冻融循环的间隔后进行测试,现场则可以在约 60 次自然冻融循环后测试自然风化样品(假设实验室样品在 60 次加速冻融测试循环后产生了一些可测量的退化)。这种做法是为了在发生任何可测量的退化之前进行测试,以避免自然风化样品的浪费。当然,即使在 60 次加速循环后发现可测量的退化,也不一定意味着经过 60 次自然风化循环之后样品会出现性能退化,因为加速测试环境通常与自然环境大不相同,必须根据初始测试结果合理地安排后续测试。

为了估算加速系数,将从加速风化测试和自然风化测试得到的产生相同强度损耗所需的循环次数和时间联系起来。例如,假定一组室外(即自然风化)样品已经过测试,结果如图 6-11 所示。该图显示了长达 180 个月的数据,虽然非常理想,但没有必要,因为图示结果表明,在暴露了 9 ~ 12 个月之后,样品性能就有了明显退化。图 6-12 提供了从进行加速风化测试的相同样品上收集的类似数据。

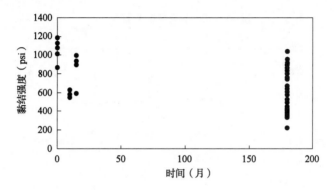

图 6-11　室外风化测试下的黏结强度/时间

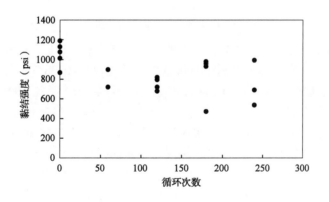

图 6-12　加速风化测试下的黏结强度/循环次数

确定加速系数的首要任务是以每个图中的数据拟合出一条直线。从图 6-11 和图 6-12 中的数据注意到,室内加速风化测试和室外自然风化测试样品最大损耗分别发生在前 60 次循环和 9 个月内,而后二者的损耗速率显著下降。虽然可以对整个收集时间范围内的数据进行复杂的非线性拟合,但人们更感兴趣的是长期退化速率,而非预测可能在几年之内发生的初始损耗。在这种情况下,可以消除图表上的第一个数据集(即时间为 0 时),针对尾部数据进行简单的线性回归分析,拟合得到一条退化直线,以供长期预测使用。这些回归拟合在图 6-13 和图 6-14 中给出。

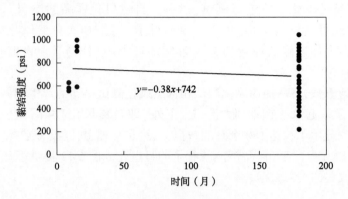

图 6-13　室外风化数据线性回归拟合

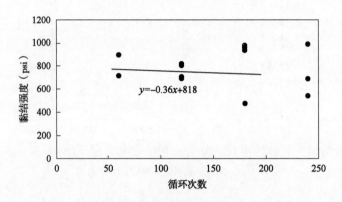

图 6-14　加速风化数据线性回归拟合

如图 6-14 所示,加速风化数据拟合得到的回归直线为:$b = 818 - 0.36c$,其中,b 为黏结强度,c 为循环次数。室外样品拟合得到的回归直线为:$b = 742 - 0.38t$,其中,t 是以月为单位的时间。参照加速风化测试的回归线,预计发生 278 次循环时损耗 100psi 的强度(即 $b = 718$psi)。同样,使用室外样品的回归线,同样的强度损耗($b = 642$)需要 263 个月或 22 年的暴露时间,因此,加速系数计算关系为 278 次循环/22 年 = 每年 12.7 次循环。也就是说,大约 13 次加速风化测试循环损耗的黏结强度与自然风化 1 年的损耗大致相同。

虽然短期数据通常不是很有用,但使用上述相同的计算方法可以得到类似的短期加速系数,该系数只考虑最初的强度损耗(即最开始到第一个 60 次循环)。如图 6-11 和图 6-12 所示,对于室外样品,第 0 个月和 9 ~ 12 个月数据之间的最佳拟合回归线为:$b = 1003 - 19t$;对于加速风化样品,描述从循环 0 次到 60 次的强度损耗关系式为:$b = 1056 - 462c$。这个结果估计的短期加速系数约为 207 次循环/48 个月 = 4.3 次循环/月 = 52 次循环/年(有效期约为暴露的第一年)。

获知加固系统的加速系数后,不需要进行现场测试,只需进行加速风化实验室测试就可以通过加速系数预测放置在相同环境中的类似 FRP 系统的强度降低情况。尽管加速系数能有效加快试验进程,但在实际应用中,加速系数的使用要十分谨慎。

除了加速风化试验之外,还可以对实测的自然风化数据进行拟合,基于拟合曲线直接预测未来的强度损耗,从而省去加速风化的实验室测试。如对于室外样品,假设初始强度为

1003psi,第一年结束时损耗的黏结强度预计为 $b = 1003 - 19 \times 12 = 775$psi,这代表着降低比例为 $775/1000 = 0.78$。以 50 年为例,预期黏结强度(假设初始值为 742psi,按照回归方程) $= 742 - 0.38 \times (49 \times 12) = 519$psi,则预计有额外的降低比例 $519/742 = 0.70$,这代表预计 50 年总减幅为 $0.775 \times 0.70 = 0.54$,即 54%。因此,使用加速系数或室外风化数据拟合曲线,均可以近似估计长期强度损耗情况。

6.3　FRP 的耐久性

对于某些结构,可能会通过添加完整的 FRP 部件进行修复和改造。在这种情况下,人们不仅想了解黏结或连接节点的耐久性,还想了解 FRP 复合材料在部件本身内的耐久性。如上所述,应选择合适的实验室加速环境,以尽可能地反映真实的气候。对于寒冷环境,测试环境可选择的温度范围很广,包括零下温度到高温环境。在低温环境中,可以对 ASTM C666 进行修改以适应 FRP 样品,这有待进一步讨论。外贴 FRP 通常要考虑的主要是强度问题,但同时许多 FRP 基础部件设计由刚度控制。因此,在环境引发的破坏模式中,人们主要想了解的是那些对部件刚度具有最大影响的破坏模式。设计用于抵抗弯曲的普通 FRP 部件由夹层结构构成,其中夹层结构的抗弯刚度主要取决于复合面板的刚度、面板相对于夹层结构中性轴的位置、以及面板与芯材之间黏结结合的剪力传递。最可能受环境条件影响的复合面板破坏模式是与聚合物基质材料相关的破坏模式。复合面板通常具有层压结构,其中层具有不同的取向,但纵向层(相对于复合板纵向的 0° 方向)对刚度的影响最大。在张力作用下纵向层片的刚度主要由纤维决定,且当纤维体积分数合理时,聚合物基质由环境导致的退化对抗拉刚度的影响很小。然而,纵向压缩下纵向层片的微弯破坏会受到聚合物基质刚度的强烈影响,因此受环境影响很大。基于这些考虑,可以相应地设计样品方向和测试程序。

6.3.1　测试环境

通常,FRP 部件不仅要承受可变的力学荷载,还要承受高温、低温、潮湿以及盐化等作用,尤其要关注低温、湿度和应力对 FRP 材料长期耐久性的综合影响。因此,有必要在加载条件下进行冻融测试。为此,需要开发一套固定装置来对样品施加连续的弯曲应变,以模拟冻融过程。

ASTM C666(ASTM 1997)规定了混凝土材料耐久性冻融测试条件,即在 $2 \sim 5$h 内,将样品温度从 4.4℃ 调至 -17.8℃,该规定被认为是与所测 FRP 材料耐久性最相关的测试程序,因此推荐使用。对于冷冻介质,ASTM C666 要求将试样浸入蒸馏水中。在冬天,特别是在美国的北部各州,通常会在道路和桥梁上撒除冰盐。为了模拟这种情况,也可以使用含 10% 氯化钠(以质量计)的盐溶液作为介质。此外,可以在湿度为 10% 的空气(代表完全干燥的环境)中进行测试。为了比较,可以将一批相同的样品在 -17.8℃ 的环境下进行冷冻,并暴露与冻融循环样品同样长的时间,然后进行测试。

6.3.2　测试方法

设计 FRP 加固系统时,FRP 材料的刚度和强度随时间变化的规律是十分重要的因素。因此,需要十分关注 FRP 材料的潜在退化表现。复合材料的各向异性导致力学测试应分别沿着纤维和离轴方向进行。FRP 材料的横向抗拉强度和刚度以及纵向抗压强度由基质决定,而纵向抗拉强度和刚度则由纤维决定。另外,损耗系数(测量取决于微损程度的内阻尼)也可以看作材料的性能指标。因此,可以使用多种测试方法研究这些性能指标与环境、加压条件下暴露的关系。以下将讨论这些方法。

6.3.2.1 破坏性抗弯强度测试

可以根据 ASTM D790"未增强和增强塑料和电绝缘材料抗弯性能的标准测试方法"对FRP 样品进行抗弯测试。尽管上述指南对样品尺寸没有限制,但小型样品需要的材料更少、制作时间更短、试验机容量更小且更易处理。Wu 等(2006b)在厚度为 0.14in 的 FRP 部件的三点弯曲试验中采用相对较小的跨距 2.5in(即 63.5mm),该跨距对应的跨高比为 17.8,大于ASTM D790 所要求的最小比例 16。所得到的抗弯强度被认为是样品断裂时最外部纤维承受的最大压力。

6.3.2.2 储能模量和损耗系数的无损模态测试

另外两个性能指标,即储能模量和损耗系数,可以通过测量脉冲激励引起的模态振动响应来确定。研究表明,可以使用单模态或多模态振动测试来确定复合材料及其组分的储能模量和阻尼损耗系数(Gibson,2000),模态频率和损耗系数与材料完整性密切相关。由于该方法可以连续不断地监测暴露于恶化环境中任意样品性能指标所发生的变化,因此测试获得的损伤程度具有重要意义。也可以采用脉冲频率响应法(Suarez 等,1984;Gibson,1994,2000)获得测量样品的抗弯模态频率和模态损耗系数。在这种方法中,使用电磁锤施加脉冲激励,并通过位于桥梁末端附近的非接触式涡流探头测量桥梁的横向位移。此外,可进行快速傅立叶变换以获得频率响应函数(FRF)。频率响应谱中的峰值位置视为样品的固有频率,则可以估算代表抗弯刚度的有效储能模量(Suarez 和 Gibson,1987):

$$E = \frac{4\pi^2 f_n^2 \rho A L^4}{\lambda_n^4 I} \tag{6-2}$$

式中,E 为梁材料的有效储能模量;f_n 为第 n 阶模态的频率(Hz),I 为梁的惯性矩;ρ 为材料的密度;A 为梁的横截面积;λ_n 为第 n 阶模态对应的特征值,取决于边界条件(例如,对于自由梁的第一个模态,$\lambda_1^2 = 22.4$);L 为梁的净长度。

可以应用半功率带宽法识别第 n 阶频率的峰值,以此计算第 n 阶频率对应的损耗系数(可用来测量内部阻尼),表示为式(6-3)(Suarez 和 Gibson,1987):

$$\eta_n = \frac{\Delta f}{f_n} \tag{6-3}$$

式中,η_n 为第 n 阶频率的损耗系数;Δf 为 FRF 中模态频率 f_n 处峰值的半功率带宽;f_n 为第 n 阶模态的频率(Hz)。

6.3.3 测试材料和样品

本节内容将通过测试示例样品来说明。测试采用的样品是由玻璃纤维和乙烯基酯树脂制成的复合板,每块板的尺寸为 38.1cm(15in) ×81.3cm(32in),厚度为 3.175mm(1/8in)。每个薄板由两层玻璃纤维织物制成,每层织物由4层单向无碱玻璃纤维黏合成随机取向的无碱玻璃纤维织物制成(表6-1)。所用树脂为Derakane 411环氧乙烯基酯(陶氏化学公司),表层复合材料的纤维体积率约为50%,因此每层纤维织物的厚度约为1.778mm(0.07in)。

纤维织物子层性能　　　　　　　　　　　　表6-1

子　　层	方　　向	纤维层重量
1	0°	26.2盎司/平方码
2	90°	16盎司/平方码
3	+45°	12盎司/平方码
4	-45°	12盎司/平方码
5	随机	6.75盎司/平方码

使用金刚石锯片从这些复合板上切割试验样品(25.4mm或1in宽,254mm或10in长)。用于测试的两层样品的平均厚度为3.556mm(0.14in)。所有样品在60℃条件下至少固化4h,然后在23℃的环境下干燥或浸入蒸馏水或盐水中,模拟暴露于特定环境下。样品的切割边缘涂有一层非常薄的环氧树脂,以减少样品边缘吸收水分。浸泡时间至少为2周,然后再开始冻融循环。

6.3.3.1　测试顺序

如上所述,所考虑的环境因素应包括热循环次数、循环周期、暴露时间以及介质类型(包括蒸馏水、盐水和干燥空气),还应研究环境因素与样品预应变的联合作用(如模拟工作荷载下的样品)。为了模拟施加在样品上的荷载,特别设计了一个预应变固定装置,如图6-15所示(Wu等,2006a)。该装置通过3个间隔均匀的传力杆使样品弯曲,使用时保持所有传力杆的顶部和底部均固定,以使其处于双重剪切状态,样品位移也相对均匀。将传力杆的中线放入通道引导滑片的孔中,通道引导滑片通过螺纹块和密封螺栓调节预紧度。预应变可以为样品极限应变的25%,或根据需要施加其他幅值的预应变。需要注意的是,施加预应变时要控制偏转。由于应力松弛,相关预应力的实际水平可能会随着时间的推移逐渐降低。

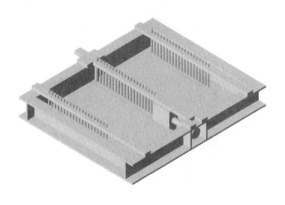

a)预应变装置3D图　　　　　　　　　　　　b)装载样品

图6-15　预应变固定装置

破坏性抗弯和非破坏性振动模态测试都可以用来评估样品经过预定次数冻融循环风化后可能出现的退化情况。

6.3.4   测试结果

以下对结果进行说明(Wu 等,2006b):

使样品在有/无持续荷载情况下经受 250 次冻融循环,单次循环长度分为 2h 和 5h。图 6-16a)所示为这些样品的抗弯强度(对于没有预应变荷载的样品,分别标为 2H 和 5H,对于有预应变荷载的样品,标记 2H-PS 和 5H-PS)。250 次循环后的储能模量和损耗系数分别如图 6-16b)和图 6-16c)所示。在每个环境暴露条件下,使用相同样品进行无损模态振动测试,以此确定储能模量和损耗系数。为了便于比较,采用相对值来呈现在暴露于指定环境条件经受 250 次循环之后相对于基准数据的百分比变化。所有基准数据都列于表 6-2 中。这些数据表明,基于抗弯强度和储能模量进行判断时,在蒸馏水和 10% 的盐水中,有预应变的5h 循环测试造成的损坏比有预应变的 2h 循环测试造成的损坏稍严重,尽管这些差异在统计上并不显著。在盐水中,损耗系数有明显变化,其他环境中则不会。复合材料在解冻过程中会吸收水分,因此较长的周期可能会吸收较高的水分,导致与较短的周期相比劣化更多。

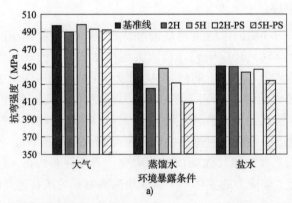

a)

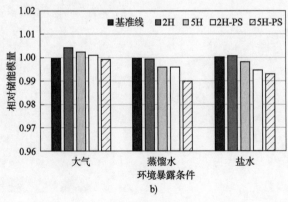

b)

图   6.16

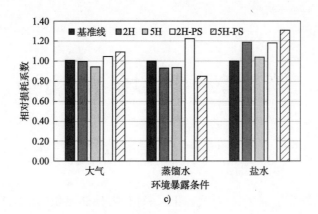

图 6-16　250 次循环 FRP 样品相关性能指标变化规律(单次循环时长分别为 2h 和 5h)

环境暴露前储存模量和损耗系数的基准数据 表 6-2

样品类型	大　气		蒸　馏　水		盐　水	
	模量(GPa)	损耗系数	模量(GPa)	损耗系数	模量(GPa)	损耗系数
2H	23358	0.00487	21394	0.00587	21963	0.00488
5H	21892	0.00511	22746	0.00553	22460	0.00492
2H-PS	21631	0.00487	22838	0.00554	23170	0.00544
5H-PS	20909	0.00516	22174	0.00618	22549	0.00486

损耗系数越高,说明测试材料的损坏或退化越严重,导致的阻尼或能量耗散越大。先期研究结果表明,在高温情况下,与储能模量相比,损耗系数更能说明复合材料的损坏情况(Gibson,2000)。但是,当前仍然缺乏复合材料在低温状态下的损耗系数和储能模量数据。图示结果表明损耗系数的变异系数为 12% ,远高于抗弯强度(7%)和储能模量(0.3%)。因此,除非样品发生明显的损坏,否则储能模量更能说明各种暴露条件下样品可能出现的劣化。在典型的刚度控制安装中(例如桥梁构件),对观察到的刚度变化或阻尼变化赋予更高的权重可能较为合理。

如图 6-16 所示,无论循环周期长度如何,暴露于干燥空气中的冻融循环都不会导致抗弯强度、储能模量和损耗因子发生明显变化。这可能是因为 4.4℃ 和 − 17.8℃ 之间的温差相对较小,导致在纤维和基质之间和/或取向不同的各层之间仅产生较小的热量不匹配。因此,干燥空气中的热循环对 FRP 材料没有明显损害。

图 6-16 还表明,在 250 次循环后,与有预应变的 5h 循环测试相比,有预应变的 2h 循环测试对储能模量造成的损害更小。需要注意的是,进行 5h 循环测试需 1250h 才能完成 250 次循环,但 2h 循环测试仅需 500h。2h 样品暴露 1250h 后,已累计循环 625 次,储存模量进一步下降。这些结果表明,总暴露时间和热循环次数对 FRP 材料的影响是复杂的。但是,这些有限的试验结果表明,循环次数比总暴露时间影响更大。

第7章 现场测试

7.1 简　　介

第6章指出评估纤维增强聚合材料(FRP)系统长期性能退化的最理想方法是现场测试。当前,现场测试主要有两种方法,分别是使用荷载作用下结构应变和/或位移监测及进行荷载试验验证。基于上述两种方法的现场实测可以确定混凝土结构关键位置的应变和/或位移情况、桥梁整体结构的荷载分布,更准确地考虑 FRP 系统设计时施加的荷载,验证桥梁结构承载能力(特别是主梁的承载能力)。对于 FRP 加固系统而言,上述信息可以帮助进一步改进分析模型,评估 FRP 安装需求,更精确地考虑 FRP 系统设计时所施加的荷载,同时预测系统的应变,并验证系统的承载能力。与现场拉拔试验会对 FRP 系统与混凝土结构造成一定损坏不同,以上这些测试均不会对混凝土结构造成损伤,且对桥梁性能评估十分有效。

7.2　现场拉拔试验

通常,在必要条件下,第6章所讨论的试验过程可以应用于已竣工的桥梁结构或检验板测试。本章在此给出一些其他建议:首先,期望测试现场的质量控制情况达到或接近实验室水平是不切实际的,如果安装系统的环境恶劣,这种预期更不可能实现,因此本章将对实验室结果以外的其他更广泛结果进行预测。相应地,在现场可能需要更多的测试次数才能获得符合置信水平的平均黏结破坏强度。其次,与实验室中理想的桥面条件不同,由于 FRP 系统通常安装在垂直或倒置的水平表面上,根据使用的黏合剂类型,测试棒可能不会牢固地黏附在 FRP 表面。一种方法是确保测试棒与 FRP 表面保持接触,直到黏合剂凝固;另一种简单的解决方案是从一个橡胶薄膜上切几个碎片,将这些碎片粘到测试棒表面,粘连后确保碎片上的环氧树脂已经硬化(图7-1)。

另一个需要考虑的问题是,除非用于固定测试棒的黏合剂固化非常快,否则必须在安装后的第二天进行拉拔试验。例如,根据制造商的说明,用于固定图7-1所示测试棒的环氧树脂需要 3d 的时间才能固化达到足够的强度。因此本研究两次前往安装目的地,并考虑了安装和测试过程中的出行条件、出入方式和交通管制问题。在安装过程中应注意,如果条件允许,环境因素(温度、湿度、污染物)也应符合黏合剂制造商的建

图7-1　橡胶膜固定的测试棒

议,以确保测试棒被充分固定,尽量避免重新安装之前失效的测试棒/FRP 系统装置。

现场安装过程基本上与实验室样品操作流程一致:清理需安装的测试棒表面;使测试棒底面变得粗糙以增强附着力,将环氧树脂粘到测试棒的底座上,接着将测试棒固定以使环氧树脂固化。在拉拔试验之前,黏合剂完全固化并除去橡胶膜后,便携式钻床可用于切割测试棒基座周围的 FRP(图 7-2)。与实验室样品测试相同,现场测试时必须谨记勿切入混凝土表面,因为这种做法会影响测试结果。便携式黏附测试仪可以在任何表面的任意方向进行拉拔试验(图 7-3)。

图 7-2　用便携式钻床在测试棒周围取出 FRP 材料　　　图 7-3　竣工结构上的黏合剂测试

7.3　荷载分布测试

7.3.1　简介

实际桥梁结构及其承受的各种荷载作用经常与设计简化模型存在差异。最常见的荷载分布,诸如 AASHTO 桥梁设计规范给出的荷载分布,甚至是详细的有限元模型,都可能产生与实际结构明显不同的结果。造成这种差异的部分原因包括:如护栏、隔板和人行道等构造的存在改变了桥梁的横向和纵向刚度;理论或数值分析时将用于局部固定的特殊约束和节点简化为铰支座模型;很多材料的实际性能与模型中假定的不同;后期重新覆盖的混凝土面层导致桥面厚度发生变化,可能引起桥梁结构的刚度增加,但也可能导致损伤和退化更加局部化。

精确的荷载分布模型对于确定作用于 FRP 加固梁上的荷载至关重要。针对该问题,有关学者通过现场实测、理论分析等手段开展了大量的研究,早期的研究包括 Shepherd 和 Sidwell(1973),Bakht 和 Csagoly(1980),Darlow 和 Bettigole(1989),Bakht 和 Jaeger(1990),Stallings 和 Yoo(1993)等开展的桥梁现场实测。这些研究表明,在多数情况下,AASHTO(最新版是 2002 年第 17 版)给出的简单的纵梁荷载分布公式是不正确的。1994 年颁布的 AASHTO 桥梁规范在荷载和抗力系数相关规定中采用了新的桥梁荷载分布模型,这些模型是在有限元模型的基础上经过进一步修正改进而获得的,尽管如此,针对该领域的试验和计算仍在进行。为了提高桥梁荷载分布系数的精确性,有关研究人员采用了多种实测分析手段对各种桥梁进行了精细化研究,如 Eom 和 Nowak(2001)为了研究桥梁荷载分布系数和动力荷载影响,对多座钢桥进行现场测试;Eamon 和 Nowak(2002)调查研究了护栏、人行道和隔板对桥梁荷载分布系数的影响;Barr 等(2001)通过有限元分析(FEA)预估了预应力混凝土(PC)斜弯桥梁的荷载分布系数;Cai 和 Shahawy(2004)基于现场实测和有限元分析评估了 6 座 PC 桥的性能,在此基础上,提出了 AASHTO 的桥梁荷载分布系数修正方法;Hughs(2006)通过现场测试和有限元分析,给出了预应力连续箱梁斜交桥的荷载分布系数;Cross 等(2009)为了更精确地给出荷载分布系数,对 12 座桥梁进行了调查;Yousif 和 Hindi(2007)、Dicleli 和 Erhan(2009)、Harris(2010)、Fanous 等(2011)、Puckett 等(2012)研究人员致力于研究更精确的桥梁荷载分布系数计算模型。此外,Zia 等(1995)、Ebeido 和 Kennedy(1996)、Miller 等(2004)、Oesterle 等(2004)及 Okeil 和 Elsafty(2005)等学者则针对连续梁桥的荷载分布展开研究。关于桥梁有限元建模方法的讨论已经超出了本书的讨论范围(建模的有效方法可以参阅以上提到的参考文献)。虽然桥梁有限元建模是研究桥梁分布系数的有效方法,但本节讨论的现场实测方法显然更可靠。

首先,应当指出的是,荷载分布测试是针对特定结构进行的。本节的简介已经讨论了多种影响因素,这些因素对不同桥梁的影响可能存在较大差异。对应于某个桥梁的荷载分布系数,可能不适用于另一个非常相似的桥梁结构。因此,荷载分布测试需要大量的科学性计划。针对桥梁开展荷载分布测试,大多数桥梁都需得到桥梁管理部门(通常是当地机构或国家交通部门)的许可,同时也需得到其协作。

这种现场测试一般至少需要 2d:1d 用于设备安装,1d 用于测试和设备拆卸。如果团队没有安装经验,最好比计划多安排 2d 的时间。建议与桥梁管理部门协商制订测试当天的桥梁交通控制方案,如果桥梁结构横跨公路,则需要州和当地有关部门根据实际情况制订适当的交通管制计划。需要指出的是,大多数仪器需要安装在桥梁底部。然而,有些桥梁可能无法安装相关仪器。但是如果该桥能够安装 FRP 系统,那大多数情况下,也应该可以安装测试仪器。

安装中有几种可供选择的仪器类型。传统测试仪器包括可重复使用的应变计和测量梁位移的线位移传感器(LVDTs)。更先进的测试系统则包括能测量位移和应变的光学系统,该系统可能无需安装到桥上就可以开展工作。目前这种类型的系统未普遍使用,因此不再做进一步讨论。尽管 LVDT 系统可以直接测量梁的挠度,但根据作者的经验,与应变仪系统相比,LVDT 的设置更为困难,需要耗费更多时间,并且需要将其固定于桥底表面。因此,横跨水路或公路的桥梁通常无法使用 LVDT 系统进行测量。考虑到该系统相对受限的通用性,本书接下来的讨论将集中于应变仪系统。尽管如此,以下涉及的大部分内容同样适用于使用 LVDT系统的情况。

7.3.2　安装方案

在选中待测试的桥梁后,需要制订一个测量方案,以确定测量项目和测量位置。如前所述,实际桥梁的活载分布是一个未知数,同时也是一个重要的且被普遍关注的问题,因为这直接影响到 FRP 系统加固桥梁所承受的荷载大小。通常情况下,应变计设置在梁的跨中位置或其附近,因为活荷载作用时该区域应变最大。如果是连续梁桥,且测量仪器数量足够,则建议同时测量支座附近的负弯矩区域。应变计通常只安装在梁的下翼缘。虽然可以考虑将其布设于桥面,获取更多的应变数据,以确定梁的中轴线,但桥上行驶的车辆可能会损坏测量仪器,因此很少将仪器安装于桥面。图 7-4 给出了一座具有 7 片桁架梁的双跨连续梁桥的测量方案示例,其中给出了仪器布设位置,"m"表示位于梁下翼缘跨中位置的仪器,而"s"表示放在梁下翼缘靠近中心支座位置的仪器。在该项目中,由于没有足够数量的仪器,因此最右边的一些梁未布设测量仪器。

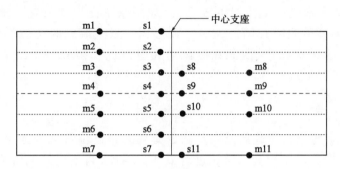

图 7-4　测量方案示例

根据传感器类型的不同,可以采用不同的附着方法。如果资金充裕且要测试多座桥梁,可以考虑购买专门用于现场测试的应变计,这类应变计可重复使用且较为耐用。安装这些传感器时,首先需将涂有环氧树脂的金属附着片安装到梁的翼缘混凝土表面,然后通过金属附着片上的螺栓固定应变计,如图 7-5 所示,但这种仪器价格昂贵。另一种选择是采用价格较便宜但耐用性较差的小型应变计。安装方法与第一种传感器类似,同样通过金属附着片连接混凝土和传感器。值得注意的是,使用尺寸很小的应变计可能仅能记录一定区域内的局部应变,不能测量较大区域的应变,这种状况在混凝土表面出现裂缝后更加明显。

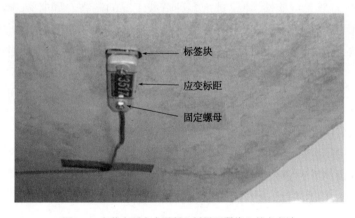

图 7-5　安装在预应力混凝土桥梁下翼缘上的应变计

即使从制造商处购买的可重复使用的传感器可能是已校准过的,但仍建议在使用前进行精度检测。精度检测可以在实验室中完成,即将每个应变计安装在钢板上,张拉钢板,将应变读数与准确值进行比较。

在现场安装仪器之前,为了验证传感器和数据采集系统能否正常工作(尤其当使用新传感器或者很久未使用传感器时),建议试验前对其进行运行检测。这项工作可以在实验室或预期具有相似测试条件的户外进行。需特别注意的地方包括:仪表安装程序的合理性;在测试现场的噪声水平条件下,系统所需的精确度以及系统的供电和操作方法。高精度的应变计系统可以将误差控制在1%~2%,精确的数据采集系统的精度水平有望达到1~2微应变。需谨慎选择应变计的量程,确保主梁的实际应变在应变计系统的可靠测量范围内。根据作者的经验及前文提到的相关因素,桥梁在实际情况下承受的应变一般比简单的分析结果小得多。另一个考虑的因素是系统本身的安全性,如果系统在户外放置一整晚,可能会因为恶劣天气或其他不可预期的破坏行为而导致损坏。测试造成的交通延误以及需租赁测试车辆,使得测试的成本高昂,因此在测试当天应该认真检查每个细节,确保测试顺利完成。

7.3.3　测试方案

测试方案是指确定测试荷载数值以及确定荷载的布设位置和施加顺序。为了提高测量精度,测试过程中建议采用高信噪比进行采样。因此,为了更好地监测荷载分布情况,最好选择能产生高应变的大荷载。这些荷载的限制通常由美国联邦车辆规范进行控制,这些规范规定了车辆的配置和最大允许法定轴力,如租赁砾石堆场的运输车等施工车辆可能最节约成本。尽管会增加测试成本和难度,但对于要求必须超过这些荷载的特殊情况,可能会使用经许可的荷载或者甚至在桥上施加大吨位的静载。相比较而言,在结构上使用静载通常是最不实用的,因为进行静载测试所需的费用和时间过高,而且需要在多个位置施加静载。

确定车辆荷载后,需要再确定车辆荷载的布设位置和施加荷载的顺序。一般而言,随着车辆在桥上的纵向和横向位置改变,梁的应变也会发生显著变化。因此,为了确认相关结果,并确定梁承受活荷载的最大可能性,建议进行多种荷载工况的调查。同时,车辆最好不要布设在桥梁结构纵向的特定位置,应确认布载有效后再测量应变。现场实测时,很难确定对应于主梁产生最大应变的车辆纵向停靠位置。通常,更可靠的方法是让车辆缓慢通过整个桥跨。当车辆在桥上行驶时,应当禁止其他车辆行驶,这样可以避免其他车辆对测试结果的影响。如果数据采样频率足够高(30Hz以上),则可以捕捉到试验车辆荷载作用下的纵向最大响应。动态测试需有其他的考虑,但这些考虑不在本章讨论的范围。图7-6为一个测试方案示例,该图显示了使用两辆重型车辆进行15次负载运行的测试计划。

为做进一步分析,在每次测试之前,应准确记录车辆的车轴重量和构造参数(轴距和横轴宽度)。许多砾石场都有称重台,如果车辆在那里租用,可以使用这些称重台记录上述参数。此外,在测试过程中,应准确记录车辆的纵向位置,这可以通过监控视频或其他可靠手段来完成。

7.3.4　结果分析

图7-7给出了按照上述安装和测试方案实测获得的一组主梁应变数据。该结果展示了1号测试方案中,测试车辆在两跨连续桥梁结构上移动时(图7-6),第一跨跨中位置实测的应变记录(图7-4中从标距m1到m7)。

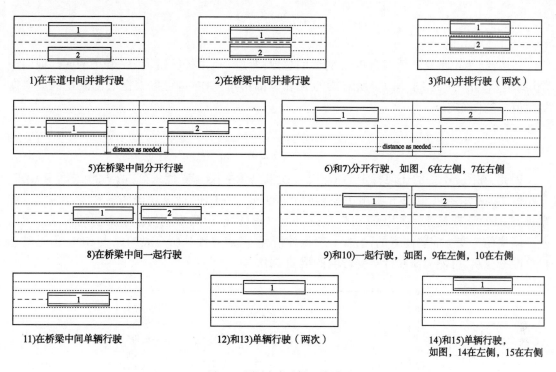

1)在车道中间并排行驶   2)在桥梁中间并排行驶   3)和4)并排行驶（两次）

5)在桥梁中间分开行驶   6)和7)分开行驶，如图，6在左侧，7在右侧

8)在桥梁中间一起行驶   9)和10)一起行驶，如图，9在左侧，10在右侧

11)在桥梁中间单辆行驶   12)和13)单辆行驶（两次）   14)和15)单辆行驶，
如图，14在左侧，15在右侧

图7-6   测试方案示例(两辆车)

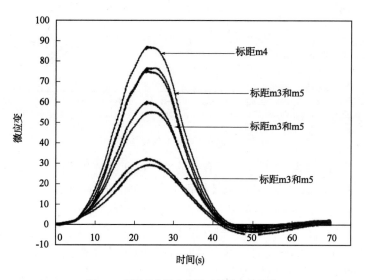

图7-7   实测的主梁应变随时间的变化规律

由于目前还不知道在桥梁服役期间会出现哪种荷载，所以在荷载分布测试中，由测试车辆引起的实际应变值并不重要，单梁所承受的最大应变比才是最重要的。这个比例关系可以用来更好地估算桥梁荷载分布系数(GDF)，以便设计或评估桥梁可能遇到的活载大小。GDF可以简单地定义为当所有车辆活载作用于桥上时，最大的单梁活载效应与总活载效应的比值。因此，以弯矩表述的GDF的计算式可表示为式(7-1)：

$$GDF = \frac{\max(M_i)}{\sum\limits_{i=1}^{n} M_i} \tag{7-1}$$

式中，M_i为梁承受的活载弯矩；n为梁的总数；弯矩i可由杨氏模量(E)和梁的底部截面模量(S)表示($M_i = E_i \varepsilon_i S_i$)。假定所有梁的$E$和$S$都相同，GDF也可以根据底部测得的梁应变的比值($\varepsilon$)来确定：

$$GDF = \frac{\max(\varepsilon_i)}{\sum\limits_{i=1}^{n} \varepsilon_i} \tag{7-2}$$

因此，在图7-7中的任何特定时间点，可以将测量的梁应变代入到式(7-2)来确定GDF。基于图7-7所示结果，图7-8给出了在时间$t = 25s$时，由GDF计算获得的各片主梁应变。如果进行GDF计算需考虑多片梁，可以重复以上过程，以确定最不利情况下不同的荷载工况以及不同梁的应变。需要注意的是，在一般设计情况下，需要计算所有梁的最大GDF；但是对于FRP改造分析，可能只需要计算受影响的梁的GDF。

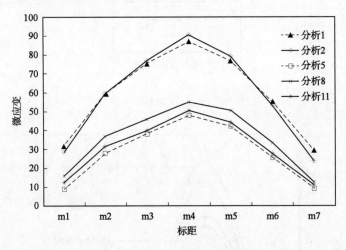

图7-8　时间$t = 25s$时的梁应变示例

如上所述，式(7-1)和式(7-2)假定所有梁的有效截面模量和杨氏模量一致，当然这不一定正确，因为材料特性的局部变化、开裂以及桥面上存在的路障等非结构物件会使得边主梁比中主梁的刚度更大。但无论如何，有效的梁刚度的实际变化是未知的，研究人员只能得到近似值。一些学者此前已研究了这些因素引起的有效刚度变化对试验结果的影响(Stallings和Yoo，1993；Nowak和Eom，2001)，研究结果表明，这些因素对GDF的影响很小。虽然有学者尝试对GDF进行调整，以考虑路障因素对边主梁刚度的影响，但通常的做法是忽略这些未知量，假定所有梁都是相同的。

7.4　承载力测试

在某些情况下，桥梁管理部门希望验证FRP加固后的桥梁是否可以满足特定荷载，这种测试被称为承载力测试。假定如果不破坏桥梁结构，就无法确定桥梁的极限承载力。但是，可以通过荷载试验确定桥梁结构可以满足的最大有效荷载。

尽管桥梁应变或位移通常对承载力测试没有直接影响,但在测试过程中必须针对某些性能进行监测,以确保桥梁结构不会荷载超限或受损,如通过7.3节所述的荷载分布测试对桥梁进行监测。在承载力测试中,必须监测梁的应变,确保其不超过预估的应变极限,并确保桥梁结构能够在线弹性范围内工作。需要对应变设定限值,如防止FRP脱黏,防止混凝土开裂,防止钢筋或预应力钢筋屈服。对于混凝土构件,只能根据计算得到的中性轴位置和梁翼缘应变来估算钢筋的应变。当测量仪器安置于桥面板上缘和梁下翼缘时,这个方法更有效。

通常,选择进行FRP加固的桥梁其本身的承载能力水平较低。对于这些桥梁结构,加固目标是使其至少达到1.0的运行等级,从而不影响正常的交通。但要确定桥梁合理的承载力时,则需要仔细考虑。一般而言,考虑到实际交通活载的不确定性(即应当加入活荷载系数),试验荷载应高于最大设计(或许可)的有效荷载。不少研究人员已提出了计算合理的试验荷载的不同方法,详细内容可参考相关文献(如 Nowak 和 Saraf,1996;Lichtenstein,1998)。还有研究人员提出了一些关于计算目标承载力可靠性的指导原则(Fu 和 Tang,1995;Faber 等,2000)。

选择适当的活载系数需考虑的因素包括:交通状况和控制荷载的影响,桥梁是否具有临界断裂的情况以及冗余荷载路径,桥梁的日常检查频率和当前的技术状况。如7.3节所述,由于移动和放置重物比较困难,因此不建议对混凝土块等重物施加静载,更不建议长时间关闭交通。可能使用的移动荷载包括极重的、有特别许可证的车辆或重型工程车辆,这些重型工程车辆通过合法批准的拖挂车运到现场,然后在桥上移动车辆以充当静荷载。验证荷载测试可采用报废车辆,如联邦交通部进行的一些验证荷载测试,则使用了从附近国家警卫站获得的坦克(由拖车运到现场使用)。

第8章 建　议

8.1　分析和设计建议

8.1.1　遵循原则

第4章和第5章回顾了FRP安装的一整套标准,其中大部分标准合理地涵盖了主要的设计和分析方面:挠曲、剪切和约束。由于采用何种规定取决于所在地的现行政策或法律要求,因此无法任意选择规范。但是如果当地没有规定或在设计师自主设计的情况下,则可以考虑在以下原则的指导下选择合适的规定:

(1)准确性。关于所推荐的规定有一点十分重要——该规定必须设法足够准确地解决出现的问题。通常情况下,这一点可以通过充分查阅有关规范评述的文献资料,以证明其理论层面的合理性和/或基于规定的试验证据的可信性来实现。文献资料包括:技术论文、报告或其他出版资料,本书已涵盖了其中的一些出版资料。正如前面的几个章节所言,本书所评述的规范中含有不同水平的关于此类建议的文献资料。

(2)兼容性。从实际应用的角度考虑,所采用的规定和桥梁设计及分析的兼容十分重要。这对承载力表达式中的强度折减系数尤为关键。例如,这些系数可能是针对不确定性不同于交通荷载的建筑荷载而设立的。同样,制造和环境系数所反映的条件也可能无法代表加固系统施工地点的条件。

(3)明确性和便利性。通常情况下,利用几个相关的规范都能得到相似的结果,但是应用的流程、公式和过程均不同。很明显,技术人员需在明确性和便利性之间取得平衡,不建议使用过于复杂但准确性仅小幅提升的规定。此外,可以通过所使用的程序、模型、甚至相关表达式中的符号和术语来评估明确性和便利性。明确性的考量也与工程师对现有方法的熟悉度相关。

8.1.2　一般建议和探讨

根据以上标准,建议在美国将AASHTO导则(使用外贴FRP修复和加固混凝土桥梁的AASHTO设计导则)作为分析和设计的指导性文件,并可根据以下建议作适当修改。AASHTO规定包括了利用FRP进行混凝土桥梁修复和加固的大多数需注意的方面,该规定准确度高,而且根据AASHTO规定计算出的结果通常也在其他规定的计算结果范围内。另外,该规定是专门针对桥梁结构撰写的,并且直接与AASHTO荷载抗力系数设计法(LRFD)的设计规定兼容(AASHTO荷载抗力系数法在美国几乎通用)。桥梁工程师对其中的格式、符号和程序也很熟悉。下文将简要总结建议采用AASHTO规定的理由。

（1）耐火极限强度。ACI 440.2R 规定了极限强度,使得桥梁结构在外贴 FRP 系统因火灾受损时维持最小的特定强度,但使用该表达式时需要评估高温环境下当前桥梁结构的确切强度,由此会使整个过程更为复杂。虽然 AASHTO 未直接解决这一问题,但是该规定提供了把 FRP 纳入考虑范围时的极限强度表达式。正如第 4 章所指出的,当前规定提供了与 ACI 中提出的相似的极限强度结果。因此,建议使用现有的 AASHTO 表达式。

（2）FRP 极限应变。为了防止剥离,AASHTO 规定 FRP 应变不得超过 0.005 与初始应变之差(由于挠曲的存在)。此外,AASHTO 又增加了第二个应变条件,以确保钢筋屈服后的延性性能:FRP 极限应变应为钢筋屈服处 FRP 应变的 2.5 倍。这些应变限制要求比其他如第 4 章所讨论的要求要稍微保守一些,但这些应变限制要求对于钢筋混凝土结构而言是合理的。此外,这些要求可能不适用于预应力混凝土梁。

（3）FRP 强度折减系数。正如第 4 章所述,大部分规范中使用的 FRP 强度折减系数接近 0.85。一些规范如 TR55,采用更具体的步骤来描述不同的 FRP 材料、制造过程和服役环境,并由此来确定具体情况下的综合系数。这种方法很灵活,但是其中所建议的数值并没有参考文献,有些基于制造商的试验数据,但这些制造商的试验数据并不符合通用标准和相关规定。AASHTO 所采用的国际通用值 0.85 是根据 Okeil 等(2007)的研究确定的,该研究基于可靠性分析,并解释了碳纤维增强复合材料(CFRP)易断的特性。由于缺乏足够的资料来阐释复杂的体系,并且由于 AASHTO 规定的值与其他规范所采用的值相近,因此建议使用这一数值。

（4）适用性、正常使用极限荷载、徐变断裂和疲劳极限。AASHTO 规定,钢筋、混凝土与 CFRP 在正常使用时的极限分别为 $0.80f_y$、$0.36f'_c$ 与 $0.80f_{fu}$。除了 FRP 外,AASHTO 规定的其他数值均与 ACI 所采用的值相近,这是因为 AASHTO 并未将环境折减系数考虑在内,而 ACI 考虑了该系数,并把值定为 $0.55f_{fu}$。ACI 和 AASHTO 都引用了 Yamaguchi 等(1997)和 Malvar(1998)的研究,作为对疲劳极限作出相关规定的依据。其他规范都未给出完整的正常使用极限状态规定,而 AASHTO 所规定的疲劳极限非常全面,而且还给出了建议的混凝土、钢筋和 FRP 的应变极限。

（5）FRP 末端剥离。末端剥离极限在各规范中均有所不同,在 TR55 中为一个常量,而在 ACI 中这是剪力与混凝土抗剪强度关系的表达式(是截面几何尺寸和混凝土抗压强度的函数),在 AASHTO 中则是考虑 FRP 厚度、黏合性能以及混凝土抗压强度的表达式。如第 4 章所述,AASHTO 剥离极限与 CNR 中的剥离极限十分接近,AASHTO 根据 Naaman 和 Lopez(1999)的研究确定了极限值。需要注意的是,该研究专门考虑了环境条件,如出现冻融循环的季节性寒冷气候,但对于其他气候而言,这样的条件可能会较为保守。

（6）锚固长度。AASHTO 规定的锚固长度表达式与其他规范略有不同。如第 4 章所述,锚固长度对 f'_c 和 FRP 的数量非常敏感。然而,AASHTO 表达式是由 Naaman 和 Lopez(1999)提出的,且该表达式特别考虑到了季节性的寒冷环境条件,因此对大多数的北美气候而言,该表达式更为适合或保守一些。

（7）剪切和约束加固。不同规范中关于剪切和约束加固规定的差别很小,基于这种相近性,理论上没有充足的理由不采用 AASHTO 规定。但是,由于 AASHTO 所要求的约束压力最小值(0.6ksi)已经能够实现(见第 4 章),AASHTO 可能会要求比理论值更多的 FRP 数量以提高性能。所以,当考虑约束加固时,建议选择 AASHTO 或 ACI 的规定。对一些桥墩而言,ACI

规定所采用的方法比 AASHTO 更节省成本,则建议选用 ACI 规定;此外,由于 ACI 没有明确规定最小约束压力,因此 ACI 的方法在使用较少 FRP 材料的情况下就可以得到与 AASHTO 相同的加固效果。

8.1.3 对 AASHTO 规定的修改建议

尽管通常建议使用 AASHTO 规定,但其中的某些方面已被证实需要进行修改。具体建议如下。

8.1.3.1 环境折减系数

AASHTO 未明确规定环境折减系数,但规定了最小的界面抗剪强度($\tau_{int} = 0.065\sqrt{f'_c}$),通常被用来估算剥离长度[式(4-39)]和锚固长度[式(4-52)]。因此折减系数将会应用在界面抗剪强度 τ_{int} 中,而 τ_{int} 的数值将从 FRP 生产商或第 8.2.4.2 节的试验中得到。

若根据试验,如第 6 章和第 7 章得到的黏结强度退化数据,则建议使用 CFRP 特定位置的界面黏结强度折减系数。这些折减系数应乘以为特定 FRP 系统而定的 τ_{int} 值(而非由 AASH-TO 规定的 $0.065\sqrt{f'_c}$ 值,该值可能远低于实际的 τ_{int} 值)。应当强调的是,该折减系数仅适用于 τ_{int} 值,而非以整体强度折减系数的形式直接应用于截面承载力。

如果按照本章的建议,使用常见的环氧树脂强度、适当的表面处理和安装技术,即使通过试验确定的长期折减系数非常大(如时间为 75 年时,该系数接近 0.5),但在大多数情况下,也不会计算得出环境造成的承载力退化。这是因为 AASTHO 假定的界面抗剪强度非常低($\tau_{int} = 0.065\sqrt{f'_c}$),而且大多数 FRP 的初始 τ_{int} 值有望超过该值($0.065\sqrt{f'_c}$)的 2 倍。因此,即使采用时间为 50~75 年的较大长期折减系数,也可能导致设计抗剪强度大于 AASHTO 规定的最小值,由此可能使剥离强度增加,允许的锚固长度减小。

8.1.3.2 考虑受压破坏时的抗弯设计

尽管预想是受拉破坏,但在许多情况下,用 FRP 进行加强的截面并不能保证受拉力破坏,对于预应力混凝土截面来说尤其如此。这一问题未在 AASHTO 中得到直接解决。对于受压控制,建议在承载力分析中,AASHTO 规定的 FRP 极限应变(极限承载力)应等于相应梁的最大混凝土受压应变 0.003。如果 FRP 应变小于 0.005,则应根据在混凝土受压破坏时计算的 FRP 应变(而非 0.005)计算每单位宽度的 FRP 纤维筋强度 N_b。

8.1.3.3 预应力截面的初始应变

对于预应力混凝土截面的加固分析,必须计算梁底部(FRP/混凝土界面)的初始应变 ε_{boi}。尽管 AASHTO 并未提到,但这个表达式可以从理论上推导出来,并且已在 ACI 中给出,因此推荐使用式(8-1)(即 ACI 式 10-18)。

$$\varepsilon_{boi} = \frac{-P_e}{E_c A_{cg}}\left(1 + \frac{ey_b}{r^2}\right) + \frac{M_{DL}y_b}{E_c I_g} \tag{8-1}$$

式中,ε_{boi} 为预应力钢筋的初始应变水平,in/in(mm/mm);P_e 为(在所有预应力损失允许后)预应力钢筋的有效力;A_{cg} 为梁的横截面积,in^2(mm^2);E_c 为混凝土的弹性模量,psi(MPa);e

为相对于构件中心轴线的预应力钢筋的偏心,in(mm);r 为截面的回转半径,in(mm);y_b 为从底部末端纤维到截面质心的距离,in(mm);M_{DL} 为静荷载力矩,lb-in(N·mm);I_g 为惯性矩,in⁴(mm⁴)。

8.1.3.4　预应力截面的强度折减系数和延性规定

为了确保延性,AASHTO 规定,FRP 在截面极限状态时的应变必须等于或大于其在受拉钢筋质心屈服时刻应变的 2.5 倍。当 FRP 与混凝土界面最大应变为 0.005 时,FRP 产生的最大有效应变为 $\varepsilon = 0.005 - \varepsilon_{bo}$,其中 ε_{bo} 是由因恒载而产生的混凝土底面初始拉应变(在 FRP 安装之前的拉应变)。当使用 FRP 时,钢筋会因为恒载弯矩产生初始应变(ε_d)。由于 FRP 黏结在梁的外侧,所以相较于钢筋会更远离中轴线。因此,当钢筋屈服时,FRP 将会产生一个最小应变值:$\varepsilon_y - \varepsilon_d$,其中 ε_y 为钢材屈服应变。按照 AASHTO 的规定,在抗弯极限承载力下,FRP 的应变必须大于最小的可能值:$2.5(\varepsilon_y - \varepsilon_d)$。对于预应力梁而言,还必须考虑钢材的有效预应力($\varepsilon_p$),正因如此,FRP 在抗弯极限承载力下的应变必须大于 $2.5(\varepsilon_y - \varepsilon_d - \varepsilon_p)$。但对于高等级的预应力钢材而言,$\varepsilon_y$ 的值很大,$2.5(\varepsilon_y - \varepsilon_d - \varepsilon_p)$ 可能超过了允许的 FRP 应变极限 $0.005 - \varepsilon_{bo}$。在许多情况下,这种限制将使得无法在预应力梁中进行 FRP 抗弯加固,混凝土本构模型的合理变化也不会改变这个结果。ACI 通过允许加固这些截面来解决这一问题,但是为了考虑可能的延性损失,截面强度采用了较小的抗力系数。然而,根据所研究的预应力混凝土梁的实际情况,发现 ACI 方法通常会导致对 FRP 和 0.65 抗力系数的要求过高。前者的出现是因为 ACI 剥离极限限制了 FRP 的可用应变[式(4-8)](ACI 剥离极限是 FRP 使用数量的函数),随着 FRP 数量为满足抗弯需求而增加,这种应变极限会减小。结果发现,最终值通常低于 AASHTO 规定的值 0.005。此外,随着 FRP 面积的增加,预应力钢筋在受破坏时的应变通常减小,抗力系数一般会降至 0.65。因此,在许多情况下,直接使用预应力梁的 ACI 加固规定也是不切实际的,所以基于对现有 AASHTO 程序的修改,建议考虑另外的替代方法。

这种方法采用了 8.1.2 节所述 AASHTO 中的 FRP 极限应变。为了保持一致性,建议对非预应力截面和预应力截面采用相同的方法,并在极限应变上进行适当调整。这种方法结合了 AASHTO 和 ACI 所述的极限和折减系数的概念,为某些情况提供了更为实用的加固流程。对于非预应力截面,建议采用 FRP 加固混凝土梁的抗弯承载力系数为,即式(8-2):

$$\begin{cases} \phi = 0.90 \, (\varepsilon_{FRP_u} \geqslant 2.5\varepsilon_{FRP_y} \text{ 且 } \varepsilon_t \geqslant 0.005) \\ \phi = \min \begin{cases} 0.65 + \left(\dfrac{0.25}{1.5}\right)(\varepsilon_{FRP_u} - 1)\,(\varepsilon_{FRP_u} < \varepsilon_{FRP_y} < 2.5\varepsilon_{FRP_y}) \\ 0.65 + \dfrac{0.25(\varepsilon_t - \varepsilon_{sy})}{0.005 - \varepsilon_{sy}}\,(\varepsilon_{sy} < \varepsilon_t < 0.005) \end{cases} \\ \phi = 0.65 \, (\varepsilon_{FRP_u} \leqslant \varepsilon_{FRP_y} \text{ 或 } \varepsilon_t \leqslant \varepsilon_{sy}) \end{cases} \tag{8-2}$$

式中,ε_t 为极限承载力下最底层(即最远离梁的受压侧)钢筋的应变,极限承载力定义为以下 3 种情况中首先发生的情况:混凝土破碎、FRP 断裂或 FRP 剥离(当最大假定界面应变为 0.005 时,由 AASHTO 给出);ε_{FRP_u} 为极限承载力状态下 FRP 的应变;ε_{FRP_y} 为钢材屈服时 FRP 的应变。

上述系数适用于整个抗弯承载力表达式,包括钢筋和 FRP 的承载力分量。此外,FRP 的

承载力由于附加阻力系数而进一步减小,如式(8-3):

$$\begin{cases} \phi_{frp} = 0.85/0.90 = 0.94(\phi = 0.9) \\ \phi_{frp} = 0.38\phi + 0.6(0.65 < \phi < 0.9) \\ \phi_{frp} = 0.85(\phi = 0.65) \end{cases} \tag{8-3}$$

实际上需要注意的是,因为 AASHTO 规定 FRP 的可用极限应变为 0.005,而 ε_t 需大于或等于 0.005,因此 $\phi = 0.90$ 无法满足。但是在大多数情况下,若 FRP 的最大应变设为 0.005,ε_t 只会稍微小于该值,由此使得 ϕ 的值介于 0.85 和 0.90 之间。

对于预应力混凝土构件(使用 250~270ksi 的预应力钢材),建议如式(8-4):

$$\begin{cases} \phi = 0.9(\varepsilon_{FRP_u} \geqslant 2.5\varepsilon_{FRP_y} \text{ 且 } \varepsilon_{ps} \geqslant 0.013) \\ \phi = \min \begin{cases} 0.65 + \left(\dfrac{0.25}{1.5}\right)(\varepsilon_{FRP_u} - 1)(\varepsilon_{FRP_y} < \varepsilon_{FRP_u} < 2.5\varepsilon_{FRP_y}) \\ 0.65 + \dfrac{0.25(\varepsilon_{ps} - 0.010)}{0.013 - 0.010}(0.010 < \varepsilon_{ps} < 0.013) \end{cases} \\ \phi = 0.65(\varepsilon_{FRP_u} \leqslant \varepsilon_{FRP_y} \text{ 或 } \varepsilon_{ps} \leqslant 0.010) \end{cases} \tag{8-4}$$

式中,ε_{ps} 为极限承载力时预应力钢筋(质心)应变。与上述相同的 FRP 折减系数应用于 FRP 的抗力计算。

$$\varepsilon_{ps} = \varepsilon_{pe} + \frac{pe}{A_C E_C}\left(1 + \frac{e^2}{r^2}\right) + \varepsilon_{pnet} \leqslant 0.035 \tag{8-5}$$

$$\varepsilon_{pe} = \frac{f_{pe}}{E_p} \tag{8-6}$$

$$\varepsilon_{pnet} = \frac{d_p - c}{h - c}\varepsilon_{frp}^u \tag{8-7}$$

需要指出的是,实际上由于 AASHTO 规定的 FRP 可用应变极限为 0.005,$\varepsilon_{ps} \leqslant 0.010$,因此 $\phi = 0.65$。但是,如果将 AASHTO 的 FRP 应变极限值 0.005 调整到一个新的值,上述等式仍然成立。若上调应变极限值,预应力构件的强度折减系数将超过 0.65。

在大多数情况下,如果满足 AASHTO 延性标准,这种方法将提供一个与 AASHTO 规定的抗力系数非常接近(且略为保守)的抗力系数。如果不符合 AASHTO 标准且对梁进行加固,与 ACI 方法类似,则梁延性函数的抗力系数将减小。

需要特别注意的是,为了确定最合适的抗力系数和相关的应变极限,需要对 FRP 加固的预应力混凝土梁进行结构可靠性分析,但是该分析超出了本书范围。因此,作者认识到现有的 AASHTO 规定并不是专门为预应力混凝土梁加固而制定的,所以在获得合适的可靠性或修订的指南结果之前,上述程序可能是一个合理的替代方案。一些使用这些建议的设计实例将在第 9 章中给出。

8.2　安装、质控和维护建议

遵守 FRP 系统制造商的建议时,需遵守一条通用的建议或要求,具体如下:

(1)安装人员应获得制造商建议的安装、质量控制(QC)和维护文件,并遵循这些建议。

只有在理由具有充分说服力、且设计工程师认真审查并准许后,才可不采纳这些建议。若不采纳建议,需有充分的文件和/或正当理由,最好有定量分析和/或试验数据。

(2)若制造商未针对特定实例提出建议,则需遵循以下规定:在任何情况下都建议在采纳规定前咨询生产商对该规定的意见。

附录 B 列出了遵循建议后的检查清单。

8.2.1　运输、储存和处理

8.2.1.1　运输

由于 AASHTO 未提供明确的运输建议,因此通常建议遵循 ACI 运输指南,尤其是热固性树脂材料的包装、贴标和运输要遵循《美国联邦法规》第 49 条(CFR 49),该法规的 C 章节(CFR 49)可能将部分 FRP 系统材料列为腐蚀性、易燃性或毒性材料。因此,FRP 系统构成材料应按照所有适用的联邦和州的包装和运输法规进行包装和运输。此外,建议遵循以下附加条款:

(1)承包商和供应商有义务确保所使用的包装和运输方式不会损害材料的属性和性能。

(2)所有的 FRP 构件必须和对应的安全数据表(SDSs)一起运输。

(3)FRP 系统的所有构件在运输到建筑工地后应立即对其进行检验,只有在得到项目工程师的书面授权书后,才可使用已打开的或受损的集装箱。

8.2.1.2　储存

虽然 AASHTO 未提供有关储存的相关规定,但 ACI 的 5.2 条涵盖了最全面的储存方法以及对过期材料的处理方法,通常建议参照以下附加说明来遵循这些条款。

(1)所有 FRP 构件储存时必须是工厂原封包装且未被打开,附加的标签上需注明生产商、品牌名称、系统识别号码和日期。

(2)FRP 构件需放置在清洁干燥的环境中,避免阳光直射,而且需保持通风良好,温度控制在 50 ~ 75℉(10 ~ 24℃)。催化剂和引发剂等(如过氧化物)应分开储存。

(3)应尽可能按照附录 B 所列的检查清单定期检查储存在施工现场的构件;不可使用不符合上述储存条件的构件。尤其要注意的是,反应型固化剂、硬化剂、引发剂、催化剂和清洗溶剂等材料需遵守特定的安全规定,并按照 OSHA 的要求储存在安全密封的容器中。由于树脂也是易燃物,因此需遵守相关消防预防规定,且储存量应满足消防规定的要求。

(4)制造商应提供建议的保存期,在此期限内,树脂料将达到或超过其规定的性能,而且承包商必须遵守这些时限。

(5)任何超过保存期的构件材料,若已经劣化、损坏或以其他方式受到污染,都不应使用。必须小心避免由于弯曲或堆叠不当造成的层压和其他预制材料损坏。若认为 FRP 材料已无法使用,则应采用满足州和联邦环境控制法律的方式进行处理。

8.2.1.3　处理

ACI 5.3 条款中所提到的 FRP 材料安全处理方法比其他规范都要全面,因此通常建议使用 ACI,并建议参照以下补充说明:

(1)施工现场需提供有关正确储存、处理和混合树脂材料的信息以及有关潜在危害的信息。

（2）使用这些产品的工作人员需阅读和理解产品危险警告标签和相关的安全数据表（SDSs）。CFR 16 的第 1500 节（2009）对有害物质的标签作出了相关规定，其中包括了热固性树脂材料。以上这些标签指南需加以遵守。

（3）处理纤维和树脂材料时，需穿戴防树脂和溶剂的一次性工作服和手套，手套在每次使用后需丢弃。处理树脂材料和溶剂时，需佩戴安全眼镜或护目镜。如有必要，材料表面需覆盖，以防止污染物和树脂溢出。

（4）当有纤维、灰尘或有机蒸气，或混合和放置树脂时，需穿戴呼吸防护装备，如防尘面罩和防毒面罩。处理和安装复合材料的车间需保持良好的通风条件；在通风不佳的地方，建议使用可提供新鲜空气的呼吸防护装备。

（5）装有大量混合树脂的容器可能发生不可控的化学反应，其中包括出现大量烟雾、着火或剧烈沸腾，因此需对这些容器加以监控。

（6）由于清理工作可能涉及易燃溶剂，因此建议采取适当的安全预防措施。所有废弃物均需按现行环保部门的规定处理。

（7）承包商有责任确保所有施工阶段的 FRP 系统构件符合现行的环保和安全规定。

（8）所有 FRP 材料，尤其是纤维片，必须谨慎处理以免受损坏，并避免出现错位或纤维断裂情况；避免纤维被过度弯曲、压扁或受到其他形式的机械损伤，较高模量的纤维尤其容易受到上述损害。纤维片在切割后，应使用隔离板进行干燥堆放，或以不超过 12 in（305 mm）半径的长度轻轻卷起。应特别注意避免材料接触水、灰尘或其他污染物。

8.2.2 制造商和承包商资质

AASHTO 参照 NCHRP 第 609 号报告进行了关于生产商和承包商资质的规定。相较于其他规范，NCHRP 第 609 号报告提出的资质要求更为全面，因此建议采用 NCHRP 第 609 号报告作为资质指导，同时参考以下建议和附加说明：

（1）FRP 系统安装必须由根据生产商规定的安装程序进行过特定训练的承包商来完成。这些安装程序可能因系统而异，而关于 FRP 的安装信息通常并不充足。

（2）在向符合资质的工程师提供以下信息以供审查和考虑后，被推荐的制造商可能会被要求具备安装 FRP 系统的资格：

- FRP 系统各构件的系统数据表和安全数据表；
- 具有至少 5 年关于 FRP 系统相关经验的证明文件，或者具有 25 份有文件证明的相似领域的申请书，且每封申请书都具有各自雇主提供的可接受的推荐信；
- 独立机构提供的测试数据集证明文件，该证明文件核查了所推荐的 FRP 系统的力学性能、老化情况和环境耐久性；
- 承包商/申请人的员工参与的每个 FRP 系统的综合实践培训计划的可行性文件。

（3）设计工程师可能会进一步要求生产商提供 FRP 构件和整个 FRP 系统的样本，以便在获得相关资质前进行内部或独立试验。

（4）制造商实施过的培训方案，包括已安装的 FRP 系统的表面处理和安装的实际经验。此外，建议工程师可进一步要求承包商通过实际演示表面处理和安装过程来证明其具备相关资质。

（5）承包商必须详细说明用于安装构件和进行风险（不符合系统的性能要求以及健康和施工危害）评估的方法，其中应包括将这些风险最小化的操作程序的讨论。承包商应进一步提供计划书，用于维护能使结构黏合剂得到有效使用的现场环境。请注意，以上要求都属于承包商提交的质量控制计划中的典型要求。

8.2.3　安装

本书所介绍的规范大多数都提供了相似的建议。一般认为，ACI 的规定是最全面的，因此建议使用 ACI 的规定以及 AASHTO 和其他规范的一些补充条款。

8.2.3.1　温度、湿度和水分的注意事项

底漆、饱和树脂和黏合剂通常不应在寒冷或结冰的表面使用，寒冷或结冰的表面可能会影响黏合和养护速率，而且霜或冰晶可能会影响 FRP 和混凝土之间的黏合性能。需特别注意的是，环境空气和混凝土表面温度应在 50℉（10℃）以上；混凝土表面温度应至少比实际霜点高 5℉（3℃）；大气相对湿度应小于 85%。如有需要，则可以使用无污染的热源来提高安装期间的环境温度和表面温度。

在使用环氧树脂时，应做好准备工作以避免空气和表面温度超过 90℉（32℃）。如有必要，应由在以上条件下有相关使用经验的专业人员进行监督。用于高温的环氧树脂系统已可投入使用，安装时应将其纳入考虑范围（参见 ACI 530R-93）。当混凝土表面大面积暴露在阳光下时，建议不要安装 FRP。

黏合剂不应用于湿度大于 10% 的潮湿表面，除非这些黏合剂是为这类潮湿区域的使用而专门研制的。基底湿度可以用砂浆湿度计或其他定量方法进行评估。此外，FRP 系统不应用于易受凝结、湿气弥漫或有水浸入的混凝土表面，除非系统设计明确解决了这些问题，并且为这种环境配制了专门的树脂系统。ACI 标准 503.4（2003）规定了附加的含水量要求。请注意，从混凝土表面通过未固化的树脂材料散发的湿气通常表现为表面气泡，并可能影响 FRP 系统与基底之间的黏合。对于在初始硬化之前树脂表面上的凝结或其他湿气（用白化表示），应用溶剂擦拭出现凝结或湿气的区域，或用砂纸除去底漆或平滑剂产生影响的部分。

8.2.3.2　设备

所有设备都应保持整洁和良好的运行状态，以便项目工程师检查。需注意的是，一些 FRP 系统会建议或要求使用特定设备，如树脂浸渍剂、喷雾器、升降/定位装置和卷绕机。承包商应让培训合格的人员安装和操作此类系统专用设备［这些人员可通过 FRP 系统制造商提供的培训和/或认证（如条件允许）进行认定］。所有材料、供应物品和个人防护设备需保持数量充足，以保证不间断地安全施工和质检。

8.2.3.3　基底修复

安装 FRP 系统的基底表面不能使用松弛和不牢固的材料，现有条件不符合要求时需加以修正。可用试验法核查基底质量，抗压强度不得低于 2.2ksi（15MPa），混凝土表面必须具有 220psi（1.5MPa）的最小拉伸强度［根据 ASTM D4541（2002）拉拔试验测量］。对于需要修复的

混凝土表面,ACI 546R(2004)和 ICRI 03730(2008)都提供了通用的方法,但混凝土表面必须根据原有截面进行修复或改造。

在使用任何环氧树脂或油灰产品进行修复之前,应清除所有可能干扰黏结的污染物。在进行修复之前,应由项目工程师检查和批准混凝土表面处理情况。如果使用水泥质材料进行修复,则应在进一步的表面处理前使其充分固化(即达到规定的最小抗压强度)。如果检测到与腐蚀相关的混凝土劣化情况,则应查找引起腐蚀的原因,并在安装 FRP 系统前修复相关的劣化区域。

修补裂缝时,若裂缝宽度大于 0.01in(0.3mm),应按照 ACI 224.1R(2007)在安装 FRP 前用环氧树脂进行填压。较窄的裂缝需注入树脂或用树脂密封,以防止现有钢筋被腐蚀。ACI 224.1R (2007)根据不同的暴露条件提供了额外的裂缝宽度限制。

如果最佳方法存在不确定性,应进行表面处理过程的试验以确定 FRP 系统将使用何种有效技术,且需获得项目工程师的批准。

8.2.3.4　表面光滑度

对于关键性接触,例如在约束过程中(即混凝土与 FRP 之间的黏合损失不重要,但必须保证混凝土表面与 FRP 表面之间的接触),表面处理工作应确保混凝土与 FRP 系统之间的连续接触。在修复后(如有需要),混凝土表面应按照"ICRI 表面轮廓切片"所定义的最小混凝土表面轮廓来制备,并且局部的面外变化(包括轮廓线)不应超过 1/32in(1mm)。局部变化可以通过研磨去除,或者如果变化很小,可以使用环氧树脂使其平滑。最好在薄层使用环氧树脂材料以达到所需的平整度,虫孔和空隙应填充树脂基的油灰。但在使用任何填充物之前,必须对表面进行适当清理,以确保修复材料的黏合。表 8-1 列出了细小凹陷处的最大可允许尺寸。

混凝土表面凹陷的最大深度 表 8-1

FRP 类型	表面长度为 12in(0.3m)时的最大凹陷深度	表面长度为 80in(2m)时的最大凹陷深度
FRP 板 ≥0.04in(1.0mm)	0.16in(4.0mm)	0.40in(10.0mm)
FRP 板 <0.04in(1.0mm)	0.08in(2.0mm)	0.24in(6.0mm)
FRP 布	0.08in(2.0mm)	0.16in(4.0mm)

矩形截面圆角的最小半径至少为 0.5～1.4in(13～35mm),这适用于水平和垂直方向的角,不建议用斜削角替代倒圆角。如果将 FRP 安装和黏合到构件的拐角上变得困难时,则可使用更大的半径,这种情况可能随着所用 FRP 材料的厚度和刚度的增加而发生。粗糙的拐角应采用环氧树脂或油灰使其平滑。内角和凹面可能使安装 FRP 变得十分困难,因此可能需要特别注意确保 FRP 和混凝土之间的黏合。

8.2.3.5　表面清理

在安装 FRP 前,应对混凝土表面进行清洁,以除去灰尘、浮浆、油渍、泥土或其他任何影响黏合的材料。即使是新的混凝土,也应进行清洁以去除脱模剂和固化膜。各种清洁技术都可能有效,包括干式喷砂、湿式喷砂和真空喷砂;高压清洗(包括使用或不使用乳化清洁剂进行清洗)和使用杀生物剂(必要时);单独或与使用清洁剂一起进行蒸汽清洁,而对于较小的区域,可以使用钢丝刷进行机械清理或采用平面磨削的方式。但诸如针式气动除锈枪和凿毛机等一些冲击方法可能过于剧烈,使用时需小心检查,因为这些操作可能会产生微裂纹和/或不规则的混凝土表面裂纹。

在一些情况下,冲洗方法可能不起作用,而且可能只是简单地把污染物冲到其他地方,因此必须认真检查表面的清理情况。若使用溶剂类和含氢氧化钠的产品,清理完成后,必须把混凝土表面的这些产品彻底清除。建议使用真空干燥喷砂法而非直接喷砂,因为真空干燥喷砂法对工作人员更为安全,而且对环境影响更小。若有必要,清理完表面后,需在安装 FRP 前使混凝土表面免受污染。在安装 FRP 前,项目工程师应检查混凝土的表面处理工作并对合格的表面进行批准。

8.2.3.6　树脂混合

树脂成分应在适当的温度和时间下以适当的比例进行混合,直至混合均匀且完全不含空气成分。为了得到准确的混合配比,建议使用预批量的树脂和硬化剂进行预制。由于树脂成分的颜色往往对比鲜明,所以只有当颜色统一、色条消除时,才可实现充分混合。工作人员应对混合情况进行目视检查。树脂混合量应足够小,以确保所有混合树脂均可在其适用期内使用;在规定的适用期结束时,剩余的黏合剂必须丢弃。在安装过程中,应严格遵守环氧树脂的适用期和其发挥功效的温度范围,由此可避免对安装质量产生的不良影响。同样,预先制订计划也十分重要。

8.2.3.7　FRP 系统的安装

所有材料(包括底漆、油灰、饱和树脂与纤维)都应该是同一系统的一部分。如果 FRP 系统需要使用底漆,则应将其均匀地涂于安装 FRP 系统的所有混凝土表面。底漆应具有足够低的黏度,以使其渗入混凝土基底的表面。强烈建议将较高黏度的树脂限定在板材上,同时需特别注意确保 FRP 纤维完全饱和。一旦使用底漆,应确保底漆免受尘土、湿气和其他污染物的污染,并允许底漆在安装 FRP 之前固化。工作人员应通过目测和触摸来检查底漆是否已经固化,并应确保底漆表面没有尘土或湿气。

安装 FRP 时,需根据结构设计制订符合实际结构的工作流程图。该图应清楚地指明连接的参考点、重合拼接的位置和黏结的层数。

对于通常使用干纤维片和饱和树脂手动安装的湿铺法系统,应将树脂均匀地涂于已经过处理的混凝土表面,然后将增强纤维轻轻压入树脂中。请注意,干燥的纤维无须添加黏合剂便可直接施加于涂有饱和树脂的混凝土表面;但对于湿纤维系统,在安装之前必须将树脂涂抹到纤维上。涂抹到纤维上的树脂应分量充足,且黏度足够低,以便使纤维完全饱和。

按照规定,可用手持式泡沫滚筒或刷子将胶黏剂涂抹到混凝土表面或树脂上,也可使用浸渍机将树脂涂抹到湿纤维系统的纤维上。在树脂凝固之前,应释放或排出夹层之间的残存空气。为此,建议将 FRP 材料平行于纤维进行加工,从中心或一个端点向一个方向加工,以避免任何前后移动。在黏合连续纤维片后,应通过目视或声音检测的方式进行检查,以确认环氧树脂浸渍中不存在升高、膨胀、剥落、松弛、皱褶和空隙等情况。

使用表面黏合板等预固化系统时,应对要黏合的预固化层压板表面进行适当处理。这可能会使用到轻微打磨的方法,并需对层压板表面进行清洁。对于带有附加剥离层的材料,不需要对其进行特别处理,去除剥离层后露出具有合适粗糙度的干净表面即可。然后用抹灰技术将混合的黏合剂手动涂抹到混凝土黏合区域。

黏合剂的厚度应保持在 $0.04 \sim 0.08$ in($1 \sim 2$mm)。应将黏合剂分层涂抹到板上,以便形成略微凸起的轮廓。沿着中心线的附加厚度有助于减少空隙形成的可能。

除了预制 L 形箍筋的重叠部分,通常不允许堆放多层 FRP 板。在 FRP 板的交叉处,应注意使曲率最小化;有时会为了下层板材而在混凝土上开槽,以使板和混凝土表面之间完全接触。

当 FRP 材料的表面已经充分固化并已对其进行清洁时,应安装保护涂层。该保护涂层与提供紫外光保护的建议系统兼容,也可以将石膏或砂浆层(最好含有混凝土)涂抹于需安装的系统上,以起到保护作用。保护涂层也可用于防止磨损的磨损层,但该磨损层对桥梁结构加固不起作用。

若需防火保护,则可使用膨胀板或防护灰泥。这两种方法所提供的面板/灰泥厚度都由防火等级来确定。若在安装过程中不对材料进行切割,则通常可直接在 FRP 系统上安装硅酸钙面板。所建议使用的保护系统必须获得工程师的批准。

承包商应提供由制造商准备的保护系统和 FRP 系统的兼容性证书,承包商应为预期暴露条件下所建议的保护系统的性能提供保证。一旦使用该保护系统,应允许至少 24h 的时间使保护涂层变干。

当使用 FRP 材料与地面接触的钢筋混凝土桥墩底部进行包裹时,至少应包裹到地表以下 20in(500mm),以防止水和空气的渗入。当使用连续纤维束时,建议使用机器缠绕纤维丝以控制缠绕间隔、松紧度和速度。在这种情况下,必须确认纤维丝缠绕间隔适当、松紧度不变且速度适中,树脂已完全浸透纤维丝,树脂已适当混合并进行添加,浸渍树脂已完全固化。

若使用碳纤维、且碳和现有钢筋可能直接接触时,应安装绝缘材料以防止电偶腐蚀。

8.2.3.8　方向校准

安装前必须按设计中指定的铺层方向和堆叠顺序对材料进行处理,以保持纤维笔直且方向正确。此外,为了进行评估,对扭折、褶皱、波纹或其他形式的实质性材料畸形以及大于 5°的角度偏差,必须加以说明。

8.2.3.9　多层和搭接

当使用多个板层时,必须保证树脂的抗剪强度足以承受各层之间的剪切荷载,并且混凝土和 FRP 系统之间的黏结强度要足够大。前者可以用制造商/安装商提供的代表性试样测试结果(即剪切或挠曲)进行验证,但项目工程师可能会限制所允许的最大连续板层的数量和/或限制连续板层之间的安装期限。当使用多个叠加层时,注意不要移动叠加层,否则会干扰还未进行树脂加固的位于前面的板层。如果 FRP 系统铺设过程被中断,可能需要进行夹层表面处理,如清洁或轻微打磨。所有的层板必须完全用树脂浸渍。

除非项目工程师不同意,否则有交错时可以进行重叠搭接,所需搭接长度等搭接细节应以试验数据为基础。ACI 第 13 章给出了搭接接头的具体指导原则。在没有制造商要求的情况下,建议最小搭接长度为 8in(200mm)。如果在搭接或拼接中只使用一层 FRP 板,建议延长搭接长度,并在搭接部分再附加一层 FRP。当使用多个板层时,重叠拼接不应放置在同一部分,因为这会减小重叠拼接的强度。重叠接头不应放置在承受大弯矩的位置。

8.2.3.10　固化

环境固化树脂可能需要几天时间才能完全固化,而温度波动会延缓或加速其固化时间。在放置后续板层之前,应确认已安装板层的固化状态足够,如果存在固化异常,则应停止安装。饱和树脂和纤维的连续层应在前一层完全固化之前进行放置;如果先前的板层已达到较高的固化程度,则可能需要对夹层表面进行处理,例如使用轻砂打磨或使用溶剂。

除非固化过程因加热而变快,否则在进行下一步安装之前应有 24h 的最短固化时间。在整个固化过程中,温度必须保持在所需的最低固化温度以上;必须防止表面凝结和来自于气体、灰尘或液体喷雾的化学污染。在固化过程中,FRP 系统上的应力应尽可能小。在初次涂抹浸渍树脂之前,如有必要,应采用防雨、防尘、防日晒、防高湿度和突然气候变化的乙烯薄膜来保护系统表面。如果使用临时支撑装置,FRP 系统应在支撑被移除之前完全固化。

8.2.4　检查

在本书涉及的各种标准中,不同工作阶段检查程序的完整性和质量各不相同。一般建议采用 ISIS 检查程序以帮助评估现有的混凝土表面情况,并确定所需的修复方法。还建议采用 ISIS 检查流程,以在安装 FRP 之前验证混凝土表面的修复质量,AASHTO 和 ACI 也有类似的检查流程来监测 FRP 的安装质量。这些流程非常详细,包括记录文件、样本收集、试板的使用和合理的测试。本书最终推荐使用 AASHTO。最后,由于 ISIS 检查流程的相对完整性,建议在安装完成时采用 ISIS 检查流程。以下给出这些建议规定的摘要和其他附加建议:

(1)检查工作应由项目工程师或熟悉 FRP 系统和 FRP 安装流程的合格检查员主导,或在其监督下进行。一般而言,检查员应力图使相关工程符合设计图纸的要求、施工项目的规范以及以下讨论的细节。

(2)两种类型的规范是可行的:描述性规范和性能规范。在以描述性为主的规范中,工程师规定了特定 FRP 材料的长度、宽度、方向、安装顺序、其他要求以及可能的可接受等效物。在以性能为主的规范中,工程师规定了强度、刚度或其他必要性能和特性方面的要求。承包商负责选择合适的 FRP 系统,并提交该系统以供批准。只要提供足够的定量分析和/或测试数据来证明所提出的加固计划能够满足所需的性能要求,那么任何一种规范都可以接受。

(3)预计花费在检查上的时间和精力将与该结构的重要性以及加固复杂性相关。还需要考虑系统性能不理想所带来的后果。此外,检查的范围可能会受到最初所发现问题的影响。例如,在检查阶段开始时验证的一个或几个规范问题,或者在安装中出现的一个系统性错误,都应促使相关工作人员对该系统进行更加详细和广泛的检查。

但是,这并不意味着与其他结构相比,有些结构可以随便检查。相反,一些加固方案由于其建造性质的原因,将需要更多的检查工作。例如,第 8.2.4.4 节建议的安装检验板的数量应随着加固区域的大小而变化。无论如何,所计划的检查工作的详细程度应考虑上述因素的影响。

8.2.4.1　质量保证和控制程序

FRP 材料供应商、安装承包商和与 FRP 加固项目相关的其他相关方,应维护并提交综合质量保证和质量控制计划以供审查。质量保证是通过一系列检查、测量和适用的测试来完成的,为了证明表面处理和 FRP 安装的合适性,质量控制应涵盖加固项目的所有方面,这取决于项目的规模和复杂程度。

使用的所有材料都应按照批准的质量体系(如 ISO 9000)生产,并符合相关规范或国际标准。此外,应确保所有材料的可追溯性。所有确定材料属性的外部或独立测试,都应在被批准的实验室按照相关标准进行,或由制造商根据已被批准的质量体系进行。测试的类型和频率应在质量计划中加以说明,在每次材料生产开始和结束时,都应取至少一个样品进行测试。

8.2.4.2　材料检查

FRP 制造商应提供文件证明所建议的系统符合所有设计要求,例如(包括但不限于)拉伸强度、纤维和树脂的类型、耐久性、抗徐变性、与基底的黏合性和玻璃化转变温度。需要根据 FRP 构成材料和层压板的质控测试方案,提供独立的测试结果。测试结果可能包括拉伸强度、玻璃化转变温度、凝胶时间、适用期以及黏合剪切强度等参数。注意,黏合剪切强度值需用到 8.1.3.1 节建议的环境折减系数。

首次接收材料时,应检查 FRP、底漆、平滑剂、浸渍树脂和其他材料的质量和损坏情况。材料的检查应根据制造商出具的质量保证表、检测结果或其他相关文件来进行。如果材料在运输、现场存放或施工过程中受到损坏,则应拒绝接收或对其进行测试以确认质量情况。

收到供应商提供的材料后,所有材料都应附有一份符合相关标准的证明文件。使用的所有材料都应有准确的记录(例如交货单、批号)和相关要求,还应包括环境条件的记录(如温度、相对湿度)。此外,应进行外观检查,以确保材料符合规定。

正如前文的建议中所论述的那样,材料的储存条件也要进行检查。

8.2.4.3　混凝土基底检查

在安装 FRP 材料之前,应对混凝土基底表面进行检查和测试,应包括检查修复工作的完成度、处理拐角、底漆涂料、表面光滑度、突起、孔洞、裂缝、隅角等瑕疵和特性。正如前文所言,应进行拉拔试验来确定关键黏结部位的混凝土拉伸强度。应根据 FRP 制造商制定的标准检验表面的干燥程度(包括凝结的可能性)。

8.2.4.4　安装过程中的检查

在施工期间,应特别注意保存以下所有记录:1d 内的混合树脂数量、混合日期和时间、混合比例、所有成分的鉴定、环境温度、湿度和其他可能会影响树脂性能的因素。记录还应标识每天使用的 FRP 布,这些布在桥梁结构上的位置、层数、安装方向以及所有其他相关信息,这些信息在检验板测试通过的情况下是很有用的。因为即使检验板通过了合格性测试,但也可能安装并未达到制造商的要求。这表明,尽管初始的安装质量令人满意,但也可能存在耐久性问题。

按照项目工程师的规定,检验板将在现场制造,并采用与桥梁结构相同的准备工序和施工步骤将其安装于等效混凝土表面,形成检验区。理想情况下,检验区面积至少 $2 \sim 5\mathrm{ft}^2$,且不得低于需加固总面积的 0.5%。在安装 FRP 主体结构的同时,检验区也将进行加固,并尽可能均匀地分布在结构上。检验板将以与加固结构相同的条件进行保存,以待未来的测试与评估,并会按照预定取样计划进行制造和测验。一般建议建造多个检验板以供加固安装工程所需。

在安装 FRP 系统期间应进行日常检查,并应注意以下几点(如适用):

- 安装日期和时间;
- 环境温度、相对湿度和一般天气的观测;
- 混凝土表面温度;
- 每个 ACI 503.4(2003)的表面干燥度;
- 表面处理方法和使用 ICRI-表面轮廓芯片的结果轮廓;
- 表面清洁度的定性描述;
- 辅助热源的类型(若适用);
- 未注入环氧树脂的裂缝宽度;
- 纤维或预固化层压板批号及其在结构中的大致位置;
- 所有混合树脂的批号、混合比例、混合时间和外观的定性描述,其中包括底漆、氧化锡、饱和剂、黏合剂和当天混合的涂料等;
- 树脂固化进程的观察;
- 安装程序符合程度;
- 拉拔试验结果:黏结强度、破坏模式和位置;
- 如有需要,现场样板或试板测试所得的 FRP 属性;
- 任何分层或空隙的位置和大小;
- 工程的总体进展;
- ASTM D2582(2009)所要求的树脂固化程度;
- 黏合强度。

应进一步检查 FRP 系统,特别应注意附着位置、方向和对准情况、层压厚度、波纹度、咬底、剥离、松弛、褶皱、搭接长度、层数和树脂涂层数量。如果在现场缠绕,应检查 FRP 绞线的缠绕位置、缠绕间隔、缠绕张力和缠绕速度,并且纤维应完全与树脂浸渍。

8.2.4.5 项目完工

当项目完工时,与项目有关的所有检查和测试结果的记录都应保留,其中应包括对发现的所有问题和相关修复情况的总结评估、现场黏结试验、异常情况以及指定试验设施的所有试验结果。

8.2.5 评估与验收

评估在 ACI 第 7.2 条中有详细说明(见第 4 章),而 ACI 第 14 章讨论了承包商所提出的规范要求和需提交的文件。NCHRP 第 609 号报告中还提供了 FRP 样品的规范要求,这些要求扩展了 ACI 第 14 章中的规定。AASHTO 涵盖了验收标准的范围和细节。因此,ACI 提出的评估程序和 AASHTO 提出的验收标准(辅以 NCHRP 第 609 号报告)共同提供了有关评估和验收的全面、兼容和互补的处理方法,建议使用。这些方法连同其他标准的附加建议概述如下。

应根据是否符合设计图纸和相关规范的情况来评估决定是否将该 FRP 系统投入使用。一般而言，需要对被检查的项目进行评估。现将最关键的问题总结如下。

8.2.5.1 材料

如前所述，为了评估和验收，承包商需要提交可接受的 FRP 系统制造程序的质量控制凭证，其中至少应包括原材料采购的规格、最终产品的质量标准、评估和验收过程的各个程序、测试方法、抽样计划、采用的标准以及记录保存标准。本节随后会给出一些合格的测试结果。对于那些没有具体说明的内容（包括材料和黏结性），只要其满足所需的设计值，就不建议对这些内容设定额外的具体限制要求（除非项目工程师另附要求）。

承包商还必须提供将要使用的纤维、基质和黏结系统的描述性信息，以充分确定其工程性质。纤维系统的描述应包括纤维类型、每个方向的纤维取向百分比和纤维表面处理方法。基质和黏合剂应以其商业名称、基质和黏合剂中的每种成分的商品名称以及它们相对于树脂系统的重量比值来标识。

此外，承包商应提交试验结果以证明组成材料和复合体系符合工程师规定的物理和力学性能，这些测试将由工程师批准的实验室进行。对于每个属性值，必须说明测试样本来自的批次、每个批次中测试样本的数量、平均值、最小值、最大值和变异系数。最小的测试样本数量为 10。根据质控测试方案，测试结果可能包括拉伸强度、弹性模量、红外光谱分析、玻璃化转变温度、凝胶时间、适用期和黏结抗剪强度等与该项目相关的参数。拉伸测试应遵循如 ASTM D3039（2008）所述的标准程序。

对于不适合制造小型扁平检验板的 FRP 系统，如预固化和机器缠绕系统，工程师可能要求制造商提供测试面板或样品。

对于关键黏结部位，应使用 ACI 530R（2005）、ASTM D4541（2002）、ASTM D7234（2012）中描述的标准方法，或根据 ACI 440.3R（2004）测试方法 L1 中描述的方法进行有芯试样（位于安装后的结构上）的拉力附着性测试。成功的拉力附着性强度应超过 200psi（1.4MPa），并显示混凝土基底的破坏情况。应向工程师报告 FRP 系统与混凝土之间或与板层之间的强度下降或破坏情况。应注意避免在高应力或拼接区进行取芯。除非测试区域位于 FRP 未受压区域，否则这些测试区域必须进行修复。如上所述，采样频率可能受到项目规模、复杂性、重要性以及其他因素的影响。

现场荷载试验也可用于确认 FRP 加固构件的安装操作。对于主要结构，可能适合在加固前进行仪器安装，以评估加强前后的结构响应情况。

一旦收集到上述信息，复合材料系统与黏结系统就将按下列要求进行评估，在此假设测试样本的固化条件与安装过程中的结构相同。理想情况下，这些测试是在为加固项目创建的检验板样本上进行的，但是，如果项目工程师批准，可考虑使用相同 FRP 系统先前的测试结果进行评估。

（1）根据 ASTM D4065（2012）确定的复合系统玻璃化转变温度的特征值，应比 AASHTO LRFD 桥梁设计规范（2012）第 3.12.2.2 节中定义的最高设计温度高至少 40°F。如果根据 ASTM 3039（2008）进行拉伸试验，则与纤维百分比最高方向上的拉伸破坏应变的特征值应不小于 1%。

（2）根据 ASTM D 5229/D 5229M（2010）测定的水分平衡含量的平均值不得大于 2%，变异系数不得大于 10%。应使用最小样本量 10 来计算这些值。

（3）置于下列不同环境下后，复合系统中依照 ASTM D4065（2012）标准测定的玻璃态转化温度的特征值和依照 ASTM D3039（2008）标准测定的拉伸应变的特性值，应力求使数值保持在第（1）点规定值的 85%。放置环境如下：

①水环境：将样品浸入温度为 100 ± 3 ℉（38 ± 2℃）的蒸馏水中，并在 1000h 后进行测试。

②交变紫外线和冷凝湿度：根据 ASTM G154（2012）标准实践，样品应置于 1UV 周期紫外线暴露条件下的仪器中。样品应在从设备取出后 2h 内进行测试。

③碱环境：在测试之前，样品应在 73 ± 3 ℉（23 ± 2℃）的环境温度下浸入饱和氢氧化钙溶液（pH 值约为 11）中 1000h。应监测溶液的 pH 值，并根据需要保存好溶液。

④冻融环境：使用符合 ASTM C666（2008）要求的设备，将复合样品置于冻融循环中，循环次数为 100 次。

（4）若工程师需规定冲击限值，则应根据 ASTM D7136（2007）的规定进行。

（5）当使用黏合材料将 FRP 黏合到混凝土表面时，应满足以下要求：

①在条款（3）中所述的环境下进行放置后，根据 ASTM D 4065（2012）所定的黏合材料玻璃化转变温度的特征值必须比 AASHTO LRFD 桥梁设计规范（2012）3.12.2.2 节中定义的最高设计温度高至少 40 ℉。

②在放置之前，为达到预期设计年限（$\sqrt{f'_c}$，以 ksi 为单位），混凝土-FRP（树脂）之间的抗剪强度至少应为（$0.065 \sqrt{f'_c}$）/RF，其中 RF 为本章第 8.1.3 节给出的折减系数。经过放置后，黏结强度即混凝土与 FRP（树脂）之间界面的抗剪强度应至少达到 $0.065 \sqrt{f'_c}$（ksi）。

如果在项目中有规定，为了确保消防安全，应制造与实际结构具有相同保护涂层的试样并进行燃烧测试。在燃烧测试过程中，需根据所要求的防火等级对火灾后的 FRP 和层压板的可燃性、产生的气体、有害的表面变形以及遇火后 FRP 和层压板的质量和强度的变化进行研究。

8.2.5.2　固化

FRP 系统的相对固化可以根据 ASTM D3418（2003）和 ASTM D2583（2007）进行规定，通过检验板或树脂样品的试验测试来进行评估，还可以通过物理观察树脂黏性、工作表面或保留的树脂样品的硬度来评估树脂的相对固化情况。此外，应咨询 FRP 系统的制造商以确定特定的树脂固化验证要求。

应对环氧树脂固化前，在混凝土和环氧树脂黏合剂之间的黏合线处是否有水分聚集进行评估。这可以通过将 4in × 4in（1m × 1m）的聚乙烯布黏合到混凝土表面来检查。根据 ACI 530R-05（2005）规定，如果在环氧树脂固化之前水分聚集在布的下侧，则在涂抹黏合剂之前，应将混凝土充分干燥，以防止在混凝土和环氧树脂之间形成防潮层。

8.2.5.3　方向、位置和厚度

应在规定的安装误差范围内（包括宽度和间距、拐角半径和搭接长度以及纤维和预固化层压板的方向和褶皱度）对安装情况进行评估。在未经进一步评估的情况下，超过 5°［大约 1in/ft（80mm/m）］的误差通常是不可接受的，应向项目工程师报告。

应验证固化厚度和/或使用的层数。可以观察 0.5in(13mm)直径的小型芯样以确定固化层压板的厚度或层数,但应避免从高应力或拼接区域取样,这些芯样可用于黏合测试。取芯孔通常可以用修补砂浆或 FRP 系统的氧化锡来进行填充,使其平整。但如需要,在取出芯样后可立即在已进行填充且变得平整的取芯孔上添加多层重叠的 4~8in(100~200mm)的 FRP 板材片。

8.2.5.4 分层

固化的 FRP 系统应评估多层之间或 FRP 系统与混凝土之间的分层或空隙。采用声波(锤击声)、超声波和热成像等检测方法时,应确保能检测到面积小于 $2in^2$(1300mm^2)的分层,在评估中应考虑相对于整个安装区域而言的分层大小、位置和数量。对于湿铺系统,是否需要对分层进行修复取决于分层的大小和数量。只要分层面积小于总层压面积的 5% 并且每 $10ft^2$($1m^2$)区域中的分层不超过 10 个,则允许小于 $2in^2$(1300mm^2)的小分层存在。根据分层的大小,超过以上限制条件的分层应通过注入树脂或进行单层板的更换来进行修复。大于 $25in^2$(16000mm^2)的大面积分层应通过选择性地去除受损的布,并用具有适当搭接长度的重叠板材贴片来修复。小于 $25in^2$(16000mm^2)的分层可以通过进行树脂注入或单层板的更换来修复。对于采购的 FRP 系统,每个分层应根据工程师的指示进行评估和修复。修复完成后,应重新检查层压板以确认修复是否妥善。

8.2.6 维护和修复

维护计划包括定期检查和测试以发现 FRP 加固系统的任何损坏、退化或缺陷问题,并对此进行必要的修复。维护评估是根据测试数据和观察结果进行的,并可能包含一些可能帮助减缓老化的建议。

AASHTO 提供了 ACI、NCHRP 和国际混凝土修复协会(ICRI)文献的综合参考清单,这些文献涉及如何修复与修复后的评估标准。ACI 是其中的参考文献之一,它提供了简明扼要的关于检查和评估、加固系统的修复和表面涂层的修复(ACI 第 8 章)方面的内容。JSCE 第 9.3 条也对修复技术作了一些阐述(见第 5.2.3 章)。由于 ACI 第 8 章的内容包含在 AASHTO 中,因此,建议参考 ACI 第 8 章和 JSCE 第 9.3 条(该条款关于修复技术,见第 5.2.3 章)的一些规定,以下给出了这些规定的概述以及一些附加建议。

8.2.6.1 维护检查

为了验证 FRP 系统的长期性能,建议至少每年进行一次一般性检查,每 6 年进行一次详细检查。

一般性(目视)检查主要针对表面的状况。除由于撞击或表面磨损以及其他损坏和异常造成的局部损坏外,检查员还应检查结构表面的颜色变化、裂纹迹象、分层、剥离、脱落、起泡、偏斜或其他劣化情况,还应说明裂纹或钢筋锈蚀等混凝土劣化情况。此外,若安装了 FRP 保护层,还应检查 FRP 保护层的情况。

应使用超声波、声波探测(锤击)或热成像测试等检查方法来识别是否有逐步分层迹象。尽管建议在普通检查时采用声波探测法,但仍可使用更准确、更耗时的技术以供详细检查的进行。

为了更准确地量化 FRP 系统的性能和状况,应进行一次详细的检查,包括剥离在内的大多数 FRP 劣化迹象都可以用上述测试方法来确定。然而,黏结强度必须通过试样的拉拔试验来进行评估,并应将此拉拔试验作为详细检查的一部分。检查过程中,为了量化 FRP 加固系统的性能,特别是黏结强度,建议结构中远离加固区域的其他区域也与 FRP 系统进行黏结,用于进行将来安装时的测试;或将 FRP 系统黏结在结构附近的长期检验板上,以作为检查制度的一部分来进行检查和测试。

8.2.6.2 修复

检查过程中发现的任何损坏或缺陷的原因,应在进行修复或维护之前予以鉴定和处理。

修复方法应取决于损坏原因、材料类型、劣化形式和损坏程度。即使是轻微的损坏也应进行修复,包括可能影响层压板结构完整性的局部 FRP 板开裂或磨损情况。

对于开裂和磨损,应使用贴片进行修补。此种情况下,应将 FRP 贴片黏合在受损区域。FRP 贴片应具有与受损区域材料相同的特性,如纤维取向、体积分数、强度、刚度和总厚度。包括膨胀、剥离和咬底在内的小面积轻微分层情况可以通过注射树脂来进行修复。

对大面积脱落和剥离等重大损坏情况,应将有缺陷的材料清除直至能使修复区域周围的材料能完全黏结。关于有效去除 FRP 方法的资料很少,然而,已成功使用的技术包括先用适当的工具(如角磨机)将 FRP 切割成尺寸适当的纤维片,再用撬棒或类似的撬装工具从混凝土表面上剥离布。由于树脂之间的黏合强度通常大于与混凝土表面的黏合强度,所以混凝土表面会与 FRP 布剥离;之后如 8.2.3.3 和 8.2.3.4 节所述,将基底进行修复并使表面光滑,再安装 FRP 贴片以便在新旧材料之间有一定的搭接。使用化学物品来加速剥离 FRP 布的方法可能会使化学物品渗入混凝土表面并造成损伤,而且这种损伤程度难以检测,可能会导致未来的黏结问题,因此不建议采用这种方法。由于缺少指导去除 FRP 的标准程序,因此建议承包商将其 FRP 去除计划提交项目工程师批准。

当发现大面积的劣化或严重劣化情况时,应对附加 FRP 进行升级改造。在这种情况下,应去除现有的 FRP,并重新检查升级计划。

若要更换表面保护涂层,则一旦涂层被清除,应进一步检查 FRP 系统的结构损坏或劣化情况。

具体的混凝土修复技术已有详细记录。建议使用以下附加指南来鉴定和修复此类损坏:

- NCHRP 第 609 号报告:施工过程管理规范建议手册——使用黏结 FRP 复合材料修复和改造混凝土结构;
- ACI 201. IR:现有混凝土状况调查指南;
- ACI 224. IR:混凝土裂缝的成因、评估和修复;
- ACI 364. IR-94:混凝土结构修复前评估指南;
- ACI 50SR:环氧化合物在混凝土中的应用;
- ACI S46R:混凝土修复指南;
- 国际混凝土修复协会 ICRI 03730:钢筋锈蚀导致的劣化混凝土的表面处理指南;
- 国际混凝土修复协会 ICRI 03733:混凝土表面修复材料的选择和规定指南。

第9章 设 计 示 例

9.1 简　　介

本章提供了 6 个示例来说明第 8 章(第 8.1.3 节)介绍的设计过程:4 个为梁构件,另外 2 个为柱构件。另外提供了两个美国混凝土研究所(ACD)关于柱的加固流程用于比较。以下的示例假定加固结构都在密歇根州,因为必须知道(基于结构位置的)最大设计温度,才能确定纤维增强聚合物(FRP)系统中使用的环氧树脂的玻璃化转变温度是否足够。在示例中,引用了多种文献并用以下缩写来表示:

AASHTO:用于混凝土桥梁构件修复和加固的外贴 FRP 系统 AASHTO 设计规范指南,第 1 版(2014);

LRFD:AASHTO LRFD 桥梁设计规范(2012);

NCHRP:NCHRP 第 655 号报告(2010);

ACI:440.2R,外贴 FRP 系统设计和施工指南(2008)。

示例分别为:

例 1:钢筋混凝土梁的抗弯加固(AASHTO 修订版);

例 2:预应力混凝土梁的抗弯加固(AASHTO 修订版);

例 3:使用双面包裹进行的抗剪加固(AASHTO);

例 4:使用 U 形包裹进行的抗剪加固(AASHTO);

例 5:约束圆柱轴向承载力加固(AASHTO);

例 6:约束方柱轴向承载力加固(AASHTO);

例 7:约束圆柱轴向承载力加固(ACI);

例 8:约束方柱轴向承载力加固(ACI)。

9.2　示　　例

9.2.1　现浇钢筋混凝土简支梁的抗弯加固

这个例子介绍了为承受更大的荷载,钢筋混凝土 T 形梁使用外贴碳纤维 FRP(CFRP)系统的抗弯加固。

结构信息:

桥梁跨度 = 55ft

混凝土抗压强度:f'_c = 4ksi

钢筋屈服强度：$f_y = 60\text{ksi}$

钢筋 $= 10\#10 (A_s = 12.70\text{in}^2)$

有效翼缘宽度：$b_{\text{eff}} = 72\text{in}$（图9-1）

FRP的极限拉伸应变：$\varepsilon_{\text{frp}}^{\text{tu}} = 0.0167$

与1.67%应变对应的FRP强度：$P_{\text{frp}} = 3.57\text{kips/in}$

黏合剂的剪切模量：$G_a = 160\text{ksi}$

玻璃化转变温度 $= 165\,^\circ\text{F}$

强度Ⅰ极限状态的新额定荷载：$M_{\text{DC}} = 540\text{kip-ft}$，$M_{\text{DW}} = 50\text{kip-ft}$，$M_{\text{L+I}} = 1075\text{kip-ft}$

疲劳极限状态的新额定荷载：$M_{\text{L+I}} = 550\text{kip-ft}$

考虑系数后的FRP末端剪力：$V_u = 150\text{kips}$

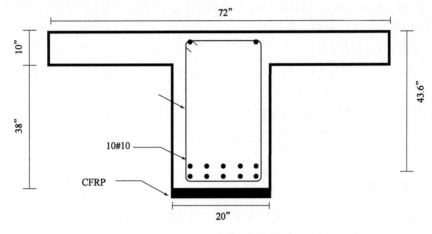

图9-1　RC梁的截面

步骤1：确定FRP加固材料是否符合AASHTO第2.2.4.1节的规定——玻璃化转变温度必须比最高设计温度高40℉。最高设计温度 $T_{\text{Max Design}}$ 由桥梁所在地（密歇根州）的"荷载和阻力系数设计规定"（LRFD）第3.12.2.2条确定：

$T_{\text{Max Design}} = 105\,^\circ\text{F}$

$T_{\text{Max Design}} + 40\,^\circ\text{F} = 105\,^\circ\text{F} + 40\,^\circ\text{F} = 145\,^\circ\text{F} < T_g = 165\,^\circ\text{F}$

步骤2：根据AASHTO 3.2条中规定的设计假设，建立FRP的线性应力-应变关系，并根据应变值0.005计算抗拉强度。

$$N_b = \frac{0.005}{0.0167} \times 3.57 = 1.07\text{kip/in}$$

步骤3：忽略钢筋在受压区对抗弯强度的贡献，混凝土受压区高度为：

$$a = \frac{A_s f_y}{0.85 f_c' b_e} = \frac{12.7 \times 60}{0.85 \times 4 \times 72} = 3.11\text{in}$$

因为 $a < h_f = 10\text{in}$，所以应力区在翼缘内，且计算正确。

中性轴高度 $c = a/\beta_1 = 3.11/0.85 = 3.66\text{in}$

抗拉钢筋的应力为：

$$\frac{\varepsilon_s}{0.003} = \frac{d-c}{c}$$

$$\varepsilon_s = \frac{43.6 - 3.66}{3.66} \times 0.003 = 0.033$$

因为 $\varepsilon_s = 0.033 > (f_y/E_s) = \frac{60}{29000} = 0.0021$，所以关于抗拉钢筋屈服的假设是正确的。

$$M_n = A_s f_y \left(d - \frac{a}{2} \right)$$

$$M_n = 12.70 \times 60 \times \left(43.6 - \frac{3.11}{2} \right) = 32038 \, (\text{kip-in})$$

因为 $\varepsilon_t \geqslant 0.005$，$\phi = 0.9$，

$$\phi M_n = 0.9 \times 32038 \text{kips-in} = 28834 \text{kip-in} = 2403 \text{kip-ft}$$

步骤 4：确定现有梁是否需要加固。

强度 I 极限状态的力矩为：

$$M_u = 1.25 M_{DC} + 1.5 M_{DW} + 1.75 M_{L+I} = 1.25 \times 540 + 1.5 \times 50 + 1.75 \times 1075 = 2631 \, (\text{kip-ft})$$

因为 $\phi M_n < M_u$，所以梁需要加固。

步骤 5：对于必要的 FRP 加固数量的初步估计，使用以下近似值：

FRP 所需的拉力：$T_{frp} \approx \dfrac{M_u - \phi M_n}{h} = \dfrac{(2631 - 2403) \times 12}{48} = 57 \, (\text{kips})$

所需的 FRP 层数：$n = \dfrac{T_{frp}}{N_{bbfrp}} = \dfrac{57}{1.07 \times 18} = 2.96$

使用 3 层，其中 $T_{frp} = n \times N_b \times b_{frp} = 3 \times 1.07 \times 18 = 57.7 \, (\text{kips})$。

步骤 6：计算加固 T 形梁的抗弯强度。

可以通过变形协调和受力平衡的反复试算来确定中性轴的高度。

假设 $c = 7.36 \text{in}$，混凝土中的应变：

$$\varepsilon_c = \frac{c}{h-c} \varepsilon_{frp}^u = \frac{7.36}{48 - 7.36} \times 0.005 = 9 \times 10^{-4} (0.005 \text{ 是假设的 FRP 极限应变})$$

混凝土模量：

$$E_c = 57 \sqrt{f_c'} = 57 \times \sqrt{4000} = 3605 \, (\text{ksi})$$

$$\varepsilon_0 = \frac{1.71 \times f_c'}{E_c} = \frac{1.71 \times 4}{3605} = 0.0019 \tag{NCHRP3.2}$$

$$\frac{\varepsilon_c}{\varepsilon_0} = \frac{9 \times 10^{-4}}{0.0019} = 0.48$$

$$\beta_2 = \frac{\ln\left[1 + \left(\dfrac{\varepsilon_c}{\varepsilon_0} \right)^2 \right]}{\dfrac{\varepsilon_c}{\varepsilon_0}} = \frac{\ln\left[1 + (0.48)^2 \right]}{0.48} = 0.43 \tag{NCHRP3.3}$$

一般而言，当 $\varepsilon_c < 0.003$ 时，将 AASHTO 3.2-1 给出的非线性混凝土应力曲线应用于截面受压区(参见示例 2)，可准确地确定混凝土受压区的力。然而，如 NCHRP655(Zureick 等，

2010)第 3 章中所建议的,对于矩形应力区可以采用更简单的近似值,即 $C = 0.9f'_c\beta_2cb_e$ 简化计算,在此采用后者的方法。

混凝土中的压力:

$C = 0.9f'_c\beta_2cb_e = 0.9 \times 4 \times 0.43 \times 7.36 \times 72 = 820(\text{kips})$

钢筋的应变:

$\varepsilon_s = \dfrac{d-c}{c}\varepsilon_c = \dfrac{43.6-7.36}{7.36} \times 9 \times 10^{-4} = 4.43 \times 10^{-3} > \varepsilon_y = \dfrac{f_y}{E_s} = \dfrac{60}{29000} = 0.00207$

钢筋的拉力:

$T_s = A_sf_y = 12.7 \times 60 = 762(\text{kips})$

FRP 的拉力:

$T_{frp} = n \times N_b \times b_{frp} = 3 \times 1.07 \times 18 = 57.7(\text{kips})$

总拉力:

$T = T_{frp} + T_s = 57.72 + 762 = 819.72(\text{kips})$

由于满足受力平衡($T = 819.72 \approx C = 820$),因此中性轴的位置正确。

若 $T \neq C$,需再对中性轴的位置作出新的假设。

步骤7:确定由工作恒载引起的初始应变。

模量比:$n = \dfrac{E_s}{E_c} = \dfrac{29000}{3605} = 8.04$

假设中性轴位于 T 形截面的翼缘内,中性轴的高度可由下式计算得出:

$y_n = \dfrac{nA_s}{b_e}\left(-1 + \sqrt{1 + \dfrac{2dbe}{nA_s}}\right) = \dfrac{8.04 \times 12.70}{72}\left(-1 + \sqrt{1 + \dfrac{2 \times 43.6 \times 72}{8.04 \times 12.70}}\right) = 9.79(\text{in})$

由于 $y_n < t_f$,因此假设正确。

$I_{cr} = \dfrac{bh^3}{3} + nA_s(d - y_n)^2 = \dfrac{72 \times 9.79^3}{3} + 8.04 \times 12.70 \times (43.6 - 9.79)^2$

$= 139241(\text{in}^4)$

混凝土底面的初始拉应力:

$\sigma_{bo} = \dfrac{Md(h - y_n)}{I_{cr}} = \dfrac{590 \times 12 \times (48 - 9.79)}{139241} = 1.94(\text{ksi})$

在外贴 FRP 时,由恒载引起的梁底面初始应变为:

$\varepsilon_{bo} = \dfrac{\sigma_{bo}}{E_c} = \dfrac{1.94}{3605} = 5.38 \times 10^{-4}$

步骤8:计算抗力系数和弯矩承载力设计值。

$M_r = \phi\left[A_sf_s(ds - k_2c) + \phi_{frp}(h - k_2c)\right]$

$k_2 = 1 - \dfrac{2\left[\left(\dfrac{\varepsilon_c}{\varepsilon_0}\right) - \arctan\left(\dfrac{\varepsilon_c}{\varepsilon_0}\right)\right]}{\beta_2\left(\dfrac{\varepsilon_c}{\varepsilon_0}\right)^2} = 1 - \dfrac{2 \times \left[(0.48) - \arctan(0.48)\right]}{0.431 \times (0.48)^2} = 0.35$ （NCHRP3.5）

根据第 8.1.3.4 节中的建议:

$$\left[\begin{array}{ll} \phi = 0.9 & \text{当 } \varepsilon_{frp}^{u} \geqslant 2.5\varepsilon_{frp}^{y} \text{ 和 } E_t \geqslant 0.005 \text{ 时} \\[2mm] \phi = \min \left[\begin{array}{l} 0.65 + \left(\dfrac{0.25}{1.5}\right)(\varepsilon_{frp}^{u} - 1) \quad \text{当 } \varepsilon_{frp}^{y} < \varepsilon_{frp}^{u} < 2.5\varepsilon_{frp}^{y} \text{ 时} \\[3mm] 0.65 + \dfrac{0.25(E_t - \varepsilon_s^{y})}{0.005 - \varepsilon_s^{y}} \quad \text{当 } \varepsilon_s^{y} < \varepsilon_t < 0.005 \text{ 时} \end{array}\right] \\[6mm] \phi = 0.65 & \text{当 } \varepsilon_{frp}^{u} \leqslant \varepsilon_{frp}^{y} \text{ 或 } \varepsilon_t \leqslant \varepsilon_s^{y} \text{ 时} \end{array}\right]$$

钢筋屈服后 FRP 应力为：

$$\varepsilon_{frp}^{y} = \frac{h-c}{d-c}\varepsilon_s^{y} - \varepsilon_{bo} = \frac{48-7.36}{43.6-7.36} \times 0.0021 - 5.39 \times 10^{-4} = 0.0018$$

FRP 最终应力与钢筋屈服后的应力之比为：

$$\frac{\varepsilon_{frp}^{u}}{\varepsilon_{frp}^{y}} = \frac{0.005}{0.0018} = 2.81$$

该值超过了 AASHTO 所规定的最小值 2.5。若该值 <2.5，则该设计无效。

达到最终承载力时最底层钢筋的应变为：

$$\varepsilon_t = \frac{d_t - c}{h-c}\varepsilon_{frp}^{u} = \frac{45.5-7.36}{48-7.36} \times 0.005 = 0.0047$$

$$\phi = 0.65 + \frac{0.25(\varepsilon_t - \varepsilon_s^{y})}{0.005 - \varepsilon_s^{y}} = 0.65 + \frac{0.25 \times (0.0047-0.0021)}{0.005-0.0021} = 0.87$$

根据第 8.1.3.4 节中的建议，影响弯矩承载力的附加折减系数为：

$$\left[\begin{array}{ll} \phi_{frp} = 0.94 & \text{当 } \phi = 0.9 \text{ 时} \\ \phi_{frp} = 0.38\phi + 0.6 & \text{当 } 0.65 < \phi < 0.9 \text{ 时} \\ \phi_{frp} = 0.85 & \text{当 } \phi = 0.65 \text{ 时} \end{array}\right]$$

$$\phi_{frp} = 0.38\phi + 0.6 = 0.38 \times 0.87 + 0.6 = 0.932$$

加固截面的最终弯矩承载力为：

$$M_r = 0.87 \times [12.7 \times 60(43.6 - 0.35 \times 7.36) + 0.932 \times 57.72 \times (48 - 0.35 \times 7.36)]$$

$$= 29463(\text{kip-in}) = 2455(\text{kip-ft})$$

$$M_r = 2455\text{kip-ft} < M_u = 2631\text{kip-ft}$$

由于 $M_r < M_u$，因此强度不足。解决方案是增加 FRP 的强度、层数或 FRP 的宽度(若可行)。

按照上述步骤将层数增加到 $n = 7$，中性轴和 M_r 的位置可以被定为 $c = 7.71\text{in}$，$M_r = 2683\text{kip-ft}$。$M_r > $ 足够承载力 $M_u = 2631\text{kip-ft}$。

步骤 9：计算所需的锚固长度。

所需的锚固长度为：

$$L_d = \frac{T_{frp}}{\tau_{int}b_{frp}} = \frac{134.68}{0.065 \times \sqrt{4} \times 18} = 57.56(\text{in}) = 4.8\text{ft}$$

步骤 10：检查疲劳极限状态。

疲劳荷载组合：$0.75M_{L+1} = 0.75 \times 550 = 412.5(\text{kip-ft}) = 4950\text{kip-in}$

开裂弯矩：$M_{cr} = f_r \dfrac{I_g}{y_t}$

其中：$f_r = 0.24 \times \sqrt{f'_c} = 0.24\sqrt{4} = 0.48\,(\text{ksi})$

$I_g = 310417\text{in}^4$

$y_t = 30.68\text{in}$

$M_{cr} = 0.48 \times \dfrac{310417}{30.68} = 4857\,(\text{kip-in})$

$M_{cr} = 4857\text{kip-in} \leqslant 4950\text{kip-in}$，满足要求。

由于疲劳荷载组合而分别在混凝土、钢筋和 FRP 中产生的应变：

$$\varepsilon_c = \frac{M_f z}{I_T E_{frp}} = \frac{550 \times 12 \times 10.14}{16616 \times 33000} = 1.22 \times 10^{-4} < 0.36 \times \frac{f'_c}{E_c} = 0.36 \times \frac{4}{3605} = 4 \times 10^{-4}$$

$$\varepsilon_s = \frac{M_f(d-z)}{I_T E_{frp}} = \frac{550 \times 12 \times (43.6 - 10.14)}{16616 \times 33000} = 4 \times 10^{-4} < 0.8\varepsilon_y$$

$$= 0.8 \times 0.0021 = 1.66 \times 10^{-3}$$

$$\varepsilon_{frp} = \frac{M_f(h + nt_{frp} - z)}{I_T E_{frp}} = \frac{550 \times 12 \times (48 + 7 \times 0.0065 - 10.14)}{16616 \times 33000}$$

$$= 4.56 \times 10^{-4} < \eta\varepsilon_{frp}^u = 0.8 \times 0.0167 = 0.013$$

步骤 11：检查 FRP 末端剥离。

$M_u = 810\text{kip-ft}$

$V_u = 150\text{kips}$

FRP 的剪切模量：$G_a = \dfrac{E_a}{2 \times (1+v)} = \dfrac{440}{2 \times (1 + 0.35)} = 163\,(\text{ksi})$

包括 FRP 在内的梁截面的惯性矩（使用换算截面）$I_T = 16616\text{in}^4$

剥离应力 $f_{peel} = \tau_{av}\left(\dfrac{3E_a t_{frp}}{E_{frp} t_a}\right)^{\frac{1}{4}}$

在 FRP/混凝土界面处的平均剪应力：

$$\tau_{av} = \left[V_u + \left(\frac{G_a}{E_{frp} t_{frp} t_a}\right)^{\frac{1}{2}} M_u\right]\frac{t_{frp}(h-z)}{I_T}$$

$$= \left[150 + \left(\frac{163}{33000 \times 7 \times 0.0065 \times 0.020}\right)^{\frac{1}{2}} \times 810 \times 12\right] \times \frac{7 \times 0.0065 \times (48 - 10.14)}{16616} = 2.36\,(\text{ksi})$$

$$f_{peel} = 1.83 \times \left(\frac{3 \times 440}{33000} \times \frac{7 \times 0.0065}{0.02}\right)^{\frac{1}{4}} = 1.29\,(\text{ksi}) > 0.065 \times \sqrt{4} = 0.13$$

由于 $f_{peel} >$ 极限，因此需要对 FRP 进行机械锚固。

9.2.2　简支预应力混凝土梁的抗弯加固

这个例子说明了为承担更大的荷载，使用外贴 CFRP 系统的 PC 工字梁的抗弯加固情况。
结构信息：

桥面混凝土抗压强度：$f'_c = 4\text{ksi}$

$\beta_1 = 0.85$（当$f'_c < 4.0\text{ksi}$）

弹性模量：$E_c = 57\sqrt{f'_c} = 57 \times \sqrt{4000} = 3605(\text{ksi})$

强度 I 限制状态下的新额定荷载：$M_{DC} = 1700\text{kip-ft}$，$M_{DW} = 200\text{kip-ft}$，$M_{L+I} = 1525\text{kip-ft}$

预制梁：AASHTO-IV 型

混凝土抗压强度：$f'_c = 5\text{ksi}$

包括桥面板的总高度：$h_T = 64\text{in}$

翼缘厚度：$h_f = 9\text{in}$

翼缘有效宽度：$b_{eff} = 96.38\text{in}$

内部抗剪钢筋：3 号（12in 的间距）

受压纤维末端到跨中钢绞线距离：$d_p = 57.62\text{in}$

钢绞线（先张法）：

一束绞线钢丝的横截面积：$A_{ps} = 0.153\text{in}^2$

直径 $= 0.5\text{in}$

26 束绞线的总面积：$A_{ps} = 3.98\text{in}^2$

极限应力：$f_{pu} = 270\text{ksi}$

屈服强度：$f_{py} = 0.9f_{pu} = 243\text{ksi}$

弹性模量：$E_p = 28500\text{ksi}$

在使用极限状态下的初始应力：$f_{pe} = 0.8f_{py} = 194\text{ksi}$

与绞线类型有关的系数：

$$k = 2 \times \left(1.04 - \frac{f_{py}}{f_{pu}}\right) = 0.28（用于低松弛绞线）（LRFD5.7.3.1.1-2）]$$

FRP：车间制造的碳纤维/环氧复合板

复合板厚度：$t_f = 0.039\text{in}$

FRP 破坏时的拉伸应变：$\varepsilon_{frp}^{tu} = 0.013$

FRP 在 1% 应变下的拉伸强度：$P_{frp} = 9.3\text{kips/in}$

玻璃化转变温度：$T_g = 165\ {}^{\circ}\text{F}$（图 9-2）

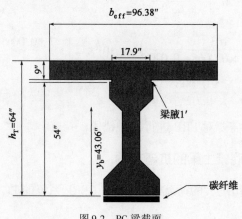

图 9-2 PC 梁截面

步骤1：确定 FRP 加固材料是否符合 AASHTO 第2.2.4.1 节的规定，该规定要求玻璃化转变温度必须比最高设计温度高 40 $^\circ$F。最高设计温度（$T_{\text{Max Design}}$）缘于桥梁的所在地（密歇根州）而根据 AASHTO LRFD 桥梁设计规范的第 3 条第 12.2.2 款确定：

$$T_{\text{Max Design}} = 105 \, {}^\circ\text{F}$$

$$T_{\text{Max Design}} + 40 \, {}^\circ\text{F} = 105 \, {}^\circ\text{F} + 40 \, {}^\circ\text{F} = 145 \, {}^\circ\text{F} < T_{\text{g}} = 165 \, {}^\circ\text{F}$$

步骤2：为简单起见，忽略钢筋在受压区对抗弯强度的影响，中性轴的高度为：

$$c = \frac{A_{\text{ps}}f_{\text{pu}} + A_{\text{s}}f_{\text{y}}}{0.85f'_{\text{c}}\beta_1 b + kA_{\text{ps}}\left(\dfrac{f_{\text{pu}}}{d_{\text{p}}}\right)} \qquad (\text{LRFD } 5.7.3.1.1\text{-}4)$$

$$c = \frac{3.98 \times 270 + 0}{0.85 \times 4 \times 0.85 \times 96.38 + 0.28 \times 3.98 \times \dfrac{270}{57.62}} = 3.79 \, (\text{in})$$

因为 $a < h_{\text{f}}$，所以应力区位于翼缘内，且 a 的计算是正确的。

$$M_{\text{n}} = A_{\text{ps}}f_{\text{ps}}\left(d_{\text{p}} - \frac{a}{2}\right) \qquad (\text{LRFD } 5.7.3.2.2\text{-}1)$$

由于不考虑 FRP 受压筋或一定的 FRP 抗拉筋，且截面为矩形截面，可从（LRFD 5.7.3.2.2-1）中简化得到上述公式。

$$f_{\text{ps}} = f_{\text{pu}}\left(1 - k\frac{c}{d_{\text{p}}}\right) \qquad (\text{LRFD } 5.7.3.1.1\text{-}1)$$

$$f_{\text{ps}} = 270 \times \left(1 - 0.28 \times \frac{3.79}{57.62}\right) = 265 \, (\text{ksi})$$

$$M_{\text{n}} = 3.98 \times 265 \times \left(57.62 - \frac{3.22}{2}\right) = 59074 \, (\text{kip-in}) = 4923 \, (\text{kip-ft})$$

$$\phi M_{\text{n}} = 1 \times 59074 \, (\text{kip-in}) = 59074 \, (\text{kip-in}) = 4923 \, (\text{kip-ft})$$

步骤3：确定梁是否需要加固。

强度 I 限制状态下的计算力矩是：

$$M_{\text{u}} = 1.25M_{\text{DC}} + 1.5M_{\text{DW}} + 1.75M_{\text{L+I}} = 1.25 \times 1700 + 1.5 \times 200 + 1.75 \times 1525$$

$$= 5094 \, (\text{kip-ft}) = 61128 \, (\text{kip-in})$$

由于 $\phi M_{\text{n}} < M_{\text{u}}$，所以梁需要加固。

步骤4：根据第5.2.2.3 节中的建议确定由恒载引起的初始应变：

$$\varepsilon_{\text{bo}} = \frac{-p_{\text{e}}}{E_{\text{c}}A_{\text{cg}}}\left(1 + \frac{ey_{\text{b}}}{r^2}\right) + \frac{M_{\text{DL}}y_{\text{b}}}{E_{\text{c}}I_{\text{g}}}$$

其中，回转半径 $r = 22.04\text{in}$；有效预应力应变 $p_{\text{e}} = A_{\text{ps}}f_{\text{pe}} = 3.98 \times 194 = 773 \, (\text{ksi})$；预应力偏心 $e = 36.68\text{in}$；总惯性矩 $I_{\text{g}} = 768283\text{in}^4$；横截面面积 $A_{\text{cg}} = 1674\text{in}^2$；从底部纤维到截面质心的距离 $y_{\text{b}} = 43.06\text{in}$。

$$\varepsilon_{\text{bo}} = \frac{-773}{3605 \times 1674.28} \times \left(1 + \frac{36.68 \times 43.06}{22.04^2}\right) + \frac{1700 \times 12 \times 43.06}{3605 \times 768283} = -2.3 \times 10^{-4}$$

步骤5：根据 AASHTO 3.2 条规定的设计假设，建立 FRP 的线性应力-应变关系，并根据应变值 0.005 计算抗拉强度。

$$N_b = \frac{0.005}{0.01} \times 9.3 = 4.65\,(\text{kip/in})$$

步骤6：计算加固后考虑相关系数的Ⅰ字梁抗弯强度。可以通过变形协调和受力平衡的反复试算来确定中性轴的高度。

假设 $c = 11.3\text{in}$，则混凝土的最大应变：

$$\varepsilon_c = \frac{c}{h-c}\varepsilon_{frp}^u = \frac{11.3}{64-11.3} \times 0.005 = 0.00107$$

其中，0.005是假定的FRP极限应变。

由于中性轴位于桥面下方，因此应力区包含两个不同强度的混凝土区域，由此可排除使用简单的表达式，如 $C = 0.9f_c'\beta_2 c_{be} + kA_{ps}(f_{pu}/d_p)$ 来计算混凝土中的压力。为了更好地近似模拟压力，混凝土抛物线应力区模型将被整合在单独的区域。

对于桥面：

$$\varepsilon_0 = \frac{(1.71 \times f_c')}{E_c} = \frac{1.71 \times 4}{3605} \times 0.0019 \qquad (\text{NCHRP 3.2})$$

应力与应变的关系为：

$$f_c = \frac{2(0.9f_c')\left(\dfrac{\varepsilon_c}{\varepsilon_0}\right)}{1 + \left(\dfrac{\varepsilon_c}{\varepsilon_0}\right)^2} \qquad (\text{NCHRP 9.8 AASHTO 3.2-1})$$

将混凝土应变 ε 与中性轴的距离 y 关联：

$$\varepsilon = y\left(\frac{\varepsilon_{max}}{c}\right) = y\left(\frac{0.00107}{11.3}\right) = 0.000095y$$

把这一关系应用到以上的应力-应变曲线中（对于桥面使用：$f_c' = 4\text{ksi}$）：

$$f_c = \frac{2 \times (0.9 \times 4) \times \dfrac{0.000095y}{0.0019}}{1 + \left(\dfrac{0.000095y}{0.0019}\right)^2} = \frac{0.359y}{1 + (0.0498y)^2}$$

以桥面厚度9in来进行积分：

$$\int_{2.3}^{11.3} \frac{0.359y}{1 + (0.0498y)^2}\mathrm{d}y = 19.0$$

乘以桥面宽度以得到桥面总的压力：$C_{deck} = 19.0 \times 96.38 = 1831\,(\text{kips})$

对梁也重复以上计算过程：

$$\varepsilon_0 = \frac{1.71 \times f_c'}{E_c} = \frac{1.71 \times 5}{3605} = 0.0024$$

请注意，这一峰值应力不会出现，因为如果桥面是由5ksi的混凝土制成的，那么这一峰值应力会对应于桥面的某个位置。但同时这一应力将决定梁的应力曲线下半部分的形状。

$$f_c = \frac{2 \times (0.9 \times 5) \times \dfrac{0.000095y}{0.0024}}{1 + \left(\dfrac{0.000095y}{0.0024}\right)^2} = \frac{0.356y}{1 + (0.040y)^2}$$

以梁的受压区高度进行积分：

$$\int_0^{2.3} \frac{0.356y}{1 + (0.040y)^2} \mathrm{d}y = 0.94$$

乘以梁宽度获得总的压力：$C_{\mathrm{beam}} = 0.94 \times 17.9 = 17(\mathrm{kips})$

混凝土的总抗压力 $= 1831 + 17 = 1848(\mathrm{kips})$

FRP 的拉力：

在示例 1 中的步骤 5 的指导下，通过反复试算发现需 7 层板以抵抗极限力矩。

$$T_{\mathrm{frp}} = n \times N_{\mathrm{b}} \times b_{\mathrm{frp}} = 7 \times 4.65 \times 24 = 781(\mathrm{kips})$$

预应力钢筋的抗拉力：

$$T_{\mathrm{ps}} = A_{\mathrm{ps}} f_{\mathrm{pu}} = 3.98 \times 270 = 1074(\mathrm{kips})$$

总拉力：

$$T = T_{\mathrm{frp}} + T_{\mathrm{ps}} = 781 + 1074 = 1855(\mathrm{kips})$$

由于满足受力平衡（$T = 1855 \approx C = 1848$），因此中性轴位置是正确的。若 $T \neq C$，则需对中性轴的位置进行新的假设。

步骤 7：根据第 8.1.3.4 节的建议计算抗力系数和弯矩承载力设计值。

$$\begin{cases} \phi = 0.9 \, (\varepsilon_{\mathrm{frp}}^{\mathrm{u}} \geq 2.5 \varepsilon_{\mathrm{frp}}^{\mathrm{y}} \text{且} E_{\mathrm{ps}} \geq 0.013) \\ \phi = \min \begin{bmatrix} 0.65 + \dfrac{0.25}{1.5} (\varepsilon_{\mathrm{frp}}^{\mathrm{u}} - 1) \, (\varepsilon_{\mathrm{frp}}^{\mathrm{y}} < \varepsilon_{\mathrm{frp}}^{\mathrm{u}} < 2.5 \varepsilon_{\mathrm{frp}}^{\mathrm{y}}) \\ 0.65 + \dfrac{0.25(E_{\mathrm{ps}} - 0.010)}{0.013 - 0.010} (0.010 < \varepsilon_{\mathrm{ps}} < 0.013) \end{bmatrix} \\ \phi = 0.65 \, (\varepsilon_{\mathrm{frp}}^{\mathrm{u}} \leq \varepsilon_{\mathrm{frp}}^{\mathrm{y}} \text{或} \varepsilon_{\mathrm{ps}} \leq 0.010) \end{cases}$$

其中，

$$\varepsilon_{\mathrm{ps}} = \varepsilon_{\mathrm{pe}} + \frac{p_{\mathrm{e}}}{A_{\mathrm{c}} E_{\mathrm{c}}} \left(1 + \frac{e^2}{r^2}\right) + \varepsilon_{\mathrm{pnet}} \leq 0.035$$

$$\varepsilon_{\mathrm{pe}} = \frac{f_{\mathrm{pe}}}{E_{\mathrm{p}}} = \frac{194}{28500} = 0.0068$$

$$\varepsilon_{\mathrm{pe}} = \frac{d_{\mathrm{p}} - c}{h - c} \varepsilon_{\mathrm{frp}}^{\mathrm{u}} = \frac{57.62 - 11.3}{64 - 11.3} \times 0.005 = 0.0044$$

$$\varepsilon_{\mathrm{ps}} = 0.0068 + \frac{773}{1674 \times 3605} \times \left(1 + \frac{36.68^2}{22.04^2}\right) + 0.0044 = 0.0117$$

FRP 在预应力钢筋屈服时的应变是：

$$\varepsilon_{\mathrm{frp}}^{\mathrm{y}} = \frac{h - c}{d_{\mathrm{p}} - c} \varepsilon_{\mathrm{ps}}^{\mathrm{y}} - \varepsilon_{\mathrm{bo}}$$

$$\varepsilon_{\mathrm{ps}}^{\mathrm{y}} = \frac{f_{\mathrm{ps}}}{E_{\mathrm{ps}}} = \frac{243}{28500} = 0.0085$$

$$\varepsilon_{\mathrm{frp}}^{\mathrm{y}} = \frac{64 - 11.3}{57.62 - 11.3} \times 0.0085 - (-2.3 \times 10^{-4}) = 0.0099$$

$\varepsilon_{\mathrm{frp}}^{\mathrm{u}} = 0.005 \leq \varepsilon_{\mathrm{frp}}^{\mathrm{y}} = 0.0099$，因此，$\phi = 0.65$ 且 $\phi_{\mathrm{frp}} = 0.85$。

最终的弯矩承载力如下式所示。

$$M_r = \phi[A_{ps}f_{ps}(d_p - k_2c) + \phi_{frp}T_{frp}(h - k_2c)] \quad \text{（AASHTO 3.4.1.1-1）}$$

但是,由于中性轴在梁中,因此应力区不再是矩形,而且还存在两种不同的混凝土强度。因此,不能使用应力区质心位置简单表达式$\{k_2 = 1 - 2 \times [(\varepsilon_c/\varepsilon_0) - \arctan(\varepsilon_c/\varepsilon_0)]/[\beta_2(\varepsilon_c/\varepsilon_0)^2]\}$,但必须计算 T 形应力区的质心位置。

质心位置一般可通过下式计算:

$$\bar{y} = \frac{\int_{y_1}^{y_2} yf(y)\,dy}{\int_{y_1}^{y_2} f(y)\,dy}$$

翼缘应力区质心位置可通过下式计算:

$$\bar{y} = \frac{\int_{2.3}^{11.3} \frac{0.359y^2}{1 + (0.0498y)^2}dy}{\int_{2.3}^{11.3} \frac{0.359y}{1 + (0.0498y)^2}dy} = 7.58 \text{（in）（以翼缘底部为基准）}$$

梁应力区质心位置可通过下式计算:

$$\bar{y} = \frac{\int_{0}^{2.3} \frac{0.356y^2}{1 + (0.040y)^2}dy}{\int_{0}^{2.3} \frac{0.356y}{1 + (0.040y)^2}dy} = 1.44 \text{（in）（以中性轴为基准）}$$

组合 T 形块的质心是(以中性轴为基准):

$[(7.58 + 2.3) \times 1831 + (1.44) \times 17]/(1831 + 17) = 9.80(\text{in})$。从截面顶部为基准进行计算,$11.3 - 9.80 = 1.5(\text{in}) = k_2c$

$$f_{ps} = f_{pu}\left(1 - k\frac{c}{f_{pu}}\right) = 270 \times \left(1 - 0.28 \times \frac{11.3}{270}\right) = 266(\text{ksi})$$

$$M_r = \phi[A_{ps}f_{ps}(d_p - k_2c) + \phi_{frp}T_{frp}(h - k_2c)]$$
$$= 0.65 \times [3.98 \times 266 \times (57.62 - 15) + 0.85 \times 781 \times (64 - 1.5)]$$
$$= 65587(\text{kip-in}) = 5465(\text{kip-ft})$$

$M_r = 5465\text{kip-ft} > M_u = 5094\text{kip-ft}$,满足要求。

9.2.3　使用双面包裹对预应力混凝土梁进行剪切加固

这个例子说明了使用双面包裹 CFRP 系统进行 PC 工字钢剪切加固的情况。请注意,如果使用了具有相同结构的三面包裹(U 形包裹)系统,其过程和结果也是相同的。

结构信息:

桥梁跨度 =42ft

桥面的混凝土抗压强度:$f'_c = 4.0(\text{ksi})$

弹性模量:$E_c = 57\sqrt{f'_c} = 57 \times \sqrt{4000} = 3605(\text{ksi})$

$\beta_1 = 0.85$（若$f'_c \leq 4.0\text{ksi}$）

考虑相关系数后的剪切力:$V_u = 150(\text{kips})$

预制梁:AASHTO-IV 型

混凝土抗压强度：$f'_c = 5\text{ksi}$

包括桥面板的总高度：$h_T = 64\text{in}$

翼缘厚度：$h_f = 9\text{in}$

腹板宽度：$b_v = 8\text{in}$

翼缘的有效宽度：$b_{eff} = 96.38\text{in}$

从钢绞线的重心到梁的底部纤维的距离：$Y_{bs} = 6.38\text{in}$

从末端受压纤维到跨中绞线重心的距离：$d_p = 57.62\text{in}$

预应力钢绞线（先张法）：

一束钢绞线面积：$A_{ps} = 0.153\text{in}^2$

直径 $= 0.5\text{in}$

26 束钢绞线的总面积：$A_{ps} = 3.98\text{in}^2$

极限应力：$f_{pu} = 270\text{ksi}$

弹性模量：$E_p = 28500\text{ksi}$

与绞线类型有关的因素：

$$k = 2 \times \left(1.04 - \frac{f_{py}}{f_{pu}}\right) = 0.28（用于低松弛绞线）\qquad（LRFD5.7.3.1.1-2）$$

内部受剪钢筋：

间距为 12in 的 3 号箍筋

$A_v = 0.22\text{in}^2$

$S_v = 12\text{in}$

$\alpha = 90°$

屈服强度：$f_y = 60\text{ksi}$

弹性模量：$E_s = 29000\text{ksi}$

FRP：

厚度：$t_f = 0.0065\text{in}$

破坏强度：$f_{fu} = 550\text{ksi}$

弹性模量：$E_f = 33000\text{ksi}$

破坏应变：$\varepsilon_{fu} = 0.0167\text{in/in}$（图 9-3）

步骤 1：确定名义抗剪承载力。有效剪切高度 d_v 取垂直于中性轴的距离，这一距离介于由挠曲引起的抗拉力和抗压力的结果之间；它无须小于 $0.9d_e$ 和 $0.72h$ 中任意一个较大的值（LRFD 第 5.8.2.9 条）。

为简单起见，忽略钢筋在受压区对抗弯强度的影响，中性轴的高度为：

$$c = \frac{A_{ps}f_{pu} + A_s f_y}{0.85 f'_c \beta_1 b + k A_{ps} \left(\dfrac{f_{pu}}{d_p}\right)}$$

$$c = \frac{3.98 \times 270 + 0}{0.85 \times 4 \times 0.85 \times 96.38 + 0.28 \times 3.98 \times \dfrac{270}{57.62}} = 3.79（\text{in}）$$

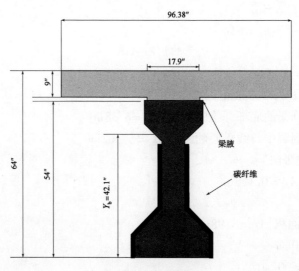

图9-3　PC梁截面

混凝土受压区的高度:$a = \beta_1 c = 0.85 \times 3.79 = 3.2(\text{in})$。

由于 $a < h_f$,因此受压区位于翼缘内,且以上计算正确。

d_e 为从最外侧受压纤维到受拉钢筋合力质心处的有效高度,$d_e = h_c - Y_{bs} = 64 - 6.38 = 57.62(\text{in})$。

检查 d_v 的最大工况:

$$d_{v1} = d_e - \frac{a}{2} = 57.62 - \frac{3.22}{2} = 56.01(\text{in})$$

$$d_{v2} = 0.9 d_e = 0.9 \times 57.62 = 51.85(\text{in})$$

$$d_{v3} = 0.72h = 0.72 \times 64 = 46.08(\text{in})$$

$$d_v = \max(56.01, 51.85, 46.08) = 56.01(\text{in})$$

混凝土的名义抗剪承载力力 V_c 按照 LRFD 公式(5.8.3.3-3)计算:

$$V_c = 0.0316\beta \sqrt{f'_c} b_v d_v$$

该例子遵循了简化的方法($\theta = 45°$,$\beta = 2$)。但如果需要,也可以使用迭代的 AASHTO LRFD分段方法。

$$V_c = 0.0316 \times 2 \times \sqrt{5} \times 8 \times 56.01 = 63(\text{kips})$$

由内部钢筋形成的名义抗剪承载力为:

$$V_s = \frac{A_v f_y d_v (\cot\theta + \cot\alpha)\sin\alpha}{S} = \frac{0.22 \times 60 \times 56.01 \times 1 \times 1}{12} = 62(\text{kips}) \qquad (\text{LRFD } 5.8.3.3\text{-}4)$$

由预应力钢绞线的垂直分量形成的名义抗剪承载力为 $V_p = 0$(这个例子假设绞线为直绞线;竖线或悬垂绞线将具有 V_p 分量)。

该构件的名义抗剪承载力是:

$$V_n = V_c + V_s + V_p = 63 + 62 + 0 = 125(\text{kips})$$

步骤 2:检查是否需要加固。

抗剪强度折减系数:$\phi V_n = 0.9$

$\phi V_n = 0.9 \times 125 = 112.5 (\text{kips})$

$\phi V_n = 112.5 \text{kips} < V_{u-\text{crit}} = 150 (\text{kips})$

因此需要加固。

步骤 3：FRP 加固方案的选择（图 9-4）。

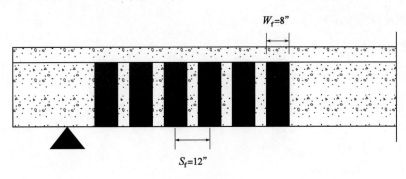

图 9-4　FRP 加固方案

双面（非连续）包裹结构在没有锚固系统的情况下使用。FRP 板材布置方向垂直于梁的纵向轴线。请注意，以下双面包裹方案中 FRP 抗剪强度的计算对于使用 U 形包裹的方案也是相同的。

假设 1 层 FRP 就足够了，则 $n_f = 1$。

FRP 板的宽度：$W_f = 8\text{in}$

FRP 板的中心距：$S_f = 12\text{in}$

FRP 板的取向：$\alpha_f = 90°$

FRP 板的有效高度：$d_f = d_p - h_f = 57.62 - 9 = 48.62 (\text{in})$

检查所选间距（12in）是否可以接受。

在混凝土中的剪力为：

$$V_u = \frac{V_{u-\text{crit}} - \phi V_p}{\phi b_v d_v} = \frac{150}{0.9 \times 8 \times 56.01} = 0.38 (\text{ksi}) \tag{LRFD 9.11}$$

FRP 条的最大间距：

$$S_{\max} = \begin{bmatrix} \min(0.8d_v, 24) & \text{当 } V_n < 0.125f_c' (\text{LRFD5.8.2.7-1}) \text{时} \\ \min(0.4d_v, 12) & \text{当 } V_n \geq 0.125f_c' (\text{LRFD5.8.2.7-2}) \text{时} \end{bmatrix}$$

$0.125f_c' = 0.125 \times 5 = 0.63 (\text{ksi})$

因为 $V_u = 0.38\text{ksi} < 0.63\text{ksi}$，$S_{\max} = \min(0.8d_v, 24) = \min(0.8 \times 56.01, 24) = 24 (\text{in})$

因为 $12\text{in} < 24\text{in}$，所以所选间距可以接受。

步骤 4：确定 FRP 的抗剪强度 V_{frp}。

FRP 的配筋率为：

$$\rho_f = \frac{2n_f t_f w_f}{b_v s_f} = \frac{2 \times 1 \times 0.0065 \times 8}{8 \times 12} = 1.038 \times 10^{-3} \tag{AASHTO 4.3.2-2}$$

侧面黏结或进行无锚固 U 形包裹的 FRP 应变折减系数为：

$$0.066 \leqslant R_f = 3 \ (\rho_f + E_f)^{-0.67} \leqslant 1.0 = 3 \times (1.083 \times 10^{-3} \times 33000)^{-0.67} = 0.27$$

（AASHTO 4.3.2-5）

有效应变：$\varepsilon_{fe} = R_f \varepsilon_{fe} \leqslant 0.004$

$\varepsilon_{fe} = 0.27 \times 0.0167 = 0.0046$

因此有效应变为 0.004。

$$V_{frp} = \rho_f E_f \varepsilon_{fe} b_v d_f (\sin\alpha_f + \cos\alpha_f)$$

$$V_{frp} = 1.083 \times 33000 \times 0.004 \times 8 \times 48.62 (\sin90 + \cos90) = 56 (\text{kips})$$ （AASHTO 4.3.2-1）

步骤 5：确定构件的设计抗剪强度。

$$\phi_{Vn-total} = \phi (V_c + V_p + V_s) + \phi_{frp} V_{frp} = 90 \times (63 + 0 + 62) + 0.85 \times 56 = 160 (\text{kips})$$

$$\phi_{Vn-total} = 160 (\text{kips}) > V_{u\text{-crit}} = 150 (\text{kips})$$ （AASHTO4.3.1-1）

则 1 层 FRP 板满足要求。

步骤 6：进行 FRP 抗剪极限检查。

$$V_n \leqslant 0.25 f'_c b_v d_v + V_p$$

$$V_n = V_c + V_s + V_{frp} = 63 + 62 + 56 = 181 (\text{kips}) \leqslant 0.25 \times 5 \times 8 \times 56.01 + 0 = 560 (\text{kips})$$

（AASHTO 5.8.3.3-2）

因此，满足腹板破坏要求。

9.2.4　使用 U 形包裹对 T 形梁进行剪切加固

这个例子说明了使用 U 形包裹对 T 形梁进行剪切加固的情况。

结构信息：

混凝土抗压强度：$f'_c = 3\text{ksi}$

弹性模量：$E_c = 57 \sqrt{f'_c} = 57 \times \sqrt{3000} = 3122 (\text{ksi})$

$\beta_1 = 0.85$（当 $f'_c \leqslant 4.0\text{ksi}$ 时）

考虑相关系数后的剪切力：$V_u = 200\text{kips}$

梁高：$h_T = 48\text{in}$

腹板宽度：$b_v = 18\text{in}$

有效翼缘宽度：$b_{eft} = 54\text{in}$

抗拉钢筋 $= 10\#11$，$A_s = 15.60\text{in}^2$

内部钢筋的抗剪强度：

间距为 12in 的 4 号箍筋

$A_v = 0.40\text{in}^2$

$s_v = 12\text{in}$

$\alpha = 90°$

屈服强度：$f_y = 60\text{ksi}$

弹性模量：$E_s = 29000\text{ksi}$

FRP：

厚度: $t_f = 0.0065\text{in}$

破坏强度: $f_{fu} = 550\text{ksi}$

弹性模量: $E_f = 33000\text{ksi}$

破坏应变: $\varepsilon_{fu} = 0.0167\text{in/in}$(图 9-5)

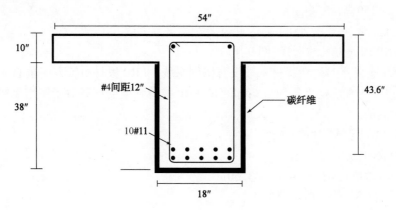

图 9-5 RC 梁截面

步骤 1:确定名义剪切承载力。

有效剪切高度 d_v 取垂直于中性轴的距离,这一距离介于由挠曲引起的抗拉力和抗压力的结果之间;它无需小于 $0.9d_e$ 和 $0.72h$ 中任意一个较大的值(LRFD 第 5.8.2.9 条)。

为简单起见,忽略钢筋在受压区对抗弯强度的影响,中性轴的高度为:

$$c = \frac{A_s f_y}{0.85\beta f_{cb}'} = \frac{15.60 \times 60}{0.85 \times 0.85 \times 3 \times 54} = 8.00(\text{in})$$

$$a = \beta_1 c = 0.85 \times 8.00 = 6.80(\text{in})$$

检查 d_v 的最大工况:

$$d_{v1} = d - \frac{a}{2} = 43.60 - \frac{6.80}{2} = 40.20(\text{in})$$

$$d_{v2} = 0.9d = 0.9 \times 43.60 = 39.24(\text{in})$$

$$d_{v3} = 0.72h_T = 0.72 \times 48 = 34.56(\text{in})$$

$$d_v = \max(d_{v1}, d_{v2}, d_{v3}) = \max(40.20, 39.24, 34.56) = 40.20(\text{in})$$

由混凝土形成的名义抗剪承载力 V_c 按照 LRFD 公式(5.8.3.3-3)计算:

$$V_c = 0.0316\beta \sqrt{f_c'} b_v d_v \qquad\qquad (\text{LRFD } 5.8.3.3\text{-}3)$$

这个例子遵循了简化的方法($\theta = 45°$, $\beta = 2$)。但如果需要,也可以使用迭代的 AASHTOL-RFD 分段方法。

$$V_c = 0.0316 \times 2 \times \sqrt{3} \times 18 \times 40.20 = 79(\text{kips})$$

由内部钢筋形成的名义抗剪承载力为:

$$V_s = \frac{A_s f_y d_v(\cot\theta + \cot\alpha)\sin\alpha}{S} = \frac{0.40 \times 60 \times 40.20 \times 1 \times 1}{12} = 80(\text{kips}) \qquad (\text{LRFD } 5.8.3.3\text{-}4)$$

由预应力钢绞线的垂直分量形成的名义抗剪力为 $V_p = 0$(这个例子假设绞线为直绞线;竖绞线或悬垂绞线将具有 V_p 分量)。

该构件的名义抗剪力为：

$$V_n = V_c + V_s + V_p = 79 + 80 + 0 = 159(\text{kips})$$

步骤 2：检查是否需要加固。

抗剪强度折减系数：$\phi = 0.9$

$$\phi V_n = 0.9 \times 159 = 143(\text{kips})$$

$\phi V_n = 143\text{kips} < V_{u-crit} = 200\text{kips}$，因此需要对梁进行加固。

步骤 3：FRP 加固方案的选择(图 9-4)。

使用 U 形(连续)包裹，在板材末端没有锚固系统。FRP 板材布置方向垂直于梁的纵向轴线。请注意，以下用来确定无锚固 U 形包裹的 FRP 抗剪强度的计算对于使用无锚固的侧面黏合方案也是相同的。

假设 1 层 FRP 足够，则 $n_f = 1$。

FRP 板的取向：$\alpha_f = 90°$

FRP 板的有效高度：$d_f = d - h_f = 33.60\text{in}$

步骤 4：确定 FRP 的抗剪承载力 V_{frp}。

FRP 的配筋率是：

$$\rho_f = \frac{2n_f t_f}{b_v} = \frac{2 \times 1 \times 0.0065}{18} = 7.22 \times 10^{-4} \qquad (\text{AASHTO } 4.3.2\text{-}2)$$

无锚固 U 形包裹或侧面黏结的 FRP 应变折减系数为：

$$0.088 \le R_f = 3(\rho_f + E_f)^{-0.67} \le 1.0 \qquad (\text{AASHTO } 4.3.2\text{-}5)$$

$$R_f = 3 \times (7.22 \times 10^{-4} \times 33000)^{-0.67} = 0.36$$

有效应变：$\varepsilon_{fe} = R_f \varepsilon_{fu}$

$$\varepsilon_{fe} = 0.36 \times 0.0167 = 0.006$$

$$V_{frp} = \rho_f E_f \varepsilon_{fe} b_v d_f (\sin\alpha_f + \cos\alpha_f)$$

$$V_{frp} = 7.22 \times 10^{-4} \times 33000 \times 0.006 \times 18 \times 33.60 \times (\sin90 + \cos90) = 86(\text{kips})$$

$$(\text{AASHTO } 4.3.2\text{-}1)$$

步骤 5：确定构件的抗剪设计强度。

$$\phi_{V_{n-total}} = \phi(V_c + V_p + V_s) + \phi_{frp} V_{frp} \qquad (\text{AASHTO } 4.3.1\text{-}1)$$

$$= 0.9 \times (79 + 0 + 80) + 0.85 \times 86 = 216(\text{kips})$$

$$\phi_{V_{n-total}} = 216\text{kips} > V_{u-crit} = 200\text{kips}$$

因此一层 FRP 已满足要求。

步骤 6：进行 FRP 抗剪极限检查。

$$V_n \le 0.25 f'_c b_v d_v + V_p$$

$$V_n = V_c + V_s + V_{frp} = 79 + 80 + 86 = 245(\text{kips}) \le 0.25 \times 3 \times 18 \times 40.20 + 0 = 542(\text{kips})$$

$$(\text{AASHTO } 5.8.3.3\text{-}2)$$

因此满足腹板破坏要求。

9.2.5 约束圆柱的轴向加固

这个例子说明了圆柱的约束加固情况。

结构信息：

柱高 $=24\mathrm{in}$

柱直径 $=28\mathrm{in}$

混凝土的抗压强度: $f_\mathrm{c}' = 4\mathrm{ksi}$

箍筋间距 $=12\mathrm{in}$

竖向钢筋: $A_\mathrm{st} = 12\#8$ 条

$P_\mathrm{u} = 1800\mathrm{kips}$

FRP：

厚度: $t_\mathrm{f} = 0.013\mathrm{in}$

破坏强度: $f_\mathrm{fu} = 550\mathrm{ksi}$

弹性模量: $E_\mathrm{f} = 33000\mathrm{ksi}$

破坏应变: $\varepsilon_\mathrm{fu} = 0.0167\mathrm{in/in}$

单层 FRP 在 1.67% 应变时的抗拉强度: $P_\mathrm{frp} =$ 7.14kips/in/ply（图 9-6）。

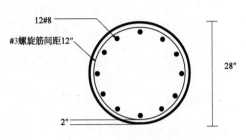

图 9-6 圆柱截面

步骤 1：确定圆柱的轴向强度并检查其是否需要加固。

$$A_\mathrm{g} = \frac{\pi D^2}{4} = \frac{\pi \times 28^2}{4} = 615(\mathrm{in}^2)$$

$$P_\mathrm{n} = 0.85\left[0.85 f_\mathrm{c}'(A_\mathrm{g} - A_\mathrm{st} - A_\mathrm{ps}) + f_\mathrm{y} A_\mathrm{st} - A_\mathrm{ps}(f_\mathrm{pe} - E_\mathrm{p}\varepsilon_\mathrm{cu})\right] \quad (\text{LRFD5.7.4-2})$$

$$P_\mathrm{r} = 0.85 \times [0.85 \times 4 \times (615 - 9.48 - 0) + 60 \times 9.48 - 0] = 2233(\mathrm{kips})$$

$$P_\mathrm{r} = \phi P_\mathrm{n} = 0.75 \times 2233 = 1675(\mathrm{kips}) \quad (\text{LRFD5.7.4-1})$$

$P_\mathrm{r} = 1675\mathrm{kips} < P_\mathrm{u} = 1800\mathrm{kips}$，因此，需要对圆柱进行加固。

步骤 2：计算 FRP 在应变 0.004 时的强度。请注意，AASHTO 中的约束极限不同于挠曲极限。

$$N_\mathrm{frp} = \frac{0.004 \times 7.14}{0.0167} = 1.71(\mathrm{kip/in})$$

步骤 3：确定所需的约束混凝土的强度。

$$P_\mathrm{r} = 0.85\phi[0.85 f_\mathrm{cc}'(A_\mathrm{g} - A_\mathrm{st}) + f_\mathrm{y} A_\mathrm{st}] \geqslant P_\mathrm{u} \quad (\text{AASHTO 5.3.1-1})$$

其中，

$$f_\mathrm{cc}' \geqslant \frac{\dfrac{P_\mathrm{u}}{0.85\phi} - f_\mathrm{y} A_\mathrm{st}}{0.85(A_\mathrm{g} - A_\mathrm{st})} = \frac{\dfrac{1800}{0.85 \times 0.75} - 60 \times 9.48}{0.85 \times (615 - 9.48)} = 4.38(\mathrm{ksi})$$

$$f_\mathrm{cc}' = f_\mathrm{c}'\left(1 + 2\frac{f_\mathrm{l}}{f_\mathrm{c}'}\right) = 4 \times \left(1 + 2 \times \frac{f_\mathrm{l}}{4}\right) \geqslant 4.38 \quad (\text{AASHTO 5.3.2.2-1})$$

因此, $f_\mathrm{l} \geqslant 0.19\mathrm{ksi}$

根据 AASHTO 第 5.3.2.2 条，围压应大于或等于 600psi，但需小于如下方程（5.3.3.3-2）所示的数值。

$$f_\mathrm{l} = 0.6\mathrm{ksi} \leqslant \frac{f_\mathrm{c}'}{2}\left(\frac{1}{k_\mathrm{e}\phi} - 1\right) = \frac{4}{2} \times \left(\frac{1}{0.85 \times 0.75} - 1\right) = 1.14(\mathrm{ksi})，满足要求。$$

$$N_{frp} = \frac{f_l D}{2\phi_{frp}} = \frac{0.6 \times 28}{2 \times 0.65} = 12.92 (ksi/in)$$ （AASHTO 5.3.2.2-2）

所需板的数量：

$$n = \frac{N_{frp}}{N_{frpo}} = \frac{12.92}{1.71} = 7.56$$

尝试使用 8 层。柱的轴向强度计算如下：

$$f_l = \phi_{frp} \frac{2N_{frp}}{D} = 0.65 \times \frac{2 \times 8 \times 1.71}{2 \times 8} = 0.64 (ksi)$$

$$f_l = 0.64 \leqslant \frac{f_c'}{2}\left(\frac{1}{k_e \phi} - 1\right) = 1.137(ksi)，满足要求。$$

$$f_{cc}' = f_c'\left(1 + 2\frac{f_l}{f_c'}\right) = 4 \times \left(1 + 2 \times \frac{0.64}{4}\right) = 5.28(ksi)$$

$$P_r = 0.85 \times [0.85 f_{cc}'(A_g - A_{st}) + f_y A_{st}] \geqslant P_u$$

$$= 0.85 \times [0.85 \times 5.28 \times (615 - 9.48) + 60 \times 9.48] = 2793(ksi)$$

$$P_r = \phi P_n = 0.75 \times 2793 = 2095(kips) > P_u = 1800(kips)$$

因此所选的层数满足要求。

9.2.6 方柱的轴向加固

结构信息：

柱高 $= 24ft$

截面面积 $= 28in^2$

混凝土的抗压强度：$f_c' = 4ksi$

箍筋：12in 的 3 号钢筋

竖向钢筋：12#8 钢筋

$P_u = 2100kips$

FRP：

厚度：$t_f = 0.013in$

破坏强度：$f_{fu} = 550ksi$

弹性模量：$E_f = 33000ksi$

破坏应变：$\varepsilon_{fu} = 0.0167in/in$

单层 FRP 在 1.67% 应变时的抗拉强度：$P_{frp} =$

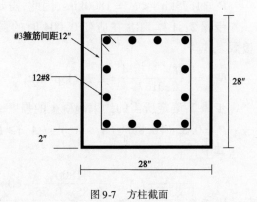

#3箍筋间距12″

12#8

28″

2″

28″

图 9-7 方柱截面

7.14kips/in/ply（图 9-7）

步骤 1：确定柱的轴向强度。

$$P_n = 0.80[0.85 f_c'(A_g - A_{st} - A_{ps}) + f_y A_{st} - A_{ps}(f_{pe} - E_p \varepsilon_{cu})]$$ （LRFD 5.7.4.4-3）

$$P_n = 0.80 \times [0.85 \times 4 \times (784 - 9.48 - 0) + 60 \times 9.48 - 0] = 2562(kips)$$

$$P_r = \phi P_n = 0.75 \times 2562 = 1922(kips)$$ （LRFD 5.7.4.4-1）

$P_r = 1922kips < P_u = 2100kips$，因此需要对柱进行加固。

步骤 2：计算应变为 0.004 时的 FRP 强度。请注意，AASHTO 中的约束极限与挠曲极限不同。

$$N_{\text{frp}} = \frac{0.004 \times 7.14}{0.0167} = 1.71 (\text{kip/in})$$

步骤 3：确定所需的约束混凝土强度。

$$P_r = 0.80\phi[0.85f'_{cc}(A_g - A_{st}) + f_y A_{st}] \geq P_u \qquad (\text{AASHTO } 5.3.1\text{-}2)$$

其中，

$$f'_{cc} \geq \frac{\frac{P_u}{0.80\phi} - f_y A_{st}}{0.85(A_g - A_{st})} = \frac{\frac{2100}{0.8 \times 0.75} - 60 \times 9.48}{0.85 \times (784 - 9.48)} = 4.45 (\text{ksi})$$

$$f'_{cc} = f'_c \left(1 + 2\frac{f_1}{f'_c}\right) = 4 \times \left(1 + 2 \times \frac{f_1}{4}\right) \geq 4.45 \text{ksi} \qquad (\text{AASHTO } 5.3.2.2\text{-}1)$$

因此，$f_1 \geq 0.23$ksi。

根据 AASHTO 第 5.3.2.2 条，围压应大于或等于 600psi，但需小于方程 (5.3.3.3-2) 所示的数值。

$$f' = 0.60 \text{ksi} \leq \frac{f'_c}{2}\left(\frac{1}{k'_e \phi} - 1\right) = \frac{4}{2} \times \left(\frac{1}{0.8 \times 0.75} - 1\right) = 1.33 (\text{ksi}), 满足要求。$$

$$N_{\text{frp}} = \frac{f_1 D}{2\phi_{\text{frp}}} = \frac{0.6 \times 28}{2 \times 0.65} = 12.92 (\text{kip/in})$$

所需板的数量：

$$n = \frac{N_{\text{frp}}}{N_{\text{frpo}}} = \frac{12.92}{1.71} = 7.56$$

尝试使用 8 层。柱的轴向强度计算如下：

$$f_1 = \phi_{\text{frp}}\frac{2N_{\text{frp}}}{D} = 0.65 \times \frac{2 \times 8 \times 1.71}{28} = 0.64 (\text{ksi})$$

$$f'_{cc} = f'_c = \left(1 + 2\frac{f_1}{f'_c}\right) = 4 \times \left(1 + 2 \times \frac{0.64}{4}\right) = 5.27 (\text{ksi})$$

$$P_n = 0.8[0.85f'_{cc}(A_g - A_{st}) + f_y A_{st}] \geq P_n = 0.8 \times [0.85 \times 5.27 \times (784 - 9.48) + 60 \times 9.48] = 3231 (\text{ksi})$$

$$P_r = \phi P_n = 0.75 \times 3231 = 2423 (\text{kips}) > P_u = 2100 \text{kips}$$

因此所选的层数满足要求。

9.2.7 约束圆柱的轴向加固（ACI 程序）

这个例子所述的柱与 9.1.5 节所述的相同。

结构信息：

柱高 $= 24$in

柱的直径 $= 28$in

混凝土的抗压强度：$f'_c = 4$ksi

箍筋间距 $= 12$in

竖向钢筋：$A_{st} = 12\#8$ 钢筋

厚度：$t_f = 0.013$in

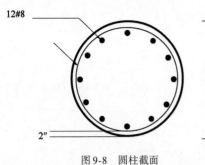

图9-8 圆柱截面

破坏强度：$f_{fu} = 550ksi$

弹性模量：$E_f = 33000ksi$

破坏应变：$\varepsilon_{fu} = 0.0167in/in$

单层 FRP 在 1.67% 应变时的抗拉强度：$P_{frp} = 7.14kips/in/$（图9-8）

步骤1：确定柱的轴向强度。

$$P_n = 0.85[0.85f_c'(A_g - A_{st}) + f_y A_{st}]$$

$$P_n = 0.85 \times [0.85 \times 4 \times (615 - 9.48) + 60 \times 9.48] = 2233(kips)$$

$$P_r = \phi P_n = 0.75 \times 2562 = 1675(kips)$$

$P_r = 1675kips \leqslant P_u = 1800kips$，因此需要对柱进行加固。

步骤2：计算 FRP 材料的性能。

$$f_{fu} = C_E f_{fu}^*$$

对于外部暴露的部分（桥梁和桥墩），CFRP 的 C_E 值等于 0.85。

$$f_{fu} = 0.85 \times 550 = 468(ksi)$$

$$\varepsilon_{fu} = C_E \varepsilon_{fu}^* = 0.85 \times 0.0167 = 0.0142$$

步骤3：确定约束混凝土所需的最大抗压强度 f_{cc}'。

$$f_{cc}' = \frac{1}{0.85(A_g - A_{st})}\left(\frac{\phi P_{n,req}}{0.85\phi} - f_y A_{st}\right)$$

$$f_{cc}' = \frac{1}{0.85 \times (615 - 9.48)} \times \left(\frac{1800}{0.85 \times 0.75} - 60 \times 9.48\right) = 4.38(ksi)$$

步骤4：确定由于 FRP 约束而产生的最大围压 f_l。

$$f_l = \frac{f_{cc}' - f_c'}{0.95 \times 3.3 \times k_a}$$

圆形截面的 k_a 和 k_b 可取 1.0。

$$f_l = \frac{4.38 - 4}{0.95 \times 3.3 \times 1} = 0.12(ksi)$$

步骤5：确定所需板的数量。

$$n = \frac{f_l D}{2E_f t_f \varepsilon_{fe}}$$

$$\varepsilon_{fe} = \kappa_\varepsilon \varepsilon_{fu} = 0.55 \times 0.0142 = 0.0078$$

$$n = \frac{0.12 \times 28}{2 \times 33000 \times 0.013 \times 0.0078} = 0.50$$

尝试使用一层。

$$f_l = \frac{2nE_f t_f \varepsilon_{fe}}{D} = \frac{2 \times 1 \times 33000 \times 0.013 \times 0.0078}{28} = 0.24(ksi)$$

检查最小的约束率：

$$\frac{f_l}{f_c'} = \frac{0.24}{4} = 0.06$$

所计算出的数值并不等于或大于 0.08。

因此,尝试使用两层:

$$f_1 = \frac{2nE_f t_f \varepsilon_{fe}}{D} = \frac{2 \times 2 \times 33000 \times 0.013 \times 0.0078}{28} = 0.48$$

$\dfrac{f_1}{f'_c} = \dfrac{0.48}{4} = 0.12 \geqslant 0.08$,满足要求。

步骤 6:验证约束混凝土的极限轴向应变 $\varepsilon_{ccu} \leqslant 0.01$。

$$\varepsilon_{ccu} = \varepsilon'_c \left[1.5 + 12\kappa_b \frac{f_1}{f'_c} \left(\frac{\varepsilon_{fe}}{\varepsilon'_c} \right)^{0.45} \right]$$

其中,

$$\varepsilon'_c = \frac{1.71 f'_c}{E_c} = \frac{1.71 \times 4}{3605} = 0.0019$$

$\varepsilon_{ccu} = 0.0019 \times \left[1.5 + 12 \times 1 \times 0.12 \times \left(\dfrac{0.0078}{0.0019} \right)^{0.45} \right] = 0.008 < 0.01$,满足要求。

步骤 7:确定柱的轴向强度。

$f'_{cc} = f'_c + (0.95 \times 3.3 \times \kappa_a \times f_1) = 4 + (0.95 \times 3.3 \times 1 \times 0.48) = 5.50(ksi)$

$P_n = 0.8 [0.85 f'_{cc} (A_g - A_{st}) + f_y A_{st}]$

$\quad = 0.8 \times [0.85 \times 5.50 \times (615 - 9.48) + 60 \times 9.48] = 2890(kips)$

$P_r = \phi P_n = 0.75 \times 2890 = 2167(kips) \geqslant 1800kips$

因此所选的层数满足要求。

9.2.8 约束方柱的轴向加固(ACI 程序)

这个例子所述的柱与 9.1.6 节所述的相同。

结构信息:

柱高 $= 24ft$

柱的直径 $= 28in$

混凝土的抗压强度: $f'_c = 4ksi$

箍筋间距 $A_{st} = 12in$ 的 3 号钢筋

竖向钢筋 $= 12\#8$ 钢筋

$P_u = 2100kips$

FRP:

厚度: $t_f = 0.013in$

破坏强度: $f_{fu} = 550ksi$

弹性模量: $E_f = 33000ksi$

破坏应变: $\varepsilon_{fu} = 0.0167in/in$

单层 FRP 在 1.67% 应变时的抗拉强度:

$P_{frp} = 7.14kips/in/ply$(图 9-9)

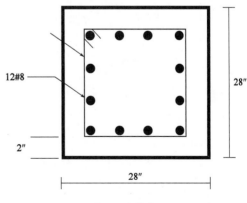

图 9-9　方柱截面

步骤1：确定柱的轴向强度。

$$P_n = 0.80 [0.85 f_c' (A_g - A_{st}) + f_y A_{st}]$$

$$P_n = 0.80 \times [0.85 \times 4 \times (784 - 9.48) + 60 \times 9.48] = 2562 (\text{kips})$$

$$P_r = \phi P_n = 0.65 \times 2562 = 1665 (\text{kips})$$

$P_r = 1665 \text{kips} < P_u = 2100 \text{kips}$，因此需要对柱进行加固。

步骤2：计算 FRP 材料的性能。

$$f_{fu} = C_E f_{fu}^*$$

对于外部暴露的部分(桥梁和桥墩)，C_E 值等于 0.85。

$$f_{fu} = 0.85 \times 550 = 468 (\text{ksi})$$

$$\varepsilon_{fu} = C_E \varepsilon_{fu}^* = 0.85 \times 0.0167 = 0.0142$$

步骤3：确定约束混凝土所需的最大抗压强度 f_{cc}'。

$$f_{cc}' = \frac{1}{0.85 (A_g - A_{st})} \left(\frac{\phi P_{n,rep}}{0.80 \phi} - f_y A_{st} \right)$$

$$f_{cc}' = \frac{1}{0.85 \times (784 - 9.48)} \times \left(\frac{2100}{0.80 \times 0.65} - 60 \times 9.48 \right) = 5.27 (\text{ksi})$$

步骤4：确定由于 FRP 护套而产生的最大围压 f_l。

$$f_l = \frac{f_{cc}' - f_c'}{0.95 \times 3.3 \times k_a}$$

$$\kappa_a = \frac{A_e}{A_c} \left(\frac{b}{h} \right)^2$$

$$\frac{A_e}{A_c} = \frac{1 - \dfrac{\dfrac{b}{h}(h - 2r_c)^2 + \dfrac{h}{b}(b - 2r_c)^2}{3 A_g} - \rho_g}{1 - \rho_g}$$

$$= \frac{1 - \dfrac{\dfrac{28}{28} \times (28 - 2 \times 0.5)^2 + \dfrac{28}{28} \times (28 - 2 \times 0.5)^2}{3 \times 784} - 0.012}{1 - 0.012} = 0.373$$

$$\kappa_a = \frac{A_e}{A_c} \left(\frac{b}{h} \right)^2 = 0.373 \times \left(\frac{28}{28} \right)^2 = 0.373$$

$$f_l = \frac{5.27 - 4}{0.95 \times 3.3 \times 0.373} = 1.09$$

步骤5：确定所需板的数量。

$$n = \frac{f_l \sqrt{b^2 + h^2}}{2 E_f t_f \varepsilon_{fe}}$$

$$\varepsilon_{fe} = \kappa_\varepsilon \varepsilon_{fu} = 0.55 \times 0.0142 = 0.0078$$

$$n = \frac{1.09 \times \sqrt{28^2 + 28^2}}{2 \times 33000 \times 0.013 \times 0.0078} = 6.45$$

尝试使用7层。

$$f_1 = \frac{2nE_f t_f \varepsilon_{fe}}{\sqrt{b^2 + h^2}} = \frac{2 \times 7 \times 33000 \times 0.013 \times 0.0078}{\sqrt{28^2 + 28^2}} = 1.18(\text{ksi})$$

检查最小的约束率。

$$\frac{f_1}{f'_c} = \frac{1.18}{4} = 0.295 \geqslant 0.08, 满足要求。$$

步骤 6：验证约束混凝土的极限轴向应变 $\varepsilon_{ccu} \leqslant 0.01$。

$$\varepsilon_{ccu} = \varepsilon'_c \left[1.5 + 12\kappa_b \frac{f_1}{f'_c} \left(\frac{\varepsilon_{fe}}{\varepsilon'_c} \right)^{0.45} \right]$$

其中，

$$\varepsilon'_c = \frac{1.71 f'_c}{E_c} = \frac{1.71 \times 4}{3605} = 0.0019$$

$$\kappa_b = \frac{A_e}{A_c} \left(\frac{h}{b} \right)^{0.5} = 0.373 \times \left(\frac{28}{28} \right)^{0.5} = 0.373$$

$$\varepsilon_{ccu} = 0.0019 \times \left[1.5 + 12 \times 0.373 \times 0.295 \times \left(\frac{0.0078}{0.0019} \right)^{0.45} \right] = 0.0076 < 0.01, 满足要求。$$

步骤 7：确定柱的轴向强度。

$$f'_{cc} = f'_c + (0.95 \times 3.3 \times \kappa_a \times f_1) = 4 + (0.95 \times 3.3 \times 0.373 \times 1.18) = 5.38(\text{ksi})$$

$$P_n = 0.8 [0.85 f'_{cc} (A_g - A_{st}) + f_y A_{st}]$$

$$= 0.8 \times [0.85 \times 5.38 \times (784 - 9.48) + 60 \times 9.48] = 3289(\text{kips})$$

$$P_r = \phi P_n = 0.65 \times 3289 = 2137 \text{kips} \geqslant 2100 \text{kips}$$

因此，所选的层数满足要求。

附录 A 术 语

A.1 AASHTO

A_f, A_{frp}	FRP 筋抗剪有效面积(in^2)
A_g	截面总面积(in^2)
A_h	单肢水平钢筋面积(in^2)
A_s	受拉钢筋截面积(in^2)
A'_s	受压钢筋截面积(in^2)
A_{st}	纵筋总面积(in^2)
A_{vf}	抗剪钢筋面积(in^2)
b	截面宽度(in)
b_{frp}	FRP 筋宽度(in)
b_v	有效腹板宽度(in)
b_w	腹板宽度(in)
c	混凝土受压区中心轴高度(in)
C	混凝土中的压力(kips)
d_f, d_{frp}	FRP 有效高度(in)
d_s	无预应力受拉钢筋的极限受压面到形心的距离(in)
d_v	有效剪切高度(in)
D_g	圆柱外径(in)
E_a	黏合剂弹性模量(ksi)
E_c	混凝土弹性模量(ksi)
E_f, E_{frp}	FRP 弹性模量
f_c	混凝土压应力(ksi)
f'_c	混凝土 28d 抗压强度(ksi)
f'_{cc}	约束混凝土抗压强度(ksi)
f_{frpu}	FRP 筋抗拉强度标准值(ksi)
f_{lfrp}	FRP 加固的极限约束应力(ksi)
f_{peel}	FRP 端部剥离应力(ksi)
f_s	钢筋截面拉应力(ksi)
f'_s	钢筋截面压应力(ksi)

f_y	钢筋屈服强度(ksi)
f_{yf}	钢筋剪切屈服强度(ksi)
G_a	黏合剂的剪切模量标准值(ksi)
h	截面高度(in);构件的整体厚度或高度(in)
I_T	包括 FRP 在内的截面惯性矩(in)
k_a	效率系数,特定锚固系统有效性系数
k_e	考虑偶然偏心的强度折减系数
k_2	确定混凝土中压力合力系数
l_u	受压构件的无锚固长度(in)
L_d	锚固长度(in)
M_r	外贴 FRP 系统加固截面的抗弯承载力(kip-in)
M_u	极限状态的力矩(kip-in)
N_b	单位宽度 FRP 的抗拉承载力(kips/in)
N_{frp}^e	单位宽度 FRP 筋的有效强度(kips/in)
$N_{frp,w(r)}$	封闭(包裹)套的抗拉强度(kips/in)
N_s	应变为 0.004 的单位宽度 FRP 的强度(kips/in)
N_{ul}	FRP 筋单位宽度抗拉强度标准值(kips/in)
P_r	考虑分项系数的轴向荷载抗力(kips)
r	截面的回转半径(in)
s_v	FRP 筋间距(in)
T_{frp}	FRP 筋的拉力(kips)
T_r	外贴 FRP 系统加固混凝土构件的抗扭强度(kip-in)
t_a	黏合剂厚度(in)
t_{frp}	FRP 筋厚度(in)
V_c	混凝土的名义抗剪承载力(kips)
V_{frp}	外贴 FRP 系统的名义抗剪承载力(kips)
V_{ni}	名义抗剪承载力(kips)
V_p	受剪方向的有效预应力分量(kips)
V_r	考虑系数的抗剪强度(kips)
V_s	横向钢筋的名义抗剪承载力(kips)
V_u	端部极限剪力(kips)
v_u	有效剪应力(ksi);见 AASHTOLRFD 5.8.2.9
w_{frp}	FRP 条带宽度(in)/FRP 筋总宽度
y	最外受压面到中性轴的距离(in)
α	FRP 筋主方向与构件轴线的夹角;抗剪钢筋与剪切面之间的夹角
α_1	立方体试块的平均抗压强度与规定的混凝土抗压强度之比
ε_c	混凝土应变
ε_{frp}	FRP 应变

$\varepsilon_{\mathrm{frp}}^{\mathrm{ut}}$	FRP拉伸破坏应变标准值
ε_{o}	混凝土应力-应变曲线中峰值应力所对应的应变
μ	摩擦系数
η	应变折减系数
υ_{a}	黏合剂泊松比
τ_{a}	黏合剂的极限剪应力标准值(ksi)
τ_{int}	接触面剪切传递强度的建议值(ksi)
ϕ_{frp}	FRP抗力系数

A.2　ACI 440.2R 08

a_{b}	矩形FRP筋截面较小直径,in(mm)
A_{c}	混凝土构件横截面面积,in^2(mm^2)
A_{e}	有效约束混凝土横截面面积,in^2(mm^2)
A_{f}	钢筋外贴FRP面积,in^2(mm^2)
A_{fanchor}	抗弯FRP筋中采用U形包裹锚固的横向FRP面积,in^2(mm^2)
A_{fv}	抗剪FRP筋面积,in^2(mm^2)
A_{g}	混凝土截面总面积,in^2(mm^2)
A_{p}	受拉区预应力钢筋面积,in^2(mm^2)
A_{s}	现有钢筋面积,in^2(mm^2)
A_{si}	第i层纵向钢筋面积,in^2(mm^2)
A_{st}	纵向钢筋总面积,in^2(mm^2)
b	构建受压区宽度,in(mm)
	柱形截面受压构件的短边尺寸,in(mm)
b_{b}	矩形FRP筋较大横截面尺寸,in(mm)
b_{w}	圆形截面腹板宽度或直径,in(mm)
c	最外受压纤维到中性轴的距离,in(mm)
C_{E}	环境修正系数
d	最外受压纤维到受拉钢筋质心的距离,in(mm)
d_{f}	FRP顶部到纵筋形心的FRP有效高度,in(mm)
d_{fv}	FRP顶部到箍筋形心的FRP有效高度,in(mm)
d_{i}	第i层纵向钢筋形心到截面形心的距离,in(mm)
d_{p}	最外受压纤维到预应力筋质心的距离,in(mm)
D	圆形受压构件截面直径,in(mm)
D	柱截面对角线距离(等效圆柱直径),in(mm),$D=\sqrt{b^2+h^2}$
e_{s}	支承端相对于构件中心轴线的预应力钢筋的偏心,in(mm)
e_{m}	跨中截面相对于构件中心轴线的预应力钢筋的偏心,in(mm)

E_2	FRP 材料沿纤维垂直方向的拉伸模量,psi(MPa)
E_c	混凝土的弹性模量,psi(MPa)
E_f	FRP 沿纤维方向的弹性模量,psi(MPa)
E_{ps}	预应力筋的弹性模量,psi(MPa)
E_s	钢筋的弹性模量,psi(MPa)
f_c	混凝土抗压应力,psi(MPa)
f'_c	混凝土的规定抗压强度,psi(MPa)
$\overline{f'_c}$	根据 ASTMD3039 所述的拉伸试验,进行 20 次以上试验所测得的 FRP 的平均极限抗拉强度,psi(MPa)
$\sqrt{f'_c}$	混凝土的规定抗压强度的开方
f'_{cc}	约束混凝土的抗压强度,psi(MPa)
f'_{co}	无约束混凝土的抗压强度;通常为 $0.85f'_c$,psi(MPa)
$f_{c,s}$	混凝土在日常服役期的抗压应力,psi(MPa)
f_f	FRP 钢筋的应力水平,psi(MPa)
f_{fd}	外贴 FRP 受拉钢筋的设计应力,psi(MPa)
f_{fe}	FRP 的有效应力;截面破坏时达到的应力水平,psi(MPa)
$f_{f,s}$	构件的弯矩在弹性范围内产生的 FRP 应力水平,psi(MPa)
f_{fu}	FRP 极限抗拉设计强度,psi(MPa)
f_{fu}^*	制造商提供的 FRP 材料的极限抗拉强度,psi(MPa)
f_l	由于 FRP 护套而产生的最大围压,psi(MPa)
f_{ps}	预应力筋在名义承载力下的应力,psi(MPa)
f_{pu}	预应力筋的规定抗拉强度,psi(MPa)
f_s	非预应力筋的应力,psi(MPa)
f_{si}	第 i 层板内纵向钢筋的应力,psi(MPa)
$f_{s,s}$	非预应力筋在施加荷载时的应力水平,psi(MPa)
f_y	非预应力筋规定屈服强度,psi(MPa)
h	构件的总厚度或高度,in(mm)
h_f	构件的翼缘厚度,in(mm)
I_{cr}	混凝土开裂截面的换算截面惯性矩,$in^4(mm^4)$
I_{tr}	混凝土未开裂截面的换算截面惯性矩,$in^4(mm^4)$
k	从最外受压纤维到钢筋的深度与中性轴深度的比值
k_1	考虑混凝土强度的 k_v 修正系数
k_2	考虑包裹结构的 k_v 修正系数
k_f	每层单位宽度 FRP 钢筋的刚度,lb/in(N/mm);$k_f = E_f t_f$
l_{db}	采用近表面安装系统 FRP 钢筋的锚固长度,in(mm)
l_{df}	FRP 系统的锚固长度,in(mm)
L_e	FRP 层压板的有效黏结长度,in(mm)

M_{cr}	开裂弯矩,in-lb($N \cdot mm$)
M_n	名义抗弯强度,in-lb($N \cdot mm$)
M_{nf}	考虑FRP筋作用的名义抗弯强度,in-lb($N \cdot mm$)
M_{np}	考虑预应力钢筋作用的名义抗弯强度,in-lb($N \cdot mm$)
M_{ns}	考虑钢筋作用的名义抗弯强度,in-lb($N \cdot mm$)
M_s	截面使用弯矩,in-lb($N \cdot mm$)
M_{snet}	截面消压状态下的使用弯矩,in-lb($N \cdot mm$)
M_u	截面乘系数的弯矩,in-lb($N \cdot mm$)
n	FRP钢筋层数
n_f	FRP与混凝土的弹性模量比,$n_f = E_f/E_c$
n_s	钢与混凝土弹性模量比,$n_s = E_s/E_c$
p_e	(在所有预应力损失允许后)预应力钢筋的有效力
p_n	混凝土轴向抗压强度标准值,lb(N)
P_{fu}	每层单位宽度FRP筋平均抗拉强度,lb/in(N/mm)
P_{fu}^*	每层单位宽度FRP筋的极限抗拉强度,lb/in(N/mm);$P_{fu}^* = f_{fu}^* t_f$
r	截面的回转半径,in(mm)
r_c	受FRP约束矩形截面的边缘半径,in(mm)
R_n	构件的名义强度
$R_{n\phi}$	高温影响下构件的耐火名义强度
S_{DL}	静荷载作用
S_{LL}	活荷载作用
t_f	连续纤维板单层厚度,in(mm)
T_g	玻璃化转变温度,℉(℃)
T_{gw}	湿玻璃化转变温度,℉(℃)
T_{ps}	预应力钢的拉力,lb(N)
V_c	钢筋混凝土的抗剪强度,lb(N)
V_f	FRP的抗剪强度,lb(N)
V_n	名义剪切强度,lb(N)
V_s	钢筋的抗剪强度,lb(N)
w_f	FRP重量或质量比,in(mm)
y_b	底部末端纤维到截面质心的距离,in/in(mm/mm)
y_t	压缩区域内距离中性轴的垂直距离。对应过度应变 ε_t',in(mm)
α_1	乘以 f_c' 用来确定混凝土的相对受压区应力分布强度
α_L	纵向热膨胀系数,in/in/℉(mm/mm/℃)
α_T	横向热膨胀系数,in/in/℉(mm/mm/℃)
β_1	相对受压区宽度与中性轴宽度之比
ε_{b0}	恒载在混凝土下表面产生的初始拉伸应变(拉力为正),in/in(mm/mm)
ε_{bi}	FRP安装前混凝土基底的应变(拉力为正),in/in(mm/mm)

ε_b	混凝土的应变,in/in(mm/mm)
ε_c'	对应 f_c' 的无约束混凝土的最大应变,in/in(mm/mm);可取 0.002
ε_{ccu}	在低约束力的构件中,约束混凝土的极限轴压应变为 $0.85f_{cc}'$ (约束混凝土设计强度),或构件失效时对应的约束混凝土极限轴压应变
$\varepsilon_{c,s}$	混凝土在使用时的应变水平,in/in(mm/mm)
ε_{ct}	混凝土在受拉后,拉力方向上的拉伸应变,in/in(mm/mm)
ε_{cu}	无约束混凝土的极限轴向应变为 $0.85f_{co}'$,或无约束混凝土的最大应变,单位为 in/in(mm/mm),根据获得的应力-应变曲线,可取 $0.85f_c'$ 或 0.003
ε_f	FRP 应变,in/in(mm/mm)
ε_{fd}	FRP 的控制应变,in/in(mm/mm)
$\varepsilon_{fe}/\varepsilon_{fu}$	FRP 在破坏时的有效应变,in/in(mm/mm),FRP 在 20 或 10 以上时的平均断裂应变根据 ASTMD3039 进行测试,in/in(mm/mm)
ε_{fu}^*	FRP 极限断裂应变,in/in(mm/mm)
ε_{pe}	应力损失后预应力钢的有效应变,in/in(mm/mm)
ε_{pi}	预应力钢筋的初始应变,in/in(mm/mm)
ε_{pnet}	折减后的挠曲预应力钢在极限状态下的净应变(不包括损失后有效预应力产生的应变),in/in(mm/mm)
ε_{ps}	极限承载力时预应力钢筋(质心)应变,in/in(mm/mm)
ε_s	非预制钢筋的应变,in/in(mm/mm)
ε_{sy}	非预应力钢筋屈服时的应变,in/in(mm/mm)
ε_t	极限承载力下最底层(即最远离梁的受压侧)钢筋的应变,in/in(mm/mm)
ε_t	FRP 约束混凝土应力-应变曲线的瞬时应变,in/in(mm/mm)
κ_a	FRP 加固的效率系数
κ_b	FRP 加固的效率系数
κ_v	黏结折减系数
κ_ε	FRP 应变的等效系数为 0.55,以说明约束条件下观察到的破裂应变与拉伸试验确定的破裂应变之间的差异
ρ_f	FRP 占比
ρ_g	纵向钢筋面积与受压构件横截面面积之比(As/bh)
ρ_s	非预应力钢筋的比例
σ	标准差
τ_b	NSMFRP 筋的平均黏结强度,psi(MPa)
ϕ	强度折减系数
ψ_f	FRP 强度折减系数;弯曲度 0.85(根据设计材料特性校准);0.85 为剪切力(根据可靠性分析),适用于三面 FRP U 形或双面加固方案;0.95 适用于剪切完全包裹的截面

A. 3　ISIS

注意:在某些情况下,文档 S6-06 和 S806-02 可能对同一个参数使用不同的符号,因此有时会出现双符号。

a	等效矩形应力区的宽度(mm)
A_F,A_{FRP}	FRP 筋、板材、薄板或筋的截面面积(mm^2)
A_g	建筑面积(mm^2)
A_{ps},A_p	张拉区预应力筋面积(mm^2)
A_{ps}	全部钢筋的面积(mm^2)
A_s	受拉钢筋面积(mm^2)
A'_s	受压钢筋面积(mm^2)
A_{sf}	T 形截面板翼缘板区域的受拉钢筋面积(mm^2)
A_{sj}	位于单元两侧的中间纵向钢筋面积(mm^2)
A_{sw}	T 形截面剩余受拉钢筋的面积(mm^2)
A_v	内部抗剪钢筋面积
b	矩形截面的宽度
b_e	构件受压面有效宽度
b_{FRP}	垂直于单元纵轴的 FRP 受剪宽度
b_v	有效腹板宽度
b_w	梁腹板宽
c	最外缘的受压纤维到中性轴的距离
c'	从中心轴到混凝土中压缩应变为 ε'_c 的位置的距离
C_b	平衡条件下,最外侧受拉面到中性轴的距离
C_c	低于 f'_c 的混凝土压缩合力
C_{cc}	约束混凝土的压缩合力
C_f	T 形截面中混凝土板部分的压缩合力
C_s	压缩钢材的压缩合力
C_w	T 形截面腹板部分混凝土的压缩合力
d	最外侧受压面到受拉钢筋形心的距离
d'	最外侧受压面到受压钢筋形心的距离
d_{sj}	最外侧受压面到中间钢筋位置处的距离
d_v	S6-06:CSAS6-06 第 8.9.1.5 条规定的内钢有效剪切深度
D	静载
D_f,d_{FRP}	FRP 的有效剪切深度,类似于 CSAS6-06 第 8.9.1.5 条规定的钢筋的 d_v,或受拉 FRP 筋的最外受压纤维到形心的距离
D,D_g	圆柱直径,或矩形柱截面(边缘被倒圆)对角线

E_c	混凝土弹性模量
E_f	FRP 的弹性模量、GFRP 弹性模量(4.3.6.3)纤维的弹性模量
E_F, E_{FRP}	FRP 的弹性模量
EI	单元抗弯刚度
E_m	树脂基体弹性模量
E_p	钢丝束弹性模量
E_s	钢材弹性模量
f_c	混凝土压缩应力
f'_c	常规混凝土抗压强度
f'_{cc}	约束混凝土抗压强度
f_{cr}	混凝土开裂强度
f_f	纤维抗拉强度
f_F, f_{FRP}	给定方向上的拉伸应力,通常是 FRP 的纤维方向
f_{Fu}, f_{FRP_u}	规定的 FRP 筋、板、片或筋的抗拉强度
f_l, f_{lFRP}	FRP 在 ULS 处加固而产生的约束压力
f_m	树脂基体抗拉强度
f_{po}	预应力钢筋在周围混凝土应力为 0 时的应力
f_{pu}	规定的预应力钢材的抗拉强度
f_s	钢筋拉伸应力
f'_s	钢筋压缩应力
f_{se}	损失后预应力钢材中的有效应力
f_Y	钢筋的规定屈服强度
F	活载容量因数
F_{sj}	中间钢材的合力
h	部件的总厚度/横截面在考虑方向上的横向尺寸/列的长维度
h_f	板厚度
h_{FRP}	构件侧面所粘贴 FRP 的高度
k	中性轴高度与钢筋高度之比
k_1	混凝土强度系数,定义见 CSAS6-06 第 16.11.3.2 条
k_2	无量纲因子,定义见 CSAS6-06 第 16.11.3.2 条
k_c	约束系数
k_e	考虑偶然偏心的强度折减系数
k_l	约束参数
K_v	外贴 FRP 箍筋的黏结折减系数
l_a	外贴 FRP 的最小锚固长度
l_n	受弯构件的净跨长
l_u	受压构件的跨距
L	剪力墙宽度/从支座中心到支座中心测量的受弯构件的跨距/活载

L_e	外部 FRP 剪切加固的有效锚固长度
M_1	作用在压缩构件上的因系数荷载所产生的最小端弯矩的值,如果构件弯曲为单曲率,则为正弯矩;如果构件弯曲为双曲率,则为负弯矩
M_2	作用在压缩构件上的因系数荷载所产生的较大的端部弯矩的值,通常被认为是正的
M_f	截面上乘系数的弯矩
M_r	弯矩承载力设计值
M_{rf}	T 形截面上平板部分的抵抗力矩
M_{rw}	T 形截面腹板部分所对应的抗力矩
N_f	对与 V_f 同时发生的截面垂直的轴向荷载进行分解
P_D	轴向静载
P_E	轴向地震荷载
P_f	ULS 截面上的轴向荷载
P_L	轴向荷载
P_r	受压截面抗力
P_{ro}	无侧限截面偏心距为零时的轴向荷载系数(N)
r	总截面回转半径(mm)
s	平行于构件纵向测得的钢筋剪切间距(mm)
S_F , S_{FRP}	FRP 筋与混凝土之间的间隔,用于抗剪强度的测量,测量沿构件轴线或单位宽度(即 1.0)的连续 FRP 筋(mm)
S_{ze}	等效裂缝间距参数(mm)
t_t , t_{FRP}	外贴 FRP 板材或板材总厚度(mm)
T_{FRP}	纵向 FRP 的拉伸合力(N)
$T_{FRP,force}$	纵向外贴 FRP 在受拉面上的拉力合力(N)
$T_{FRP,side}$	纵向 FRP 在截面的拉力和黏结剂作用下的合力(N)
T_g	玻璃化温度(℃)
T_{gw}	湿玻璃化温度(℃)
T_s	受拉构件的拉力合力(N)
V_c	混凝土所贡献的剪力(N)
v_f	纤维在 FRP 中所占的体积比
V_f	截面处的剪力分力(N)
V_F , V_{FRP}	FRP 剪力筋提供的抗剪承载力(N)
v_m	FRP 内树脂基体的体积比
V_p	由构件在各有效预应力的作用剪力方向上提供的分式剪力;抗剪切力为正(N)
V_r	抗剪分力(N)
V_s	钢筋抗剪系数(N)
w_{FRP}	垂直于主纤维方向测量的 FRP 片材宽度(mm)
α	等效矩形应力块深度(mm)

α_1	矩形受压砌块的平均应力与规定的混凝土抗压强度之比
α_D	恒载荷载系数
α_L	活负载的负载系数
α, α_p	钢绞线力与构件纵向轴对称的倾斜角
β, θ	横向钢筋与横梁纵轴的倾斜角
β_1	矩形压缩块的深度与中性轴的深度之比
β_v, β	考虑混凝土抗剪性能的因素
γ_c	混凝土质量密度(kg/m)
δ	设计侧向漂移比
Δf_c	附加约束混凝土应力(MPa)
ε_c	混凝土应变
ε_{ci}	混凝土的初始应变
$\varepsilon'_c f'_c$	对应的混凝土应变
$\varepsilon'_{cc} f'_{cc}$	对应的混凝土应变
ε_{cu}	混凝土的极限压缩应变
$\varepsilon_{Fi}, \varepsilon_{ft}$	应用 FRP 前 FRP 处的初始拉伸应变
$\varepsilon_F, \varepsilon_{FRP}$	FRP 筋应变
ε_{FRPe}	FRP 有效应变
ε_{FRPt}	最大张拉强度下挠性强化系统
$\varepsilon_{Fu}, \varepsilon_{FRP_u}$	FRP 的极限应变
ε_s	受拉钢筋拉伸应变
ε'_s	受压钢筋的压缩应变
ε_{si}	钢筋的初始拉伸应变
ε'_{si}	受压钢筋的初始压应变
ε_{sj}	中间钢筋的拉伸应变
ε_x	纵向应变
ε_y	钢筋的屈服应变
θ	主对角压应力与构件纵轴的倾斜角为零
λ	值取决于混凝土的密度的参数
ϕ_c	混凝土阻力系数
ϕ_f, ϕ_{FRP}	FRP 的阻力系数
ω_D	线性恒载(kN/m)
ω_L	线性活载(kN/m)

A.4 CNR-DT 200/2004

$(.)_c$	混凝土的数量(.)
$(.)_{cc}$	约束混凝土的数量值(.)

$(.)_d$	数量设计值$(.)$
$(.)_f$	纤维增强复合材料的数量值$(.)$
$(.)_k$	数量特征值$(.)$
$(.)_{mc}$	约束砌体的数量值$(.)$
$(.)_R$	阻力数量的值$(.)$
$(.)_s$	钢的数量$(.)$
$(.)_S$	需求量$(.)$的价值
A_c	拱形混凝土截面,钢筋网
A_f	FRP筋面积
A_{fw}	FRP受剪钢筋面积
A_l	纵向钢筋的整体面积
A_{sw}	单肢箍筋支柱的面积
A_{s1}	增强的受拉钢筋的面积
A_{s2}	钢筋受压面积
b_f	FRP筋宽度
d	从极限压缩纤维到受拉钢筋质心的距离
E_c	混凝土的杨氏弹性模量
E_f	FRP筋的杨氏弹性模量
E_{fib}	纤维本身的杨氏弹性模量
E_m	矩阵的杨氏弹性模量
E_s	钢筋的杨氏弹性模量
f_{bd}	FRP筋与混凝土(或砌体)的黏结强度设计值
f_{bk}	FRP筋与混凝土(或砌体)的黏结强度标准值
f_c	混凝土抗压强度(圆柱形)
f_{ccd}	约束混凝土抗压强度设计值
f_{cd}	混凝土抗压强度设计值
f_{ck}	混凝土抗压强度标准值
f_{ctm}	混凝土抗拉强度平均值
f_{fd}	考虑了工作环境折减系数的GFRP抗拉设计强度,ksi
f_{fdd}	FRP筋的剥离强度设计值(模型1)
$f_{fdd,2}$	FRP筋的剥离强度设计值(模型2)
f_{fed}	FRP抗剪加固的有效强度设计值
f_{fk}	FRP破坏强度标准值
f_{fpd}	FRP加固剥离强度设计值
f_l	约束侧压力
$f_{l,eff}$	有效约束侧压力
f_{mk}	砌体抗强度标准值
f_{mk}^h	砌体水平方向的抗压强度标准值

f_{mcd}	FRP 约束砌体的抗压强度标准值
f_{md}	砌体设计抗压强度
f_{md}^h	砌体水平方向的抗压强度设计值
f_{mtd}	砌体的抗拉强度设计值
f_{mtk}	砌体的抗拉强度标准值
f_{mtm}	砌体的抗拉强度平均值
f_{vd}	砌体的抗剪强度设计值
f_{vk}	砌体的抗剪强度标准值
f_y	纵向钢筋的屈服强度
f_{yd}	纵向钢筋屈服强度的设计值
f_{ywd}	横向钢筋屈服强度的设计值
$F_{max,d}$	FRP 筋传递到混凝土支架上最大拉力的设计值
F_{pd}	FRP 筋结合对砌体结构在垂直于结合表面积的力作用下传递的最大锚固力的设计值
G_a	黏合剂的剪切模量
G_c	混凝土剪切模量
h	节段长度
I_0	开裂和未加固钢筋混凝土截面的惯性矩
I_1	开裂和 FRP 筋混凝土截面的转动惯量
I_C	换算截面的惯性矩
I_f	FRP 筋绕中心轴的转动惯量,平行于梁的中性轴
K_{eff}	约束的效率系数
K_H	水平效率系数
K_v	垂直效率系数
K_α	纤维相对于纵向角度有关的效率系数
l_b	黏结长度
l_e	最优黏结长度
M_{Rd}	FRP 加固构件的抗弯承载力
M_{Sd}	计算力矩
M_o	FRP 加固前的弯矩
M_1	FRP 加固后钢筋混凝土截面受荷载作用产生的弯矩
$N_{Rcc,d}$	FRP 约束混凝土构件的轴向承载力
$N_{Rmc,d}$	FRP 约束砌体的轴向承载力
N_{Sd}	计算轴向力
p_b	在砌体柱的约束下,各层钢筋之间的距离
p_f	FRP 条带或不连续的 FRP-U 形带的间距
p_{fib}	纤维重量分数
p_m	基体的重量分数

s	界面滑移
s_f	完全脱黏时界面滑移
t_f	FRP 层压板的厚度
T_g	树脂玻璃化的温度
T_m	融化树脂的温度
T_{Rd}	FRP 约束混凝土构件的抗扭能力
$T_{Rd,f}$	FRP 对扭转能力的贡献
$T_{Rd,max}$	受压混凝土支柱的抗扭承载力
$T_{Rd,s}$	钢对扭转能力的贡献
T_{Sd}	计算扭矩
T_x	X 方向纱线支数
V_{fib}	纤维的体积分数
V_{Rd}	FRP 加固构件的抗剪承载力
$V_{Rd,ct}$	混凝土对受剪承载力的贡献
$V_{Rd,max}$	最大总允许剪力
$V_{Rd,s}$	钢对剪切能力的贡献
$V_{Rd,f}$	FRP 对剪切能力的贡献
$V_{Rd,m}$	砌体对剪切能力的贡献
V_{Sd}	计算剪力
w_f	纤维重量或质量比
x	从两端受压纤维到中性轴的距离
α_{fE}	织物刚度安全系数
α_{ff}	织物强度的安全系数
γ_m	分项系数
γ_{Rd}	材料和产品分项系数
Γ_{Fk}	断裂比能特征值
Γ_{Fd}	断裂比能设计值
ε_o	FRP 加固前受拉纤维上的混凝土应变
ε_c	受压纤维上的混凝土应变
ε_{ccu}	设计约束混凝土的极限应变
ε_{co}	FRP 加固前受压纤维上的混凝土应变
ε_{cu}	混凝土极限应变
ε_f	FRP 筋应变
ε_{fd}	FRP 筋的设计应变
$\varepsilon_{fd,rid}$	降低 FRP 加固受约束构件的设计应变
ε_{fk}	FRP 筋的特征断裂应变
ε_{fdd}	剥离前 FRP 筋的最大应变
ε_{mcu}	承压砌体的极限压应变

$\varepsilon_{\mathrm{mu}}$	砌体的极限压缩应变
$\varepsilon_{\mathrm{s1}}$	受拉钢筋的应变
$\varepsilon_{\mathrm{s2}}$	受压钢筋的应变
$\varepsilon_{\mathrm{yd}}$	设计钢筋的屈服应变
η	徐变断裂折减系数
v_{fib}	纤维泊松比
v_{m}	基体泊松比
ρ_{fib}	纤维密度
ρ_{m}	基体密度
σ_{c}	混凝土应力
σ_{f}	FRP 筋应力
σ_{s}	受拉钢筋应力
σ_{Sd}	作用于 FRP 筋与砌体之间砌体表面的应力
$\tau_{\mathrm{b,e}}$	黏合剂-混凝土界面的等效剪应力
ϕ_{u}	极限曲率
ϕ_{y}	屈服曲率

A.5 TR-55

A_{f}	FRP 面积
A_{fa}	附加 FRP 受拉筋的有效锚固面积
A_{fa}	FRP 筋受剪面积
A_{s}	受拉钢筋面积
A_{s}'	钢筋受压面积
b	截面宽度
b_{a}	黏结层宽度
b_{f}	板宽
b_{w}	梁宽或实心板的间距
d	截面有效深度
d'	受压钢筋有效深度
d_{f}	FRP 筋抗剪有效深度
D	柱的直径
E_{c}	混凝土弹性模量
E_{f}	FRP 弹性模量
E_{fd}	FRP 弹性模量设计值
E_{fk}	FRP 弹性模量标准值
E_{i}	混凝土初始切线模量

E_0, E_1	混凝土割线模量
E_p	破碎后切线模量
E_s	钢筋弹性模量
$E_{\theta\theta}$	FRP 跳跃模量
f_{cc}	约束混凝土抗压强度
f_{ccd}	约束混凝土抗压强度设计值
f_{cck}	约束混凝土抗压强度标准值
f_{ck}	约束混凝土抗压强度标准值，$f_{ck} = f_{co} + 4.1 \times 0.85 f_{fu} t_f / R$
f_{co}	无约束混凝土抗压强度
f_{ctm}	混凝土抗拉强度，$f_{ctm} = 0.18 \left(f_{cu} \right)^{\frac{2}{3}}$
f_{cu}	混凝土立方体抗压强度标准值
f_f	FRP 抗拉强度设计值
f_{fd}	FRP 极限抗拉强度设计值
f_{fk}	FRP 抗拉强度标准值
f_{fm}	FRP 平均抗拉强度
f_0	破碎后切线模量与应力轴的截距
f_r	侧压力
f_y	钢筋抗拉强度标准值
f'_y	钢筋抗压强度
F_f	FRP 拉力
F_s	钢筋拉力
F'_s	钢筋压力
G	恒载
h	构件总深度
I_{ce}	原有混凝土等效转化裂缝截面的截面惯性矩
I_{cs}	加固后混凝土等效转化裂缝截面的截面惯性矩
l_t	锚固长度
$l_{t,max}$	锚固长度最大值
L_e	有效黏结长度
M	极限弯矩设计值
M_{add}	附加弯矩承载力
M_0	原有梁的抗弯承载力
M_r	加固后截面的名义弯矩
$M_{r,b}$	平衡弯矩
M_s	考虑不确定因素荷载下的服役弯矩
M_u	极限弯矩
Q	活载
R	柱子半径

s_f	FRP 条带间距
T_k	黏结作用力
$T_{k,max}$	黏结作用力最大值
t_f	FRP 厚度
V	板端极限剪力
V_{Rc}	混凝土抗剪承载力
V_{Re}	原有构件抗剪承载力
V_{Rf}	FRP 抗剪承载力
V_{Rl}	连接处抗剪承载力
$V_{R,max}$	构件抗剪承载力最大值
V_{Rs}	加固构件抗剪承载力
V_s	极限荷载引起的剪力
V_{sd}	剪力设计值
V_{max}	最大允许剪应力
w_f	FRP 筋条带宽度
w_{fe}	FRP 有效宽度
x	原有构件中心轴高度
z	力臂
α_c	钢材与混凝土的模量比
α_f	FRP 与混凝土的模量比
β	FRP 与构件纵轴向的角度,45°或 90°
γ_{mA}	黏结剂分项安全系数
γ_{mc}	混凝土分项安全系数
γ_{mE}	FRP 弹性模量分项安全系数
γ_{mF}	FRP 强度分项安全系数
γ_{mf}	FRP 加工分项安全系数
γ_{mm}	钢材分项安全系数
γ_{ms}	轴向受压混凝土应变
ε_{cc}	极限轴向受压混凝土应变
ε_{ccu}	极限轴向受压混凝土应变,$\varepsilon_{ccu} = \varepsilon_{fu}\left(1 + \sqrt{\dfrac{f_{c0}R}{f_{fu}t_f}}\right)$
ε_{cft}	混凝土极限拉伸应变
ε_{cic}	由 M_s 引起的混凝土初始压应变
ε_{cit}	由 M_s 引起的混凝土初始拉应变
ε_{cu}	(无约束)混凝土极限受压应变,$\varepsilon_{cu} = 0.0035$
ε_{fe}	FRP 有效应变
ε_{fk}	FRP 特征破坏应变
ε_{fu}	FRP 极限应变设计值

ε_y 钢筋屈服应变，$\varepsilon_y = 0.002$

v_c 混凝土泊松比，$v_c = 0.2$

ρ_f FRP 剪切配筋率

τ 纵向剪切应力

附录 B　检　查　清　单

在本书中推荐了数个基本项目,以验证纤维增强复合材料(FRP)系统是否得以成功安装,具体检查清单如下。

1)通用

更新"实际施工情况"以反映现场修订内容。

2)承包商材料提交及培训情况

(1)承包商已提交质量控制计划及安全数据表(SDS)。

(2)承包商已提交安装人员的资格水平认证。

(3)承包商已提交测量及测试设备的校准记录。

(4)已对现场工作人员进行技术检查及测试要求的适当培训,并已告知相关信息。

(5)已对现场工作人员进行紧急事故程序方面的适当培训。

3)物料

(1)若测试材料特性结果,测试样品数应至少达到 10 个。

(2)需提供的纤维性能包括:抗拉强度、模量以及极限应变。

(3)据 ASTM D5229 测得水分平衡含量的平均值和变异系数,其中平均值≤2%,变异系数≤10%。

(4)环氧树脂的性质信息应包括:环氧树脂的抗拉强度、模量、红外光谱分析,玻璃化温度,胶凝时间,适用期限和黏合剪切强度。

(5)据 ASTM D4065 确定玻璃化温度,该温度至少应比最大设计温度高 40℉(参见 AASHTO 抗力系数设计法桥梁设计规范中第 3.12.2.2 节)。

(6)在下述条件下,应将玻璃化温度及拉伸应变控制在预期值的 85%。所需环境条件如下:

①水:将样品浸入温度为 100 ± 3 ℉的蒸馏水中,并处在该暴露条件下 1000h 后进行测试。

②交替施加紫外线及湿度:据 ASTM G154,将样品暴露于循环 1-UV 中,并在移除紫外线 2h 内进行测试。

③碱:室温条件下将样品浸于氢氧化钙溶液(pH = 11)中 1000h 后进行测试。

④冻融:据 ASTM C666 将样品暴露于 100 次重复冻融循环后进行测试。

(7)如果工程师应根据 ASTM D7136 对安装材料的耐冲击性进行规定。

(8)安装期间的日常检查如下:

①环境温度,相对湿度及一般天气情况;

②混凝土表面温度;

③据 ACI 503.4 进行表面干燥度检查;

④树脂固化程度应与 ASTM D2582 所提一致;

⑤黏附强度,超过 200psi。

(9)所提交的样品结果来自经过认证的工厂分析和第三方实验室。

(10)所有材料均符合验收要求。

(11)所有不符合验收要求的材料都已得到妥善处理。

(12)以下设计参数明确列在非预应力梁抗弯加固项目的结构工程提议中。需注意的是,不同的设计应用所需参数不同,有些应用可能不需要以下所有参数,视具体设计应用而定:

①预制梁的混凝土抗压强度;

②混凝土弹性模量;

③钢筋屈服强度;

④钢加固区;

⑤钢弹性模量;

⑥内部抗剪加固及其间距;

⑦FRP 板/布厚度;

⑧FRP 内可承受的极限拉伸应变;

⑨极限应变下 FRP 内的抗拉强度;

⑩玻璃化转变温度;

⑪黏合剂抗剪模量;

⑫纤维弹性模量;

⑬梁的总高度(包括桥面板);

⑭翼缘厚度;

⑮翼缘的有效宽度;

⑯桥跨长度;

⑰极压纤维到钢质心的距离;

⑱疲劳极限状态下的新额定荷载;

⑲加固终端的剪力;

⑳新的所需荷载能力。

(13)对于设计用于抗弯加固的预应力混凝土梁,可以在上述列表中添加以下参数:

①桥面的混凝土抗压强度;

②预应力钢筋束区域;

③钢筋束直径;

④使用寿命极限状态下的初始预应力;

⑤屈服强度;

⑥极限应力;

⑦绞线类型;

⑧极压纤维到绞线质心的距离。

(14)在设计用于非预应力构件的抗剪加固时,可能需要以下参数:

①预制梁的混凝土抗压强度;

②混凝土弹性模量；

③钢筋屈服强度；

④钢筋加固区；

⑤钢弹性模量；

⑥内部抗剪加固及其间距，FRP 板/布厚度；

⑦FRP 内可承受的极限拉伸应变；

⑧极限应变下 FRP 内的抗拉强度；

⑨FRP 弹性模量；

⑩FRP 在极限应变下的抗拉强度。

（15）树脂混合区域通风状况良好。

（16）垃圾按照环境法规进行清理。

4）在浇筑混凝土之前清除和修复有缺陷的表面

（1）在切口深度至少为 0.75in 时，确认并目检材料碎片周长，以防碎片边缘羽化。

（2）混凝土中宽度超过 0.01in、间距小于 1.5in 的裂缝和宽度超过 1/32in 的裂缝已用压力注入环氧树脂填充。

（3）在清除所有缺陷区域后，承包商检查并清洁了基底上的尘土、浮浆、油脂、固化化合物、蜡、浸渍物、杂质颗粒和其他黏合抑制材料。

（4）在浇筑混凝土之前，所有外露的钢筋都经过喷砂处理。

（5）在浇筑混凝土之前，承包商对所有外露的钢筋和混凝土表面进行了黏合和加固保护。

5）在安装 FRP 之前表面准备工作的检查

（1）所有内外角和锋利的边缘均已变为圆角或倒角，且最小半径为 1/2in。

（2）修复后的混凝土表面光滑均匀，最大平面偏差为 1/32in。

（3）直径大于 1/2in 且凹陷大于 1/16in 的所有空隙均已填充固化。

（4）对于混凝土中宽度超过 0.01in、间距小于 1.5in 的裂缝和宽度大于 1/32in 的裂缝，均已用压力注入环氧树脂填充。

（5）已对表面进行了检查并清除了表面的所有灰尘、浮浆、油脂、固化化合物、蜡、浸渍物、表面润滑剂、油漆涂层、污渍、杂质颗粒、风化层和其他黏合抑制材料。

（6）已检查基底混凝土抗压强度为 2.2ksi 或更高，抗拉强度为 220psi 或更高。

6）安装条件

（1）环境温度和混凝土表面的温度均在 50 ~ 90 ℉。

（2）在安装 FRP 系统时，接触表面完全干燥。

（3）天气预报预测天气干燥，但如果开始下雨，安装工作停止直至天气变得干燥。

7）湿铺系统的安装

（1）已记录包括温度、表面状况和相关现场观测在内的数据。

（2）已制备的面板尺寸至少为 300 ~ 775in²，但不小于待加固面积的 0.5%。

（3）混合的树脂量足够小以确保其在制造商推荐的适用期内被使用。

（4）当多余的树脂超过适用期时，或当它开始产生热量或显示出黏度增加的迹象时，对其进行了处理。

（5）环境和混凝土表面温度都按照了合同图纸中的规定和制造商的推荐。

（6）若超出储放时间，过量的底漆将被处理掉。

（7）如有必要，当底漆的指触干燥或不黏的时候，应马上使用油灰。

（8）在使用 FRP 系统之前，底漆和油灰能隔绝灰尘、水分和其他污染物。

（9）纤维片应妥当、轻柔地放置到湿饱和剂中。

（10）纤维片和混凝土中夹杂的任何气体都应释放出来。

（11）对于单一方向的纤维片，应按照纤维的方向滚动。

（12）纤维片顶部应使用足量的饱和剂，作为使纤维充分饱和的保护套。

（13）重叠拼接的长度见协议规定，至少为 8in。

（14）纤维校直的误差不允许超过 5°。

（15）必要时需保护 FRP 系统，直至其完全固化。

8）对不合格的作业的鉴定

（1）在混凝土与底漆、树脂和/或黏合剂层之间，或复合材料自身之间不允许有空隙或空气。

（2）仔细检查大于 $2in^2$（$1300mm^2$）的分层（用声波测深法、超声波或热像图）。

（3）如果在 $10ft^2$ 里检测出 10 处这样的分层，就需要修补这些分层。

（4）无因纤维断裂而产生纤维的起皱、丝束或裂痕。

（5）无少树脂的区域或不均匀的浸渍/浸润。

（6）无固化不足或不完整的固化聚合物。

（7）无放置不正确的加固结构。

9）安装后的质量控制测试

（1）在首次树脂固化后至少 24h 后，检查表面是否有肿胀、气泡、空隙或分层。若无可用的高级设备，将用硬物进行声学叩击试验，根据声音识别分层的区域。标记所有的空隙，若需要修补，则估算空隙的大小。

（2）根据 ASTM D4541，ASTM D7234 进行的直接拉脱试验，或根据 ACI 440.3R（2004）描述的 L.1 测试方法进行测试。若成功的拉力黏合强度超过最大值 200psi 或 $0.065\sqrt{f_c'}$，证明混凝土基底出现了破坏。

（3）黏结试验不成功的区域需要根据协议图样和规格里规定的程序进行修补。

10）长期维护检验

（1）每年进行常规检查时，应用肉眼对其进行初步检查。在年检中，检验员要观察颜色的变化，是否有龟裂、分层/脱黏、剥落、气泡、歪斜的迹象，或其他劣化的迹象，以及因撞击和磨损产生的局部破坏。

（2）详细测试至少每 6 年检查一遍，对 FRP 系统的性能和状况的检查将更加精准。剥离和 FRP 劣化的拉力试验以及试验评估为详细测试的一部分。